丹尼爾・路易斯——著

DANIEL LEWIS

譯——嚴麗娟

樹說時間的故事

The Deep Roots of Our Future

TWELVE TREES

一部跨越千年的生命史詩，
述說自然共生、氣候變遷與人類未來的啟示。

獻給潘蜜，
為我扎根的力量，
給我滿懷的喜悅，
屬於我的耀眼、內聚光芒。

目錄

前言

「在每兩棵松樹間，都有一道通往新生活方式的門戶。」

——美國環保領袖約翰・繆爾（John Muir）[1]

幾年前，在澳洲的墨爾本，城裡七萬七千棵樹有將近一半遭受乾旱和其他的難關，正苦苦掙扎。都市規畫師在地圖上標出每一棵樹並個別編號，為每棵樹分派了電子郵件信箱，好讓市民報告問題。這項計畫很務實，目的是重建都會的森林。

但除了報告問題之外，大家還寫了數千封樹郵（treemail）給他們最愛的樹。一名粉絲寫信給榆樹：「今天，走出聖瑪麗學院時，我被打到了，不是被樹枝打到，而是被你耀眼的美貌。你一定常收到這種訊息吧。因為你真的是一棵充滿吸引力的樹。」

在那幾千封回應裡，有很不好笑的樹木笑話、情書，甚至有人表達自己的關切——不光來自墨爾本人，也有來自世界各地，許多是曾住在墨爾本的外國人，或是從未造訪過的人。

一名紐約人在信上說：「你是被愛的，你值得全世界。」有人寫信來尋求忠告：「我有一名朋友……他走到了人生的十字路口。在外人眼中，他把生活掌控得很好，但他心裡感覺像個迷宮，有太多可以走的道路，但每一條路都模糊不清。我該如何在這個猶豫不決的時刻幫助他？」

每棵樹都有生命，既是獨立的個體生命，也是集體生命的一部分。我選了十二種樹，它們曾走過漫長旅程，擁有許多夥伴，也面臨諸多敵人，並且需要我們的幫助才能活下去。這些樹是我們的指引、我們的工具，和我們的未來。

我挑選這些樹木的方法就跟大家交朋友一樣。它們找到我的方式很有意義。有些樹引人注目，無所不在；有幾棵樹則靜悄悄地來到我生命中意想不到的角落，有些則是別人介紹的——但最初，它們只是陌生人，最終卻成了戰友。每種樹木都有至關重要的故事要告訴我們。

樹木始終存在於我們的日常生活之中。它們會出現在我們的視線及隱喻裡，出現在我們的道路上，出現在我們的日常情境中。每個人都有自己認識樹木的方法——無論是作為木材或其副產品的消費者及使用者，或是跟某幾棵樹有更親近的關聯。

我們都認識那些陪同我們成長的樹木——停車場裡的樹木，上面充滿看不見的小生命；或是我們目睹它倒下，甚或是我們曾幫忙砍伐的樹木。我們曾在樹下避雨，或在烈日下尋求樹木的遮蔽。當我們聞到、聽到或看到樹木，就會觸發久遠的回憶。家門外的樹，標記著四季的變遷，葉子掉落了又長回來，或者伸展樹枝到窗台上，讓我們可以冒險爬下去，跑進更寬廣、更自由的世界。

樹木是共生體，與其他生物協同合作，建構生物多樣性，並支撐地球上的生命。它們是生態系統，維繫根系、樹幹、樹枝和樹冠內外的生命。森林也會調節我們的糧食安全，提供豐富的果實、蔬菜、堅果、香料和其他食物來滋養地球，同時滿足我們的醫療需求。樹木為城市提供身分認同、壯麗景色、冷卻效果和凝聚力。它們應該擁有自己的權利，並賦予應有的尊嚴。每個人的生命都少不了樹木，它們也需要我們的幫助。拯救樹木或許就是拯救人類。

《古蘭經》裡有不朽之樹（Tree of Immortality）。除了人類與上帝，樹木是聖經裡最常提到的生物。佛教也有數十個關於樹的詞彙。在全世界的語言裡，不論遠近，都可以看到關於樹的說法。每種語言都有樹木的諺語，例如英語中借用樹木的隱喻有：「我們孤注一擲」（we go out on a limb）、「我們祈求好運」（we knock on wood）、「見樹不見林」（we can't see the forest for the trees）、「我們發展新領域」（we branch out）、「我們找到根本原因」（we find root causes）、「我們一籌莫展」（we're stumped）、「我們草草閱讀」（we leaf through books）。

日本人說：「就連猴子也會從樹上掉下來」（猿も木から落ちる），意思是每個人都會犯錯。在德國，若有人說了令人難堪的話，而沒有人敢回話時，他們會說：「森林裡一片寂靜。」

很久以前，人類就開始書寫、細看、繪圖、拍照、攀爬及思考關於樹木的事，並關心它們。在我們出生、死亡和重生時，它們擔任守護者。它們如蔓延的根系般深植於文學的背景。詩人溫德爾．貝里（Wendell Berry）說他那座蓋在木柱上的寫作屋有種「凝望的、空中的外觀，彷彿建造時受到樹木的影響」。[2]

樹木名稱的廣泛存在也反映了美國文化對於彰顯它們重要性的渴望，並試圖傳達樹木本身所具有的寧靜與穩定特質。在美國最常見的二十個路名中，有五個來自樹木：橡樹（Oak）、松樹（Pine）、楓樹（Maple）、雪松（Cedar）和榆樹（Elm）。我們像抄寫員一樣一遍又一遍地記錄它們——節日賀卡、路線說明、求職申請，還有密碼；落葉松、樺樹、橡樹，以及喬木。在我的第二故鄉加利福尼亞州，「wood」出現在一萬四千條不同街道的路標上。這些關於樹木的詞彙是我們生活中的命名貨幣，我們穿過它們找到回家的路。

在氣候變化的時代，樹木也是我們的守護者、預報員和預言者。透過穩定和增加生物多樣性的效應，來保護我們腳下的土地。它們降低我們的脈搏，加深我們的呼吸。這十二種樹在環境中扮演著強大的作用。它們以其龐大的生物量，提供了近乎無限的碳匯（carbon sink），每年封存數百萬噸的二氧化碳——這種溫室氣體若不封存的話，會留在大氣中，或溶濾到地球的海洋裡，加速全球暖化的速度。

它們對二氧化碳的處理也很容易遭到誤解：儘管我們常稱二氧化碳是全球性的惡性問題，但是樹木需要二氧化碳才能活下去。樹木不僅儲藏二氧化碳；它們在吸收二氧化碳時，會利用這種氣體進行光合作用，並釋放氧氣。

這十二種樹也得到其他樹種的大量協助。地球上有大約三兆棵樹，平均每個人有四百棵。儘管森林面積不斷縮小，仍占地球陸地的百分之三十以上。全世界的樹木吸收約七十六億公噸的碳，並將其儲存在葉子、樹幹、根部和其他部位很久時間。

但這取決於樹的種類，有些年輕樹木的碳儲存能力不佳，或者根本無法儲存。若要吸存大量的碳，樹木必須活得夠久而且活得健康——至少需要十到二十年。需要這麼久的時間，才足以讓樹木長出足夠的葉子，形成可觀的碳庫。

而樹木活得越久，吸存的碳就越多，這彷彿是對未來的承諾：樹木會越長越大，因此每年吸存的碳都比前一年多一點。

地球上大約有三兆棵樹，由大約七萬五千個樹種構成[3]。樹木之間的豐富多樣性代表地球上生命的多樣性，不僅是生物多樣性，還有它們培育的文化及社會多樣性。從這些樹木中衍生出的多樣性，難以計量。我們與這十二種樹生命的交集比大家能想到的還要有趣得多，也複雜得多。

在了解它們在人類未來中所扮演的角色時，我希望你不僅能更全面地理解這些特定的樹木，還能理解它們所屬的樹種：就像是它們的表親、姨舅和叔伯一樣；這些樹木與它們共享同一屬或同一科，或是因遺傳學、形態學或命運等而與它們有所聯結的其他樹種。

這些樹木特徵趨同或趨異的方式，也會告訴我們有關進化其複雜和混亂本質的一些重要訊息，包括生存策略。演化必有其結果：每棵樹都來自早期的植物形態。研究樹的科學，不僅僅是研究現在而已。這是一本生物歷史小說，訴說世界及其過去的故事。從花粉數據可以重建來自深時間（deep time）的景觀；樹木的年輪可以告訴我們近代和古代的天氣、水文及氣候；化石樹木可以訴說演化的漫長軌跡——而所有這些資訊都指向未來。

然而，危機卻隱伏在這一切的教導中。沒有樹木，我們將會失去一層重要的生命組織，朝著變成火星或金星的方向前進。與一萬兩千年前農業剛萌芽時相比，現今樹木的數目只有當時的一半。

在亞馬遜流域，森林燒毀的面積達到每分鐘兩萬兩千平方英尺；在中非，每年消失一千萬英畝林地，令人震驚。人類是地球上最厲害的掠食者，卻造成了巨大的破壞。樹木面臨著許多威脅：由於地球暖化而引發的昆蟲和真菌傳染，導致數十億棵樹倒下；藉由空氣傳播的毒物飄進森林裡；海平面上升導致淡水水位下降。關於樹木衰退的故事是相當繁多且複雜的。

大眾媒體經常把氣候變遷視為單一的威脅，但科學充滿錯綜複雜的關聯、時間框架、地理位置及矛盾。這些樹木的分布範圍幾乎都不重疊——由於每種樹都有不一樣的天賦，氣候變遷在不同地區的差異也非常大，因此這十二種樹木與地球暖化及氣候變化間的關係各有不同。

氣候變遷是我們的過去與現在，當然也是人類未來的一部分，近年來，不同學科的交叉研究已再三強調其急迫性。正如氣候科學家理查・艾里（Richard Alley）所指出，過去比較正式且傳統的看法，認為氣候變遷就像旋鈕一樣緩慢進行；而在今日的理解中，氣候變遷則像開關一樣，幾乎是瞬間產生影響，尤其從更長遠的時間背景來看。

時間會改變一切，也是所有這些樹木的夥伴。它們的時間範圍大多呈現為一個橫跨地球時間長河的廣闊進化歷程。但億萬年的時光是由無數個日夜所組成——在生命的漫長進程中，這些時間只是無比微小的切片，而樹木在這些微小的時間尺度上也同樣重要。

我父親是個不愛說話的人，脾氣暴躁、不快樂卻堅毅。他在我們位於夏威夷太平洋懸崖邊一座房屋的寬敞庭院裡，度過了最滿意的時光。他在那裡種了鐵木的樹苗，希望它長得夠高大，以阻止我們的土地被持續侵蝕而落入下方二十多公尺的海裡。許多樹如今依然屹立，長得又高又大。

我童年最鮮明的一段回憶，便是幫忙移走了一棵樹——庭院裡一棵巨大的露兜樹（pandanus），它有著巨大的支持根，從地上冒出來，就好像在踩高蹺一樣。這項任務十分費力，會讓人熱到渾身冒汗，不過父親答應，如果我肯幫忙，我想要什麼他都會買給我（在合理的範圍內）。

這項任務花了我們好幾個星期的時間。他從未給過這麼大的獎勵，所以我全心投入。我當時十一歲或十二歲，一心想得到一把十字弓，而我父親也信守承諾，訂購了一把給我，很快就送到我家門口。我欣喜若狂，開始高高地朝著鄰居的巨大榕樹樹幹射了好多箭。半個世紀過去了，那些箭還在那裡。人類就是箭頭的尖端。我們已經鋪好通往衰退的路。然而，現在我們要抓住機會，走上重生之路。

Ch.1 ｜比上帝更古老的書：大盆地刺果松

Pinus longaeva

樹木是一股緩慢持久的力量，努力只為了贏得天空。

——安東尼．聖修伯里（Antoine de Saint-Exupéry）

《沙子的智慧》（*The Wisdom of the Sands*）

大盆地刺果松（Great Basin Bristlecone Pine）在高度、綠葉或體積上都不算特別有氣勢。已知最高的樹木只有差不多十六公尺高，比起其他成熟樹種都矮上許多。刺果松不產油也不產果，也沒有其他人類垂涎或可以買賣的木材或其他產品。它需要的水分不多。它是外型扭曲的難民，只生長在寒冷、多風又經常結冰的高海拔地區，且生長的土壤相當貧瘠。但刺果松是美麗的倖存者，最古老的刺果松，也是最古老的樹木，充滿了啟示與迷人的故事。

沒有人知道最古老的刺果松能有多老。有一棵樹已經超過五千歲了——五十個世紀，科學家從活著的樹上抽出樹芯，仔細計算年輪，證實這個數字。應該還有更老的樹。刺果松的長壽體現在它的拉丁學名中：*Pinus longaeva*。就連它的樹葉在死去前，都能保持綠色近半個世紀。

它是過去悠長歷史的關鍵見證者。許多樹就像古老的書籍：它們標記人類歲月的流逝，包括紛亂及平靜的時代。我們可以用許多方法找到這些變化的證據，但要理解樹木以及地球生命逐年變化的關鍵技術之一，便是研究樹木的年輪。

冬天及春天的季節溫度變化會顯現在樹木的木質上：寒冷的天氣生長較慢，暖和的天氣則生長速度變快。當樹木開始迅速生長時，會形成所謂的早材（earlywood），這會在年輪中呈現一圈淺色帶。隨著夏日將盡，逐漸入秋，木材生長減緩，則會形成一圈較深的年輪，稱為晚材（late-wood）。這些顏色跟細胞密度的種種變化使得年輪通常顯而易見，因此易於計數。

刺果松內部的年輪形式，描述了樹木「從開始到現在」規律循環的故事。它們除了訴說它們的生命，也會講述它們周遭的生命。這些樹木記錄了細節，能被擁有觀察力和工具的人解讀：包括風、天氣、降雨和溫度的變化，這些變化由那些專注的科學家研究，他們具備了解微小且細微差異的背景知識。在樹木的年輪裡，推理、證據、猜測和物種的演變都能看到，宛若生命之書的書頁。

與我合作的史蒂夫．塔博（Steve Tabor），是漢庭頓圖書館（The Huntington）的善本書策展人，我很敬佩他。他瘦瘦的，留著白色的鬍子。他喜歡鳥類和自行車。塔博是早期印刷書籍的權威，他在談話或電子郵件中會自然地、不帶矯飾或傲慢地插入一些冷僻的拉丁語短語。他完全不在意自己的形象，經常把雙腳放在辦公桌上，敞開著門伸展身體。

身為書籍科學家，塔博深入研究紙張、字體、墨水和裝訂所顯示的微小變化：這是對過去五百年來人類生產知識的變化所進行的法醫分析。他向我指明，拉丁文裡的「liber」（舊時對「書本」的通稱）指的是樹的內皮或外皮。他也解釋了書本和樹木間許多更深層的語源連結。日耳曼語中的「書」（book）及同源詞衍生自印歐語系裡的「山毛櫸樹」（beech tree）。書籍的語源學及實體存在充滿了樹木，以及樹木的魂魄和它們的殘骸。[4]

書籍的世界還提供了更多同源詞。紙張、裝訂、縫線跟皮革都是這一系列證據的一部分。如同樹木年代學家（dendrochronologists，研究年輪的科學家）能夠抽絲剝繭出令人意想不到的證據，古籍也一樣。在古籍製作過程中，造紙工匠運用殘餘的棉布製作紙張，印刷工及裝訂工則以手工創造與組裝他們的產品。如果你有正確的背景和經驗，古籍中充滿了證據，而這一點同樣適用於樹木的年輪。

偶爾，在翻看古籍書頁時，你會看到飛濺其上的小點，彷彿曾經有什麼濕掉的東西落在這一頁。數百年前，工匠們將棉布碎片浸泡成漿狀物來製作紙張，然後將一個由緊密排列的鐵絲所製成的模具浸入這些漿料中，再將多餘的水分排出。

但是，那個噴濺的小點是怎麼來的？因為這些噴濺的痕跡很常見，以至於它們有個名稱「抄紙工的眼淚」（vatman's tears）。抄紙工是負責將模具浸入加熱的漿水和搗碎的棉布碎料裡的人。這是一項十分炎熱的工作，而飛濺的痕跡，最有可能來自濕漉漉的手臂或袖子，或是造紙工額上流下來的一兩滴汗水。

因此，一張紙不僅僅是一張紙，它還講述著故事。樹木也不僅僅是樹木，因為它們的生命記錄了其生長過程中所發生的事件。一些關於過去的證據來自於某個即時的瞬間，例如雷擊。其他的標記則源自更久以前：一隻鑽過樹木形成層的甲蟲、一段早已拆除的圍籬所留下的古老帶刺鐵絲，或是一顆埋在歷史更悠久的樹木裡的舊子彈。

但更普遍的情況則是，樹木揭露了有關全球利益與意義事件的過去細節：氣候變化；空氣、水和土壤的組成，以及其他環境變異。氣候在樹木裡盤旋，也在樹的周圍徘徊，不論是字面上還是比喻上的意思，因為氣候變化及其對全球所有生物的影響，是我們這個時代所面臨的根本問題。

假設有一個巨人站在現今的加州中心，雙手捧著刺果松的種子，然後隨意往東一撒，掉了幾顆，其他的都投擲出去了，那麼你就會得到刺果松大概的分布範圍。這種樹的分布散落在一條較高海拔的土地上，從加州東部延伸到內華達州，再進入猶他州。

刺果松的生長速度非常緩慢，有可能過了一個世紀，直徑才增加二點五公分而已。它不喜歡遮蔽，往往生長得相對分散，並且只生長在高海拔（通常高於一千六百公尺）的地區。這種分布範圍減少了它與其他植物的競爭。極端的環境也減少其他掠食者的活動。木腐真菌在寒冷、乾燥和多風的氣候裡難以扎根。刺果松也生長在極具挑戰性的土壤中：由白雲石及石灰岩構成的岩石地面——所有這些，讓生命只能緩慢前行。

儘管查爾斯．達爾文（Charles Darwin）的照片總是一名年老體弱的博物學家，留著一大把白鬍子，但他也有年輕的時候。刺果松在大眾的想像中也是一棵古樹，當然這正是它最終可能成為的樣子。不過，刺果松也曾是一棵小樹苗，然後逐漸茁壯，增長出許多樹枝及松果。

樹木的高度受限於頂部的水分壓力，它只能將水抽送到一定的高度。樹木長得越高，也越容易暴露在乾燥的風中。在多風的山頂上，一些古老的松樹在無情的強風吹拂下形成壯觀的姿態，有時候甚至將一根樹枝吹得轉向地面，而不是朝向天空。在樹木分布範圍內的幾個地方，例如內華達州的華盛頓山（Mount Washington）上，有時甚至會看到樹木被迫生長成某種姿勢，以至於它們被壓制成一片靠近地面緊密而厚實的植被層，幾乎無法辨認出來。這種植被叫作高山矮曲林（krummholz），來自德文「扭曲的木頭」。[5]這棵樹能夠因應環境力量而變形成扭曲的形狀，使得人類無法將其用作木材或其他用途。儘管如此，它仍然擁有生存和繁衍的權利。

雖然人類無法對這棵樹物盡其用，別的生物卻可以。豪豬會將刺果松樹皮吃掉一圈，這可能導致樹木死亡；小蠹蟲能在樹木的外層造成極大的損害；擊中高山稜線上的閃電能燒毀一棵樹，或對其造成嚴重損害；無盡的凍融循環會讓樹木的主枝和根部裂開。年紀和惡劣環境對刺果松的影響，使其具有宛若雕塑般令人驚嘆的美麗。與此同時，最古老的個體則看起來非常糟糕，因為它們經歷了來自自然元素的劇烈侵蝕——而這正是它們適應生存的唯一環境。

但是，我們擁有令人信服的證據證明這些樹木不會衰老。它們面臨的難題源自生長的環境，而不是任何內在的生物衰退。老樹形成與生長新芽時的活力不遜於年輕的樹木，它們持續製造出可用的細胞長達數千年。研究人員相信，樹木沒有年齡的上限。在適當的條件下，刺果松能無限期地活下去。

然而近幾十年來，刺果松表現出很奇特的行為。它們的生長速度變得更快，尤其是在海拔較高的地方。科學家發現，過去半個世紀以來，刺果松的生長速度早已超越古植物學紀錄中的任何時期。樹木專家研究了許多可能原因，又一一排除：大氣中的二氧化碳變多，提供了養分；我們努力完善及標準化計數的技術，是否以某種方式改變了年輪計算的方式；它們不對稱到很奇怪，本身就不是圓形，擾亂了年輪的計算……等等。值得注意的是，這些生長快速的樹木出現在相對狹窄的生長區域裡，幾乎都在樹木界線（tree line）約一百五十公尺以內。科學家最後的結論是，它們的快速生長與較高海拔地區的高溫有關。[6]

現在不需要繼續爭論了：全球暖化是刺果松面臨的特殊危機。溫度升高意味著光合作用——綠色植物將陽光轉換為營養糖分的化學過程——速度會變快。接著，樹木會進行呼吸作用，利用這些糖分製造植物生長所需的能量。但刺果松已經演化為「要節約資源，而不是迅速消耗資源」的樹木。如果這棵樹有座右銘，那應該就是「不要這麼快」。

不過，樹木生長得更快更大，並不會立即造成問題，除非在晚春或早秋時出現霜凍，毀掉最脆弱的柔嫩組織。氣候變暖，也會擾亂樹木的有性生殖，降低它們產生新種子的能力。更高的溫度還會降低土壤中的水分含量。缺水的樹木防禦力較弱，為真菌入侵提供了機會。溫度升高後，融雪也會減少，這會擾亂樹木在數週或數月間吸收融雪的策略。

最近與氣候有關的困境接連不斷地發生。人們早就知道小蠹蟲是刺果松的長期威脅。一般來說，要出現新一代的小蠹蟲需要歷經兩次嚴冬，因為寒冷會減緩小蠹蟲的繁殖速度。但暖化使它們的孵卵期縮短成一年，因此生出更多的小蠹蟲，且存活下來的數量也更多了。一場攻擊接著另一場，然後再來一場——因為這些樹木演化的速度還不夠快，無法抵禦迅速暖化的地球。

現代工具和技術有助於人們更加了解每一棵樹木對氣候變遷的反應。研究人員在個別樹木上安裝資料收集器來追蹤溫度。這些工具可以記錄舊有的、精確度較低的裝置所無法獲得的微氣象細節資料。我們現在可以量化冷空氣如何積聚在地面上特定的凹處；超地方（hyperlocal）風速如何影響溫度及濕度；融雪的水如何沿著不同路徑流下山坡，讓一些樹得到豐沛的水分，而其他樹則得不到滋潤。

樹木年代學家開始利用地理空間資料及微型化科技後，才能如此精細地分析每一棵樹。研究古代樹木的人非常擔憂目前的狀況。他們的研究將深遠的過去與現在的線索連結起來，並推論樹木的未來。

這些工具提供的精確度與樹木及其活動的複雜度相匹配。看似簡單的表面下，蘊藏精密的構造。以松針為例，它是細長的綠色針葉，但並不是同質的，因為一根松針就像一棟摩天大樓，滿載著各種活動與生命。

松針擁有堅硬的外皮，就像建築物外層的牆板。這一外層上有許多微小的孔洞，稱為「氣孔」（stomata）。這些孔洞就像建築物的窗戶，可以讓空氣進出。在這座摩天大樓的柱狀結構中，有幾百塊平坦的板塊，就像建築物的樓層，是由含有葉綠素的細胞所組成。

松針內部還有管道：用於運輸液體的維管束及樹脂溝（resin canals）。維管束把水分輸送進葉片中，並將光合作用形成的糖分向下輸送至樹木較大的部位。[7]所有的樹木都是如此：將鏡頭拉近，各種形式的生化結合將顯現出來；往後退一步，視野放大，其他事件逐漸變得清晰：每顆松果與每棵樹木之間的搖曳、茂密程度以及顏色的多樣，整座森林站在一個不確定的未來面前。

這種樹最需要的夥伴是北美星鴉（*Nucifraga columbiana*）。北美星鴉是一種淺灰色、外型類似烏鴉的鳥，以其在露營地撿拾食物的行為而聞名。牠能記住數千個自己放置在樹上的貯藏所，包括刺果松。一隻鳥能貯藏三萬多顆種子，並且能在長達九個月過後還能找到它們。而且這些鳥不僅能在樹木的垂直範圍內找到堅果，牠們也同樣能在雪地裡找到。

生物學家及動物行為學家在一九七〇年代晚期開始研究這一現象。他們做了種種推測及實驗，來分析鳥兒如何記住無數的種子位置，最後排除了各種可能性：不是透過觀察其他鳥類，也不是依靠嗅覺。牠們不靠視覺辨別種子貯藏位置的獨特特徵；也不會隨機尋找。當牠面對大量多餘的種子產生，這一切都與空間記憶有關。

海龜蛋、蝌蚪、章魚寶寶或非洲行軍蟻的後代（每個月產下三至四百萬顆蛋）也一樣，自然界的主題常常跟冗餘系統（redundant system）有關。刺果松幼苗的死亡率接近百分之九十九，因為小樹在極度嚴酷、多風的高海拔環境裡難以生存。但是，擁有眾多後代意味著，即使是微小的存活比例，也能使物種存活下來，而這些儲藏起來的種子不怕風霜雨雪等各種自然環境因素影響，確保樹木未來的繁衍能力。[8]

一隻北美星鴉可以在多達五千個不同的位置埋藏它的種子，這些位置可以擴展到數十至數百平方公里的領域。也難怪牠會忘記幾個。[9] 鳥類學家稱之為分散儲藏（scatter-hoarding），根據這種儲藏策略，星鴉通常會在樹木發芽的溫暖夏季，收集成千上萬顆種子，放在舌下的囊袋裡，運送至別的地方。根據鳥兒的體型大小，這個囊袋大約可以裝五十到一百五十顆種子。

儘管按理來講，種子不是鳥類的後代，但策略還是一樣的：在藏匿種子的策略上，北美星鴉非常謹慎，以避免被像是松鼠或其他鳥類等機會主義者掠奪。刺果松的種子沒有翅膀，不能像其他松樹的種子一樣隨風飄蕩，證實了刺果松跟星鴉或許有共同演化的關係：樹木從星鴉的分散播種策略中獲益，而星鴉則從樹木的種子中獲得豐富的營養。

這種貯藏過程也有助於提高樹木的遺傳多樣性：這是應對難以預測的複雜氣候變化影響的關鍵保障。每棵幼苗都有獨一無二的基因型，基因型越多，潛在的變異性就越高。當這些鳥兒做出選擇時，牠們把刺果松的種子分散在洛磯山脈和大盆地的山脈，不知不覺中塑造了刺果松的遺傳多樣性。[10]

自然界的快速多樣化可能會讓分類學家感到沮喪，因為他們很難將物種整齊地分類。樹木族群會演化成新的物種，以刺果松來說，一系列不同的族群已經讓分類學家及森林學家困惑了一個世紀。但是，如果將樹的種子廣泛移動，它們就會在不同的條件下生長，這些條件對樹木的演化發揮各式各樣的影響，因為這些樹木要適應各種微氣候（microclimate）、微妙或明顯變化的土壤以及其他許多因素。

當星鴉塑造樹木的未來時，刺果松的環境也可能以某種方式影響這種鳥的儲藏能力，因為近期的研究證實，嚴酷的環境與鳥類更佳的空間記憶能力之間存在著關聯性。[11]

正如鳥類擁有深層的記憶一樣，數目也是如此。透過年輪的研究，科學家能深入過去進行推論，並得出關於更深層時間及種種現象的結論。為了更了解年輪的研究，我在亞利桑那州土桑（Tucson）的樹木年輪研究實驗室（Laboratory of Tree-Ring Research, LTRR）待了兩天。這是世界上第一所年輪研究機構，至今仍居於領先地位。

樹木年輪研究科學的創始人安德魯・道格拉斯（Andrew Douglass）於一九三七年成立了這所實驗室。道格拉斯是一位受過訓練的天文學家，他來到沙漠是為了享受那裡的晴朗天空和良好的觀測條件，隨後他發展出一個假設，認為年輪可以追溯過去的太陽活動，這是基於太陽對降雨的潛在影響。他收集了好幾百個年輪樣本，以建造時間序列來研究這些天文學的相關面向，從而開啟亞利桑那州的年輪研究。

LTRR 已發展成為一座經過專門設計、占地三千兩百多平方公尺的多層壯觀建築，於二〇一二年完工，從事樹木年代學的研究計畫。這裡有大約十五位專任科學家及五十名職員，LTRR 是全世界一百多個生產資料的年輪實驗室中最大的一所。

實驗室的工作包括對氣候、火災歷史及生態學、古生態學、多種類指標古氣候學、考古學、生物地理學、同位素地球化學、生物地球化學、地形學、數值及統計模式、人類社會及互動、碳循環，甚至公共衛生等進行相關研究。實驗室主任大衛．法蘭克（David Frank）帶我走遍這個巨大的空間，並讓我充分接觸他的科學工作團隊。我可以理解這項工作的吸引力。木材的實體感令人振奮，你可以觸摸它、嗅聞它的氣味或是將它舉起來。[12]

大衛指出，在他多年來與數千人進行樹木年輪研究相關的互動中，大家都對這個領域的跨學科特性抱持開放態度。然而，否認氣候變遷和對科學抱持懷疑的人則帶來了挑戰。**LTRR** 傳遞大量與氣候變遷相關的資訊，而除了科學方面的內容外，氣候變遷這個主題可能非常不穩定、情緒化，甚至帶有政治色彩。

「我們發現年輪的數據確實非常擅於迴避整個討論的層面。」大衛說。透過向受眾解釋樹木內部所提供的豐富證據，並詳細說明所投入的努力，已被證明是一種重要的教育形式。如果人類受眾有任何共同的立場，那應該就是對體力勞動的真正理解。我們每個人都有身體，我們都了解勞動、謀生、做好工作的過程，並親眼見證成果。

一九六四年，北卡羅來納大學的研究生唐．柯瑞（Don Currey）砍伐了當時發現是樹木中最古老的一棵：大盆地刺果松，今天被暱稱為普羅米修斯（Prometheus）——這個名字來自希臘神話中的人物，他從諸神那裡偷了火並賜予人類。柯瑞當時正在進行一項研究，目的是對內華達州東部的刺果松進行年代測定和分析，當他抵達白松（White Pine）山脈的惠勒峰（Wheeler Peak）時，遇到的第一棵樹就是普羅米修斯。

這個故事通常以嚴厲的語氣講述：柯瑞為了計算年輪，砍了那棵樹，他知道這棵樹是很古老的樣本，卻不知道它究竟有多老。一九六八年，《奧杜邦學會》（*Audubon*）雜誌中的一篇文章說他是「凶手」。但他顯然是先從樹芯取得樣本，而他確實也得到美國林業局（Forest Service）的許可，並可能在砍伐樹木時得到了他們的幫助。這個錯誤也促成大盆地國家公園（Great Basin National Park）的成立，為內華達州七萬七千多英畝的土地提供法律保護。

普羅米修斯的殘骸最後送到了**LTRR**，在半個多世紀的歲月中，這棵樹的不同部分在那裡經歷了漫長而豐富的研究生活，揭示了比它如果仍然生長時所能提供的更多細節。又過了將近半個世紀的時間，研究人員才找到比普羅米修斯更古老的刺果松，二〇一二年，**LTRR**的研究員湯姆．哈藍（Tom Harlan）成就了這項壯舉，他用名為生長錐（increment borer）的工具取樣，判定那棵樹已經五千零六十二歲。

柯瑞的樹雖然不再是世界上最古老的樹，卻仍承載著情感與實質的重量。眼前工作台上的巨大遺骸讓我非常感動。它已被拋光、清潔，映照出過去。殘留的部分證實了為什麼砍倒一棵樹比取芯有用許多。你可以查看它一生的歷史，以無比的精確度數算年輪，並以極為細緻的方式檢驗它的細胞結構。就好像朝著窗外看風景，而不是透過潛望鏡或窺孔瞇著眼睛觀察。工作台下的箱子裡放了同一棵樹許多的其他拋光碎塊，其中一些表面上標示了複雜的測量標記。這棵樹的每個部分都被利用得淋漓盡致。

我一直很喜歡計數。小時候，我有一支彈跳棒，我會在車道上花六、七個小時或更長的時間彈跳，想打破彈跳棒連續跳動次數的世界紀錄。我會幫自己計算每天從洗碗機取出碗盤的時間，試著打破自己的最佳紀錄。透過計數穩定累積數字，似乎能幫助我理解這個混亂的世界，我在這些計算年輪的人身上，找到了同伴的感覺。

一片完整的年輪帶給計數者滿滿的樂趣。你可以從上面看到一切：樹木不同側面的火吻傷痕、昆蟲咬痕、不平整的地方，以及從一個小點向外輻射的顏色和密度變化，這個小點標誌了樹木起點。拋光這塊切面，可以清晰地觀察年輪，並更好地觀察精微的細節，例如木材的細胞結構。

與砍倒樹木並製作樹板相比，透過探鑽樹芯來計算年輪和檢查木材，可以讓樹木繼續存活下去，並揭示許多關於活樹的資訊。樹芯取樣既是科學也是藝術。只要樹木的直徑夠大，取樣就不會害死樹木，因為這個過程不會去除太多活組織，妨礙樹木吸收水分、進行光合作用轉化為燃料並繼續生長的能力。

整個取芯的過程十分老派，全程手工，使用的生長錐與柯瑞最初使用的一樣。這個技術過了一個世紀幾乎沒有變化。將生長錐與大型把手組裝起來，為生長錐提供槓桿作用；然後只要在胸口高度的位置將工具壓進樹幹，轉動把手，將生長錐螺旋鑽進樹木中——就像葡萄酒商將開瓶器插入巨大的酒瓶軟木塞裡一樣。

有時候，這個過程需要兩個人共同完成，因為樹皮可能很難穿透，要把生長錐卡進非常堅硬的木質也是一項挑戰。穿透至想要的深度時，朝相反的方向轉動把手幾次，讓樣本鬆開，然後小心地拔出來。你瞧！這根樹芯通常像鉛筆一樣粗，且約為取樣樹木直徑的一半，然後將其放進一根紙吸管中，跟其他樣本堆在一起，送回實驗室。

除了砍樹和取芯之外，還有一種更基本的方法，可以收集供日後用來分析的原料：在刺果松底部的地面上收集散落的古老木片。這些古老木材樣本裡的資訊，可以讓研究人員建立年輪年表。以活著的樹做為錨點，地上殘存的木材可以讓研究人員回推更久以前的年表。

刺果松用許多方法記錄了數百年的天氣，留下不可磨滅的圖案，這對某個區域甚至某顆樹來說可能是獨有的。多雨—乾燥—寒冷—非常乾燥—乾燥—寒冷—多雨—多雨—溫暖，這些痕跡創造出一片片相互比對的木頭指紋。這些重疊的參考年表能夠讓研究人員把年輪紀錄拼湊起來，再加以擴充，即使是死去很久的樹木也可以提供紀錄。

目前殘存的木頭年表可以回溯至將近九千年以前。正如道格拉斯在一九二九年的文章中提到：「同年齡的木材彼此之間的接近程度，能夠證實它們對共同經歷的證詞，這會讓出庭律師感到欣喜。」[13]

年輪可以告訴我們許多超越古老簡單事實的故事。一棵樹的年輪往一側偏斜，可能是因為它曾暴露在單一方向的強風中，因為背風面的木質生長速度會比迎風面快。一棵早期年輪緊密的樹木可能是因為碰到了困境而生長緩慢；或許上方有棵更大的樹木，導致它只能接收到少量的光線——之後，正如變寬的年輪所顯示，它的生長環境更健康了，可能周圍的樹被清除掉，能曬到更多太陽，或者某次自然災害讓森林變得稀疏，或是天氣變化幫助這棵樹更自由地生長。

樹木年代學有很多跨學科的應用，也有一些相關的科學研究領域。其中一門是樹木水文學（Dendrohydrology），利用古老樹木裡的證據告訴我們關於乾旱、河流和溪流的流量、水位的高度，以及特定地區長期的旱澇狀況。另一門是樹木氣候學（Dendroclimatology），利用年輪告訴我們關於氣候及大氣數個世紀以來的情況與變遷。遙遠的事件，例如火山爆發，甚至是巨大的太陽閃焰，都可以在年輪中辨別出來。詳細的歷史水文及氣候資料非常實用，因為今日的水資源管理人可以把這項資訊加進預報模型中，以更好地預測未來的水文及天氣狀況。

LTRR 研究中最有趣的一面是考古學，包括研究與木頭相關的人類聚居及文化活動。參考年表已被用於確認或否定珍稀樂器的年分，以及畫家所用木框和木板的年齡，以解決贗品的問題；還有可以確定考古聚落的確切日期，就像道格拉斯的工作，他要判定美國西南部查科峽谷（Chaco Canyon）、弗德台地（Mesa Verde）及其他原住民懸崖住所（cliff dwellings）的建立年分，追溯至十三世紀的某個特定年分。道格拉斯說，這些日期「非常可靠，彷彿在當時就已經標註好日期，並且在公證人面前宣誓過一樣」。[14]

年輪也解決了其他令人困惑的歷史問題。維吉尼亞的落羽松資料證實，羅亞諾克殖民地（Roanoke Colony）的移民運氣不太好，他們是一五八五年抵達北美洲的第一群英國移民，由華特・雷利（Walter Raleigh）爵士贊助。他們到達當地時，正值仲夏，碰巧遇上了八百年來最乾旱的三十六個月之一，這對移民來說是一次農業災難。整個殖民地有一百一十五名男性、女性和孩童都消失了。補給隊受到西班牙戰爭拖延，於一五九〇年抵達，一個人都沒找到。

直到二十世紀晚期，出現各種理論，認為這些人可能被當地的部落同化，或是被屠殺、被集體下毒、受人折磨，碰到其他不幸的結局等。但在一九九八年，年輪證據揭露當時一定出現了環境災難，食物跟水日益匱乏，在新土地上尚未站穩腳跟的移民歷經了混亂，最後覆亡。

就連燒成木炭、面目全非的木頭，也能帶來啟發。樹木年代學家能拿到手的東西都會用於研究上。雷擊很容易引發火災，尤其是靠近山頂的地方，因為那裡從天空到地面的路徑是最直接的。因此，樹木年代學家所找到的許多木塊，都是雷擊後燒焦的「木炭」，它們物理上質地易碎，但化學性質穩定。僅僅從一大塊燒焦的木頭，就能識別出樹種，也能設法讀出年輪的祕密。

將拼圖拼湊起來是一項需要耐心和專業的工作。燒過的年輪相對容易觀察，科學家無需打磨木頭來讓年輪線變得清楚，而是將木片折斷，斷裂面就會顯露出年復一年的生長界線。

當我們走過實驗室時，對話一次又一次地回到火災上。樹幹的橫斷面放在台子上，立即揭露了千年來的火災景觀。透過樹木的傷口及這些傷口隨後的癒合痕跡，揭露了低強度火災及更大範圍火災的蹤跡。我們看了黃松的樣本，十九世紀的最後二十年間，有一連串的火災。但在二十世紀初，突然出現一個驚人的淡色大斑點，看起來像破碎的波浪，這正是調查火災的年輪研究人員所稱的「二十世紀的波紋」。

隨著年輪的推進，可以看到人類出現之前的動態：火災造成的傷痕、修復、再次受傷、再次修復。而這個「二十世紀的波紋」跟樹木頻繁經歷火災的前世相比，顯得異常突兀。它平淡無奇，沒有傷痕，顯得格格不入，就像一個腫瘤。

我們檢視的一塊巨大切片顯示，在二十世紀前，有超過一百二十五次火災的痕跡，在木頭長達一千五百年的生命週期中留下了燒焦的疤痕——然後是平滑、空白的二十世紀波紋。顯然，樹木與火災共存了很長的時間。但是，從二十世紀開始，火災從土地上被排除，加上氣候變暖，導致樹木生態系統出現劇烈的變化，火災從一種治癒力量變成了殺手，渴望大口吞噬長久以來未點燃的燃料。

牆上的一幅大圖顯示了基於樹木年輪重建、四百年來的氣候數據，這些數據涵蓋了今日美國西部，從密西西比到西海岸，往北延伸至加拿大，往南則過了下加利福尼亞的尖端。這張地圖代表了一種名為「帕爾默乾旱強度指數」（Palmer Drought Severity Index）的測量工具，深棕色代表比較乾燥的年分，綠色則表示水氣較多的年分。圖中數千個彩色點指出了LTRR的科學家鑑定出有火災痕跡樹木的位置。這些點都是從北美洲西半部的大型樹木年輪數據庫中彙整而來的。「你可以退後一步，感覺這種非常強烈的時空變異性。」大衛說。[15]

換句話說，環境可以產生極大的變化，尤其是在較長的時間跨度內。大衛在新墨西哥州長大，他記得在潮濕的時期，看著開發商興建滑雪區，但當更長的乾旱時期出現時，這些開發商鎩羽而歸。我們往往在非常短的時間內進行推斷，創造出微小的時間切片（甚至幾乎只是一閃而過），這也讓我們始終處於不利的境地。人類的天性是認為我們今天擁有的就是明天會擁有的。

這張圖顯示了二十世紀前四分之一的時間裡，有一大片綠色區域橫跨多年，這與科羅拉多河首次確定水資源分配方案的年分相對應。《科羅拉多河契約》（Colorado River Compact）於一九二二年簽訂，依據的是一段相對較短的數據期間，後來氣候學家發現這段數據反映了一段異常潮濕的時期。

從這些討論中得出一個很有用的通則：在調查自然的過程中，時間和地理範圍應該越廣闊越好，才能得到準確且有意義的結論。看到你所在的社區充斥著某位總統候選人的競選廣告，不代表你能準確測量出全國的政治溫度。

短期記憶永遠無法取代長期證據，這也是年輪資料的強大優勢之一：它能告訴我們是什麼構成了長期趨勢，這一過程被稱為「事後預報」（hindcasting）。

我問大衛，樹木年代學如何能有效地預測。對他以及其它我詢問過的科學家來說，他們的工作主要是加深我們對系統運作方式的理解：氣候如何變化、造成氣候變遷的原因是什麼、變化的速度如何，以及在什麼條件下發生？在一年、十年、百年或千年的時間範圍內檢視這些相互作用，可以提供結果，讓我們測試氣候模型。如果我們不了解系統的運作方式，就無法預測它們。

他們描述的氣候模型是否具有合理的敏感度或環境變異性？我們可以測試目前的森林生長模型：它們是否符合這些生態系統過去的動態？如果符合的話，我們對這些模型就更有信心，可以用來預測未來。如果我們無法正確理解過去，怎麼能正確理解未來呢？

旅途的終點，我們來到檔案庫的地下室，我感覺像是回到了家。這裡的空間很像我日常工作的檔案庫，放了手稿跟善本、可移動的密集書架、整齊排列的灰色金屬書架，其上擺放了一個個貼有標籤的木片箱子——超過一世紀以來所收集的材料樣本。就像研究圖書館一樣，絕對不允許出現活的植物；昆蟲感染可能會帶來災難。地板上擺放著一排蟲害捕捉器。

其中有一個大型區域是由考古木材組成，這些是人類使用過的木材跟木料。在這一區域之後，還有其他區域的木材用於生態學研究。有些區域標記為「火災歷史」。在檔案庫的其他地方，大型沉重的樹幹截面放在金屬架上。許多木板擱在書架上，看起來就像變形的書籍，還配有索書號。

它們的大小正好可以放在書架上，依照尺寸排放，就像善本一樣。二十世紀波紋一再出現在木頭紀錄中，十分顯眼，我只要穿過走道就能一眼認出來。我們又來到檔案庫的另一個區域，此處有看起來像是收集自科羅拉多州的柴火束。這些外觀普通的木頭用塑膠包裝好，放在棧板上，看起來就像在超市中販售一樣。差別在於這些木頭已有兩萬年的歷史。

我們打開一些箱子，大衛向我展示了用石器切割的樣本；這些切痕一看就知道和金屬斧頭留下的痕跡不同。根據切割木材所使用工具類型的痕跡，就能幫助你在打磨和檢查其任何部分之前，立即縮小木材切割的年代。他還給我看一塊木頭，這塊木頭不是用人類工具切割的，而是被海狸咬穿的。

這是收穫滿滿的一天。這些檔案就像是來自過去的巨大切片，占據了彷彿延伸好幾英里長的書架。檔案庫裡還有好多來自「柯瑞的樹」的切塊。大衛告訴我有一位洛杉磯的藝術家創作了一個數位複製品，是普羅米修斯樹在被柯瑞砍伐前的樣子，並使用 3D 列印技術製作了一個仿製品，然後放置在一個雪花玻璃球中，我在至少一位員工的辦公室裡看見它。

柯瑞的故事充滿影響力和共鳴，反映了我們所有人都曾犯下的過失，我想，這個故事吸引人的地方就在這裡：任何人都可能犯下大錯；我們或多或少都在某個時候犯過錯。我們會「事後預報」：什麼是我們原本可以做得更好？如果有機會重建生命中過去的某個面向，我們能學到什麼，或甚至重新失去什麼？

生命就是不完美，生命也充滿了美麗的不完美。沒有一棵樹的年輪是完全均勻的，或是數學上所謂完美的圓形。在樹木年輪和內部顯示而出的生命紀錄是斑駁不均的。行星的轉動可能很精確，符合牛頓不變的定律。然而，在這個活生生的星球上，一切都是混亂的。季節轉換、氣溫在極端之間顫抖、氣候起伏不定。人類在這個自然環境中進進出出，使用著木材——這個人類使用最久且最具多樣性的工具。樹木就是目擊者，記錄著證據，並解釋這些變化，呈現出日子及其各個部分如何隨著時間推移而積累成世紀的記錄。

最古老的刺果松見證了近兩百萬次黎明和黃昏。但沒有什麼是永恆的，即使大盆地刺果松也只是努力在嘗試。長壽似乎是所有生物的理想，即使要把自己扭成反抗的模樣。樹木就像書本，隨著時間向前流動，從第一頁到最後一頁，而它們所留下的紀錄是向後延伸的。這些古老的樹木提供了一個關於失去與獲得的故事——它們的與我們的——彷彿重現了這個世界華麗與迷人的縮影。

Ch 2 | 令人敬畏的事：海岸紅杉

Sequoia sempervirens

我在為未來懇求。我懇求有一個時代……我們能靠著理性、判斷力、理解和信念來學習，所有的生命都值得拯救，而慈悲是人類最崇高的美德。

——克萊倫斯・丹諾（Clarence Darrow）
〈對慈悲的懇求〉（*A Plea for Mercy*）
《芝加哥日報》（*Chicago Daily News*）
1924 年 8 月 24 日

巨大的海岸紅杉（*Sequoia sempervirens*）宏偉壯麗，彷彿來自另一個世界的消息。有少數幾棵長到快一百二十公尺高，因此成為地球上最高大的含碳生物。我們至今仍然不曉得它們為什麼能長得這麼高，也不知道為什麼它們不能長得更高。

但它們純粹的龐大——它們的高度、周長、巨大的體積，以及承載著大量的組織、碳及古老木材——讓我們重新審視自己。如果我們留心觀察，它們能引領我們找到更好的自我，讓我們面對自身的脆弱、渺小和短暫的壽命，同時也安慰我們，明白生命可以延續下去，只要身為生物界的一部分，我們也能繼續存在。讓我感到安心的是，如此非凡的存在，能夠在我們還活著時與我們共存，即使只是短暫的時光而已。

我們聚集在樹旁，拍照、對著相機做鬼臉、開心笑著，假裝用雙臂環抱住這棵樹。這就好像在跟總統合影。每位訪客只是無數向這棵樹尋求短暫關注的懇求者之一，而它的生命將遠遠超過我們的生命。

在紅杉樹林中，有種集會的氛圍：像一群崇拜者和懇求者，莊重地站立在那裡，面對著比他們更崇高的力量——風、雨、陽光、氧氣、二氧化碳及時間的運算。海岸紅杉就是驚歎、就是喜悅，說到底就是樹木存在的權利——樹木不需要滿足人類的需求。敬畏並非遊客、僧侶及好奇者所專屬。科學家的動力不僅來自於智識的追求，也來自於驚歎，以及它的近親——欲望。聲稱科學是冷靜且無情的這種說法，並不正確。

世界上只有三種紅杉，不過化石紀錄中隨處可見曾存在於遙遠過去的其他品種。其中一種倖存者是水杉（Dawn redwood），原生地僅在中國南方中部的一個山谷，但它在世界各地都能良好生存。第二種是海岸紅杉的表親，也就是常常跟海岸紅杉搞混的巨杉（*Sequoiadendron giganteum*），這是一種巨大的樹木，儘管兩者的分布範圍沒有重疊，且在生物學上也有所不同。

海岸紅杉幾乎只分布在海洋性氣候的上加州沿海地區，從加州中部往北延伸約一千四百五十公里，多數分布在一條寬度約十一至三十二公里之間的狹窄土地上。這些樹大多位於洪堡紅杉州立公園（Humboldt Redwoods State Park）。少數樹群肆無忌憚地越過州界線，擴展到奧勒岡州，往下到南加州，並在數十年前引進全球其他地區作為觀賞樹種。[16]

一棵成熟紅杉平均每年增加一噸重的木材，接近地面的樹幹直徑可達八公尺。一八四〇年代，探險家立刻發現了這些大樹，並開始著手開發它們，急著在加利福尼亞這塊新土地上發大財。這些訪客大量砍伐這些樹木；依據最可靠的記述，當這些樹最初「發現」時，大約有八十萬公頃。紅杉早期的生長面積超過百分之九十六都被砍伐了，只留下約九萬棵老樹。現在，這些巨大的針葉樹都位於州政府或聯邦政府保護的區域內接受庇護，遠離外界多樣的威脅。[17]

紅杉族群的生長範圍受到限制，加上這些樹木又很靠近道路，使得人們很容易親自接觸到整片樹林。近距離觀察時，那些最大的樹會展現出不同的面貌。我們的眼睛習慣於能夠感知一棵樹的範圍，才能理解它的樹木本質。

但第一次看到紅杉時，我很驚訝，它們比較像巨大、有缺口的石板。用手按上去不會動；身上粗糙的條紋向兩側延伸，它更像是一堵牆而不是一棵樹。訪客會爬上去，帶著驚訝的眼神討論它們的高度。你仰起頭卻無法看到樹頂，更高處長滿苔蘚，看來就像岩石面上的平台，甚至還有其他樹種生長在平坦的樹瘤上。

海岸紅杉支撐著天空。那麼，是什麼支撐著這些樹呢？

土壤，而且是大量的土壤。這些樹木生長所依賴的沖積層，由黏土、沙子和淤泥所組成——都是許久以前早已消失的河床殘留物，有些地方深達六公尺。樹木的根系橫向伸展，達到近三十公尺的驚人距離，不過都相當淺層。

紅杉的巨大意味著它占據了大量的生態空間。這裡上演著土壤、空氣、水和化學反應的戲碼。戲中還有授粉者、孵化者、微生物、貢獻者、給予者和接受者。這些在生態演出中的角色，都是從海岸紅杉樹根的末端延伸至樹冠的頂部，並從這裡向更大的世界擴展：樹木所形成的森林。

每一種樹都是獨一無二的，但海岸紅杉卻充滿了奇異與矛盾。它是植物學家口中的演替晚期物種（late successional species），也叫極相種（climax species）：它存活了很長的時間，達到了一種平衡，並在生態上也是極為穩定的狀態。但同時又對擾動具備適應性，而這兩種面向在樹木上通常是互斥的。

另外，還有那些自相矛盾的白色紅杉，這種白化樹木目前已知約有四百棵，宛如一片綠色湖泊中的白色水滴。它們通常很矮小，往往不超過灌木的高度，不過有時也能長到大約九公尺高。

由於突變的緣故，白色紅杉的松針無法製造賦予樹木綠色外衣的葉綠素。但是大自然提供了幫助，白化樹木可以從能行光合作用的母株，或透過更高的氣孔導度（stomatal conductance）來獲取能量：這是一個通過氣孔（植物所需的微小孔洞）來循環二氧化碳和水蒸氣的過程，相當於植物的呼吸作用。在紅杉分布範圍內都可以見到這些白化樹木，它們的白化為遺傳學家提供很有用的性狀，可以研究突變率，以及樹木與水分及光線的關係。

在野外還發現了十棵包含多種基因型的樹木，它們同時具有白化和非白化的特徵，綠色和白色的葉片交錯生長。這些嵌合體（chimera）雖然不完全像美國民間傳說裡的鹿角兔（jackalope）或是火鴨雞（turducken）一樣，但它們是奇特的存在，缺乏葉綠素使它們的葉子顏色從白色到黃色再到銀色不等。這些遺傳異常的樹木，成為大量研究的對象。

看到這麼大一棵樹，你可能會以為它應該很古老，雖然樹木的大小和年齡不一定相關，但高大的紅杉的確有年紀了。海岸紅杉身上遍布著長壽的痕跡。巨大就是美，長壽也是美，但這同時也需要艱辛的努力。根系承受著樹木自身的重量、風力及其他鄰近樹木的槓桿效應所帶來的持續壓力。

部分樹幹上會凸出巨大的樹皮和木材塊。雷擊的燒焦痕跡和空洞隨處可見。許多樹上甚至還能看到來自二十世紀初的缺口——這是當時的人取走木材做為鐵路枕木，卻沒有砍倒整棵樹所留下的證據。儘管面臨重重壓力，目前已知最古老的海岸紅杉也有兩千兩百年的歷史了，可以列入地球上最古老的樹木之一。

每種樹都能提供人文和科學上的啟發，它們巧妙存在於這兩者之間，而這兩個領域經常被刻意區分開來。最高大的紅杉以每年約增加六公釐的速度持續長高。但即使在雨水豐沛的情況下，這些樹木最高處的樹葉仍為缺水所苦。如果要問「為什麼可以長這麼高？」或「為什麼不能長得更高？」，答案似乎都跟水有關，正如大多關於樹木的情況一樣。

最終，這很有可能就是水力學的問題：構成樹木大部分質量的運輸組織稱為木質部，樹木透過木質部細小的管道往上運水，要花費極大的力氣，樹木高度似乎就受限於這個因素。然而，對這些更崇高的力量，我們並沒有確定的答案，因為在人類建造的液壓系統中，並不具備足夠的能力來測試有關這一運水過程的更細微理論。

一般來說，樹頂的水分越少，表示樹葉行光合作用和成長的難度就越高。在紅杉分布的範圍中，以南的區域氣候更為乾燥，單棵樹木的高度也比較矮。但氣候變遷也將在未來幾十年內，改變這個高度方程式，因為二氧化碳濃度提高、碳平衡的變化，以及溫度和濕度的變動，或許會讓樹木越來越矮。

紅杉要花幾週的時間，才能把水從根部運輸到樹頂。用吸管把水從水杯中往上吸是一件小事，但如果吸管越來越長，讓水上升所需要的壓力就越來越大。樹木需要強大拉力克服木質部輸送液體時所產生的負壓。最高的紅杉有可能產生超過九十萬公斤的負壓。

在這些樹中，最高的樹高得令人難以置信，如果你被綁在最高的紅杉樹頂，在微風中搖晃並祈禱自己別死時，你甚至低下頭就可以看到自由女神像的禿頭——如果她有禿頭的話。當然，這裡是指如果自由女神像被搬到目前已知最高的紅杉——亥伯龍（Hyperion）旁邊。以重量來說，搬動自由女神像會比搬動這棵樹容易得多，更不用說還有一大堆根系了。

伐木工人曾經逐塊秤量一棵倒下的巨型紅杉，這棵樹叫林賽溪（Lindsey Creek），位於加州的菲爾德布魯克（Fieldbrook）。它重達三千六百三十噸，比自由女神像重二十多倍。[18]

我原本計畫好要去爬其中一棵紅杉，但一想到這件事，我就一點熱情也沒有。除了對高處感到焦慮之外，我過去在高海拔地區的運氣都不算好。我爬過的山不算少，有些甚至使用過專業的冰攀和登山裝備。但五千七百公尺似乎是我的極限。

位於西半球最高峰——阿根廷的阿空加瓜，猜猜怎麼了？我在五千七百公尺的地方得了腦水腫。換到地球另一端的吉力馬札羅山，猜猜又怎麼了？我爬到了五千七百公尺，到了那座山的假山頭之前已經筋疲力盡。但一棵不到一百二十公尺左右的樹？簡單啦！然而當我看到別人爬那棵樹的照片後，我卻感到退卻了。光是和其他人談論從高處看到的景色，對我來說就已經足夠了。畢竟，每個人都有自己的極限。

但仍有其他人已經爬得更高，爬進它高高的懷抱裡，包括傑瑞．貝拉內克（Jerry Beranek），他是攀爬海岸紅杉的先驅，在一九七一年首次攀登其中一棵紅杉。[19]傑瑞描述他在樹冠頂部的感受：「從這根垂直的樹柱上所見的風景，展現出令人驚歎的立體效果：遠近、深度和空間，都被輕輕擺動的琥珀色巨柱樹幹所填滿。」[20]

能夠爬樹爬到那麼高的人屈指可數。登頂聖母峰的人，比爬上海岸紅杉九十公尺以上的人還更多。在樹冠層中，出現了讓人稱奇的世界。在幾棵紅杉的內部皺褶中，有不同的樹種茁壯生長在累積深度近一公尺的土壤中。一名攀樹人在一棵巨大紅杉的高處，發現了約二點五公尺高的北美雲杉。

貝拉內克說這棵樹跟周遭環境自成一個世界。他告訴我：「除了幾種特別適應樹冠生活的地衣和苔蘚之外，所有你看到生長在紅杉林裡的其他東西（真的是所有東西），都有可能出現在我們的古老紅杉樹冠裡。」他甚至看過小草生長在高處。[21]

附生植物（長在其他植物上的植物，這是全球植物界常見的一種生長策略）不斷長大，從空氣、雨水及附近的碎屑吸收水分及營養素。隨著這些植物聚集物不斷累積，會形成一層像地毯般的東西，能夠收集落下的有機物質，包括樹葉、小樹枝、鳥糞，以及其他被風吹或鳥兒甩下來的碎片。

這些有機物質開始在無所不在的微生物幫助下分解，進而產生了土壤。土壤不僅為其他生命形式（像是蟋蟀、甲蟲、軟體動物、兩棲動物和蚯蚓等小生物）提供棲息地，還能調節樹冠內的氣候，幫忙隔絕溫度變化、聲音和風。

這些樹冠上的土壤不是海岸紅杉獨有的，世界各地的大樹上都存在這些土壤，並為無數的生物提供了棲息地——我們需要更進一步了解它們的互動。然而，紅杉內部龐大規模和體積的結構，意味著它所容納的生物數量和種類是獨一無二的。

而樹冠裡也不光是只有植物而已。動物學家麥可・卡曼（Michael Camann）發現一些橈腳類

（copepods）的水生甲殼類動物，棲息在樹上的蕨類植被層裡——這些蕨類是茂密的附生植物，生長在樹枝頂部或樹洞裡。此外，還發現了其他令人意想不到的動物，包括新品種的蚯蚓，以及一生幾乎都生活在樹冠中的流浪蠑螈（wandering salamander，學名是 *Aneides vagrans*）。

隨著全球的兩棲動物數量減少，學習它們的生存策略變得更加急迫。一項二〇二一年的研究結果指出，流浪蠑螈在受到驚擾時，能從紅杉的樹冠中滑翔和跳傘出去。這種行為並非第一次觀察到，但這項新研究專注於牠們特殊的空中動作及演化適應。

為逃離威脅而從樹上跳下來，是一種非常危險的逃生方式，因為這種蠑螈沒有明顯的空氣動力學控制機制來減緩落下的速度：牠沒有襟翼、皮膜、翅膀或其他可以減速的工具。

研究人員將蠑螈放入風洞中，使用高速相機證實這種兩棲動物會採取穩定的跳傘姿勢，發現牠們能維持恆定的速度並控制方向。蠑螈落下的速度約為每秒一公尺，從最高的樹頂落到地面，最多可花上兩分鐘的時間。原來，蠑螈的體型幫助牠們成功度過這場空中冒險：牠們的身體足夠扁平，而牠們的大腳搭配長腳趾，則有助於產生阻力和保持平衡。[22]

從紅杉內部及其周圍進行的發現，可以證實這些紅杉居民有其他的生存工具，幫助我們打破關於它們衰退的觀點。二〇一八年針對九棵大型紅杉進行調查，共計發現一百三十七種地衣，其中有幾種是科學上的新發現。[23]

其中一種名為「*Xylopsora canopeorum*」的地衣，它的種名「*canopeorum*」是為了頌揚它被發現的樹冠層（canopy）而命名。這種地衣似乎只出現在索諾瑪（Sonoma）和聖塔克魯茲（Santa Cruz）較為溫暖乾燥的森林裡，這是一個令人興奮的發現。隨著氣候變化影響了世界各地的樹種，溫暖氣候中孕育出這種科學上首次發現的地衣，是令人振奮的。

體型更大的生物也能在紅杉生態系統裡找到一席之地。其中一種是加州神鷲（*Gymnogyps californianus*），這是一種翼展將近三公尺的洞巢型鳥類（cavity-nesting birds）。如今，野外及人工飼養的神鷲約有五百多隻。這種巨型鳥類之前分布於美國西南部，到了一九八七年只剩下二十二隻，因此當局決定捕捉所有存活的神鷲，並改由人工飼養。

我的朋友麥可．史考特（Mike Scott）在情況危急的那幾年擔任加州神鷲計畫的前主任，他說，參與這項計畫的工作人員數量一度比當時存活的神鷲還多。對於體型如此龐大的鳥類來說，當然需要可以築巢的大樹，而紅杉的巨大裂縫正好提供了所需的空間。

神鷲復育計畫現在由位於加州蒙特雷的文塔納野生動物學會（Ventana Wildlife Society）負責，他們追蹤野外的每一隻神鷲，並為牠們命名。其中一隻名為紅杉皇后（Redwood Queen）的神鷲，二〇〇六年在海岸紅杉的鳥巢裡發現。復育計畫的經理喬．伯奈特（Joe Burnett）向我解釋，過去這些年來，有許多對神鷲在紅杉的洞裡築巢，這些樹洞是雷擊造成的燒傷所形成的。

這種樹木也有如鬼魂般的居民。紅杉中最詭祕的居民之一，就是斑海雀（*Brachyramphus marmoratus*），這是一種小型的瀕危海鳥，由於牠的行蹤難以捉摸，因此牠們的鳥巢過了很久才被人發現。

斑海雀似乎擁有超凡的能力。牠們飛行時會貼近地面，是世界上速度最快的鳥類之一，牠們每小時飛行速度高達一百六十公里，對地面上的人來說只是一道瞬間閃過的模糊身影。原住民稱這種鳥為「霧鳥」和「霧雲雀」，因為牠們偏愛雲霧多的棲息地。牠們會單獨築巢，住在光線微弱的地方。

一七七八年，詹姆斯．庫克（James Cook）船長在太平洋西北地區的威廉王子灣（Prince William Sound）首次發現斑海雀。十年後，德國博物學家約翰．弗里德里希．格梅林（Johann Friedrich Gmelin）在其出版品中描述了這種鳥類——格梅林並非普通的動物學者，因為他更新了瑞典自然學家林奈（Linnaeus）所著《自然系統》（*Systema naturae*）的關鍵版本。但格梅林的描述卻缺少了一項重要的事實：斑海雀築巢習性的細節。

從格梅林對斑海雀一絲不苟、博學但並不完美的描述，到人類發現其巢穴的位置，經過了整整一百八十五年。充滿活力的專業及業餘鳥類專家開始了漫長的鳥巢搜尋。關於牠們築巢的理論層出不窮，一個比一個還瘋狂。有些人堅信這種鳥住在地面上。有些人則認為既然海雀曾在湖泊中出現，那麼牠一定以某種方式生活在水下，住在某種潮濕的地下居所。鳥類學家開始覺得尷尬了。一九七〇年，《奥杜邦田野筆記》（*Audubon Field Notes*）的編輯提出一百美元的獎金，要發給第一個確實發現並紀錄海雀巢穴的人。

在四年的時間裡，眾人齊心協力的搜尋並沒有帶來任何成果。到了一九七四年，一名精瘦而強壯的修樹人霍伊特・福斯特（Hoyt Foster），正在紅杉及花旗松混生的樹林裡清理一場冬季大風暴留下的垃圾，結果在他修剪一棵樹的時候，差點踩到一隻幼鳥。

福斯特經驗豐富，但他也曾在二十年前從一棵大樹上掉下來，受了嚴重的摔傷，導致內臟穿刺、肋骨骨折、脊椎壓縮和頭骨骨折。傷好了之後，他繼續從事修剪工作，但變得更加嚴謹，成為細心的觀察者。

這隻幼鳥正在一塊看起來像苔蘚的地方築巢，「牠看起來好像被壓扁的豪豬，只有嘴巴露在外面，」他回憶道：「從來沒看過那樣的東西。」他不確定該怎麼辦。

這是一種奇特又好鬥的生物，不斷地用嘴啄他的鋸子。他試著避開鳥兒完成修剪，卻不小心將牠撥落，鳥兒往下掉了將近四十六公尺，毫髮無傷，不像福斯特之前從空中摔下的經歷。他的同事把鳥兒帶去護林站，馬上就有人認出這是什麼鳥，並送去給專業的鳥類學家和系統學專家，這場比賽結束了。福斯特無意之間解開了一名鳥類學家口中所稱的「北美洲最難解的鳥類學謎團之一」。

之前的鳥類專家雖然很接近答案，但總是差了一點。傳奇的加州鳥類學家喬瑟夫・格林尼爾

（Joseph Grinnell）在一九三六年最後一篇關於海雀的田野筆記中寫道：「雖然有人提出猜測，但沒有證據證明……這種鳥會出現在紅杉樹上。」福斯特的發現讓海雀的巢穴再也不是謎題及困擾。至於那一百美元獎金，他跟其他人都沒有去索取。

海雀所偏好的多霧棲息地，也是樹木長期存活的關鍵原因之一。數百萬年來，加州沿海的霧氣提供了穩定的水分。但是，儘管霧氣孕育了樹木的生存，大火的幫助也能讓樹木更有效地融入環境。有些原住民族群在美洲生活已經有兩萬多年的歷史，而那些樹木堅持不懈的故事，在野火與原住民族群的交會點上增添了一層新的意義。與後來來到的歐裔美國人不同，他們認為大火會毀滅樹木，原住民的想法則不一樣，他們欣然接納焚燒的好處，並利用火來獲取利益。

海岸紅杉間的火情（fire regime）已經有好幾世紀的歷史。紅杉的樹皮很厚，能抵抗大多數的林火，並擁有在火災肆虐後恢復、甚至繁榮生長的能力。北美原住民在紅杉間點火，有好幾個目的，包括提高採集食物的效率（減少需要通過的矮樹叢），以及減少在地被層（Understory）四處飛舞、會吃橡實的昆蟲。[24]

尤羅克（Yurok）、托洛瓦（Tolowa）及維約特（Wiyot）等部落十分崇敬紅杉，並利用紅杉木建造房屋及獨木舟。在最早的人類心中，樹木有著深刻的精神意義：它們生生不息，看似永恆，有自己的創造故事與神話。[25]

甚至連紅杉（Sequoia）這個名字也體現了對原住民的影響，這個名字據說源自一位名叫塞闊雅（Sequoyah）的切羅基人（Cherokee），他具有極高的語言天分，創造了正式且有效的音節文字系統，這對尚無文字的民族來說是極為罕見的事件。他看見士兵在閱讀紙張（他說那是「會講話的葉子」）後，決定創造一套基於音節的語言，這種語言至今被證明是成功且持久存在的。這個聯結對於這棵以他的名字為屬名的巨木來說，既貼切又富有共鳴，其種名「*sempervirens*」也與他的事蹟呼應——意思是「永生」。

我們認為這些樹是不朽的，因為它們的壽命遠遠超過我們。但即使它們存在於深遠的時間中，並與其他生物保持永恆的關係，紅杉也並非堅不可摧。現代人憑藉鋼鐵工具，已經砍伐了數萬立方公尺的紅杉原木，利用木頭建造完整的住宅區及商業區。

樹木建造出了美國，最大的海岸紅杉可以提供大量的木材——每一棵都能產生超過一千一百七十九立方公尺的木材。總體來說，一棵樹能建造三十三棟房子，光是一棵紅杉，就能建造一整條街的住宅。這棵樹的收穫不僅是一個關於數量的故事，也是一個關於多樣性的故事。人們用海岸紅杉的木材，建造出小屋、碼頭、書架、桌子、棺材、道路、引水槽、孵化器、化糞池，以及從夏威夷到佛羅里達都市供水系統的管道。

喜愛木頭的人類並不是樹木存活的唯一障礙。樹木所仰賴的地面——那寂靜無聲的基礎——也可能會對紅杉造成影響。因為這些樹木的壽命如此之長，經歷一場大地震對它們來說幾乎是必然的命運，它們可能會像許多火柴從火柴盒裡掉落一樣結束生命。

卡斯卡迪亞隱沒帶（Cascadia subduction zone）從加拿大的溫哥華島延伸到加州最北邊的沿海地區，位於地球上最密集的古老紅杉區域之下。一名作家曾形容隱沒帶是地球上最大的撞擊現場。這是兩個構造板塊的碰撞，這些巨大的地球地殼正緩慢而不可抗拒地移動。當它們彼此撞擊時，總有一塊要讓步。一塊板塊會向下滑動，或者說隱沒到另一塊板塊下方。

這種數百萬噸岩石的劇烈運動，會使海岸紅杉的根球扭曲，與樹幹的軸線相互對抗。隱沒作用可能會釋放出圓周運動，這對於紅杉來說是一場災難，因為它們可能從未演化出抵禦這種情況的能力。樹木會旋轉和劇烈搖擺，然後像廚子折斷一根芹菜一樣，地面的運動會切斷樹木的一大部分。在十九世紀的記載中，洪堡郡（Humboldt County）的灣區印第安人描述了樹木因地震而被埋進超過六十公尺深的地方，直直掉進了地面上的裂縫裡。[26]

一棵樹的巨大木質塊莖（lignotuber，樹木的木質根基，提供額外的營養素，也是儲備能量的地方）曾被沖上北加州的一個淡水潟湖，後來在一九七〇年代被拍攝成明信片。這個塊莖（也稱為樹瘤），寬十二點五公尺，高度是寬度的一半，重約五百二十五噸。這些樹瘤賦予紅杉再生的能力，因為新的複本樹可以從倒下的樹木樹瘤中生長出來。照片中，六個人站在這塊沖上岸的樹瘤前排成一列，看起來有點驚訝，或許是很匆忙地聚在一起，想要和海灘上那棵房子大小的樹木合影。

其他的元素也有可能影響樹木的生存。根據有力的證據顯示，北美洲西部曾有一場大海嘯肆虐大部分地區。這場海嘯是由一七〇〇年在卡斯卡迪亞隱沒帶發生的地震所引發的。毫無疑問地，其他來自強烈地震的巨大海嘯也曾襲擊岸邊，很有可能將海岸紅杉浸泡在超過三十公尺（或更深）的水裡，並夷平大片森林。[27]

海岸紅杉也可能失去對抗重力的能力，這些情形看似不規則，卻又相當常見。有時，紅杉的根盤（在地面上形成一塊平坦地毯的沉重根系）會有一側慢慢陷入地面，造成樹木傾斜。這種傾斜通常是因為根系所在的沖積層，地下水過於飽和。有時，樹木的軸根（即在樹幹下方直直向下延伸的主要根部）會萎縮，只留下淺層的根系，無法在當地氣候正常的壓力下支撐樹木。

有時，紅杉會如骨牌般接連倒下，當一棵樹倒下撞到另一棵樹時，會造成混亂的連鎖反應，將其他樹木也一同推倒。正如貝拉內克所指出，這些樹木「充滿了缺陷——舊傷、新傷、火燒痕跡、裂縫跟大開口」。所有這些傷害都為那些造成樹木衰退的生物提供了入侵的機會，加速腐爛及大洞的形成。就像人類會伸展、長出皺紋和皮膚下垂一樣，這些樹也是如此。

所以紅杉可能是脆弱的——這是一種我們不太會與如此堅固、單一的結構聯想在一起的特質。即使樹木不斷往上生長，重力和死亡的影響也無處不在。樹皮可以像鬆散、厚重的布料一樣，從樹幹上脫落，大小和形狀都出乎意料之外。走進一大片紅杉林，可以看到數百年來的活動造成的迷人影響。不過，倒下來的樹仍然可以繼續存活，通常會成為森林生態系統的一部分，透過長出新芽或作為其他植物的宿主，自成一個小花園。

紅杉森林的複雜性，可以用一個非常貼切的禪宗詞語來形容——「圓相」（Ensō）。在西方，我們可能就用「生命循環」這種老掉牙的說法來形容它，但這個說法已經因為過度使用而變得無趣，實際上它的意義遠不止於此。

禪宗書法大師用不羈的筆觸畫出這個概念，有時候是封閉的圓形，有時卻不是完全封閉，圓形的不完美及不一致象徵著覺悟、力量和優雅。圓相也與日文裡另一個概念有關：侘寂（wa-bi-sabi），即無常之美。出生是為了死亡，死亡又是再生，正如這些樹木進行著一場安靜但激烈的鬥爭。

隨著樹幹及樹根分解成覆蓋料及腐植層，這些足夠的有機材料集合起來，支持其他的生命。藤蔓、蕨類和其他樹木筆直地向上生長。不過，有時候林火或腐朽會完全吞噬樹木，只留下明顯可見的坑洞，成為它們存在的唯一證據。似乎還沒有人做過這件事，不過若沿著失落海岸（Lost Coast）標記留下的數千個坑洞，可以讓我們看到古代樹林的足跡，為它們之前的密度提供詳細的證據。即使只是影子，也會留下痕跡。

雖然近期環境中出現了更為險惡且持續的變化，所造成的威脅遠超過地球和水的自然運動，我們仍然可以在氣候恐慌的景觀中，找到意想不到的綠洲，帶給我們希望。

有更多適應高溫的生物在紅杉的生態系統中生長與存活，其中一個例子是之前提到的地衣。另一個例子是，近年來，林火的嚴重程度前所未見，然而證據顯示，火災後有百分之九十五的海岸紅杉得以倖存並開始新生。在專家研究的火區中，這個百分比遠高於其他的大型樹種。這種規模的火災為科學家提供機會，研究紅杉對這些事件的反應。[28]在這種時刻，海岸紅杉給人無敵的感覺——能抵受最可怕的自然災害。

並非所有氣候變化皆是人類造成的，因為我們在地球上的歲月不長，而這一顆充滿岩石和水的星球則有長遠的歷史。科學家可以深入研究紅杉的前世，了解幾百萬年前它們在截然不同的環境下如何應對；科學家也可以在實驗室裡，模擬古代的環境，然後進行檢驗。例如，如果海岸紅杉缺乏二氧化碳，它會怎麼樣？二氧化碳雖然惡名昭彰，但它對樹木來說卻是不可或缺的——否則它們就不會以數十億噸的規模大量吸存它了。樹木吸存二氧化碳，並不是為了人類，而是為了它們自己。

一項二〇一三年的研究證明，在氣候變遷的早期階段，隨著二氧化碳的減少，樹木的分布範圍也變小。碳飢餓（carbon starvation）對紅杉來說是不利的，其實這也是意料中的事。氣候變遷若導致二氧化碳濃度的上升，對樹木有利，但與其相關的連鎖反應就不利於樹木——林火、溫度上升及隨之而來的蟲害。二氧化碳太少，樹木會遭殃；太多，則地球會遭殃。[29]

人類也幫助樹木在更炎熱的世界裡存活。在二〇一六年的一項測試中，研究紅杉遺傳變異的研究人員，從一些生長在炎熱乾燥山脊上的紅杉樣本中收集種子，推測這些樹既然能在較溫暖乾燥的氣候中生存，應該經歷了一些遺傳適應。然後他們把三十四棵從這些種子培育出的幼苗，移植到紅杉分布區最東邊內陸的兩個測試點，那裡氣候更加暖和，且沒有其他紅杉生長，目的是觀察它們能否在此扎根並茁壯成長。在這兩個測試點，有不少複本都表現很好。[30]

這些水文、地質和生物特性對於了解紅杉至關重要。但要真正了解這棵樹，我們必須超越它的生物學，探索紅杉所激發的情感及感受。「美感」應該作為生物學的一支，但它常常不受重視。紅杉生態系統中一些最可愛的元素，往往也是最微小的元素。生長在樹幹附近的小型物種及其視覺呈現都非常精緻。

其中包括癩屑衣屬（*Lepraria*），這種銀灰綠色的殼狀地衣，因為形似痲瘋病人的皮膚而得名。這是一種來自疼痛的美，或因疼痛而生的美。苔蘚植物到處可見：它們是喜愛潮濕的植物，包括煙管蘚屬（*Buxbaumia piperi*）的孢子體，形狀像綠色的暴龍牙齒。

還有那些地衣！作家理查・普雷斯頓（Richard Preston）將生長在海岸紅杉高處的石蕊屬（*Cladonia*）地衣形容為「最美麗的地衣之一。它們形狀各異——小喇叭、標槍、花豆的莖、泡棉塊、杯子、骨頭、雲朵及戴紅帽的英國士兵」。[31]地衣在生物學上十分複雜且令人困惑——它們是變形者，是微生物組（microbiomes），既是網絡群落，又是個體生物。它們開始挑戰我們對於生物體邊界的概念——讓我們難以確定一個生物從哪裡開始，在哪裡結束。[32]

我們驚歎於樹木上那些微小的真菌之美，再往後退，觀賞它們的巨大。它們的體積和存在感帶給我極大的安慰。紅杉林是很安靜的地方；這裡有一種明顯的神聖感。作家安・拉莫特（Anne Lamott）提到紅杉時說：「這些樹木如此巨大，以至於讓你不自覺地閉上嘴巴。」[33]它們的龐大減弱了聲音，在它們周圍的人往往以安靜、虔誠的語調交談，就好像走在巨人群中你會特別安靜。但它們提供了豐富的感官體驗：你不僅僅在視覺上欣賞它們；你還能看到它們的顏色，並聞到它們的氣味。

而那些氣味！紅杉的氣味提供豐富多樣的感官資料，這些資料會根據你與樹及其不同部位的距離而改變。它們是芬芳、苦澀與甜美的聚合。貝拉內克雖然未受過科學家的訓練，但他在紅杉林間工作了幾十年，對它們有深厚的感情。他從樹上掉下來過、攀爬過樹，在四十二年間清理樹木以便通行。在某些方面，他是許多樹木愛好者內在的矛盾行為的具體體現，也是我們所有人在保護地球時所面臨的矛盾：我們在不斷消耗地球資源的同時，卻也在努力拯救它。

傑瑞覺得，試圖向某人描述一種氣味就像試圖描述一種顏色一樣。紅杉林裡什麼氣味都有，會根據季節和當下生物活性最強的東西而變化。但這些氣味一直都在，實際上就在你面前，因為樹木會釋放出大量的生物質和隨之而來的揮發性有機化合物（VOCs）。例如在寒冷、黑暗和潮濕的冬季日子，紅杉林裡有很多活躍的菌類及黴菌，使得空氣會帶著辛辣、惡臭和發霉的味道。

氣味不光只是無效的氣味。揮發性有機化合物是訊號化學物，能與其他植物進行交流，並吸引昆蟲授粉和散播種子。[34]人類可能不喜歡這種味道，把鼻子皺起來，儘管如此，它仍有一種安靜、健康的特質。「你就忙自己的事，彷彿這些氣味不存在。」貝拉內克對我說，但這仍是樹木生態系統中不可避免的一部分。

在十九世紀，人們幫紅杉叢或單一棵樹取了各種綽號：三姐妹、連體雙胞胎、單身漢或隱士等等。在美國內戰期間，探險者賦予樹木許多英雄的名字。倒下的樹也有名字：墮落君主、諾亞方舟等等。這些命名的行為並非當時首見，也持續到今日。

現存最高的樹木通常以那一小群經常攀爬它們的生物學家來命名。沒有人必須同意這些名字，因為幫某個物種中的個體取名，並沒有固定的科學程序。近期的樹木命名包括冒險、布魯圖斯、金塊、悖論跟阿特拉斯——每一棵都如此高聳，以至於樹頂的溫度明顯比根部涼快許多。不止這些，一棵高大的紅杉如果沒有綽號，或許才是例外。

這些名字可能讓它們顯得更有分量，但說到底還是有些畫蛇添足。更有可能的是，這些名字只是研究樹木的科學家出於喜愛所取的，同時也是一種實用的方式，便於將一棵巨大的樹與另一棵樹區分開來。起碼現今的情況是這樣。

但在動物學歷史上，非人類的名字比比皆是：靈犬萊西、能流利使用手語交談的大猩猩可可（Koko）、因為會講話而聞名的鸚鵡胡椒（Pepper），當然還有米老鼠，甚至我兒子那隻長壽的金魚也取名叫歐巴馬總統。

只有少數人知道那幾棵最高的樹的確切位置，滿心好奇想爬樹的人、想伐木的人，或想破壞樹木的人便無法為所欲為。我想偷偷跟著知道地點的生物學家，去看看這些樹，但它們的坐標像王冠珠寶一樣受到保護，我最終還是沒有這樣做。

樹木在非科學領域內的角色，為它們的林奈式教導加入了柔和的元素，這些知識包括光合作用、生長、有機化合物及水分輸送等。雖然海岸紅杉生長在美國，但其他文化也認識這種樹，並納入自己的文化裡。例如，日本人製作迷你小樹的工藝稱作「盆栽」（Bonsai），透過創造出微小的模擬品，教導我們關於耐心和長遠目光的道理。

在日本，盆栽的歷史可以追溯至十三世紀，這是一種古老而複雜的藝術形式，但其核心在於促進情感的喜悅以及和平寧靜的感受。一項針對兩百五十五位盆栽藝術家的研究證實，從事盆栽藝術可以讓大多數手藝人感覺心情變好。[35]但紅杉盆栽「自然」嗎？跟完整大小的樹木一樣自然嗎？可能不算。畢竟，這是一種精心管理的活動，目的在於創造出全尺寸樹木的迷你版本。它們被鐵絲固定、修剪，並被刻意塑造成符合人類視覺的樣子。

但在大型與小型樹木之間，仍有無數的共通性。和完整大小的樹木一樣，盆栽也可能具備人類的特質。「你開始用『他』和『她』來稱呼它們，它們也有自己的個性。」漢庭頓植物園的盆栽策展人泰德．馬特森（Ted Matson）帶我參觀植物園非展示空間裡的盆栽收藏時這麼說道。它們也具有療癒力，這種力量與全尺寸樹林的寧靜相呼應。

泰德說，當他碰到創作瓶頸，或想不出該如何表達一段文字時，他會去整理一下盆栽，往往就能找到新的方向。「我很快就學會了走到室外，在我的樹木中漫步，做一些修剪或給植物摘心（pinching），不用幾分鐘，任何我正在尋找的解決方案一定會跳進我腦子裡，文字就會自然而然地流出來。」[36]

據泰德觀察，想要種植盆栽，你得學會按捺住衝動，什麼都不做。你必須尊重樹木的生長步調。[37]我們克制不了想把大自然裝進瓶子裡的欲望，讓它變得好管理且好掌握，就像盆栽擺在我們面前，一眼就能看穿一樣。

「在我參加的第一場盆栽展覽中，最令人驚歎也最激勵我的樹木絕對就是海岸紅杉，」泰德說：「那時，那棵樹大概九十公分高，呈現最完美的紅杉比例。所以，那是我最初的靈感來源之一。」[38]

這種感覺就像巨大的紅杉生了一棵比較小型的同類。實際上確實如此，因為要製作盆栽，就要走進紅杉林，找一棵小樹，將它的樹樁挖起來帶回家。泰德特別指出，盆栽是抽象概念——是一種表徵，他稱之為「將自然帶入個人空間的終極範例」。這也是一種詮釋。日本人研究老樹特質的成果斐然，並將這些特質編纂成設計原則。

以古老程度來說，大樹不一定比盆栽更古老，漢庭頓植物園收藏的盆栽中，有超過一千歲的，甚至還有一棵快接近兩千歲。盆栽雖然是人工創造的，但同樣是蓬勃生命力的一部分。

盆栽樹木自古便與人類連結在一起。但在過去半個世紀，一個嶄新的概念已經逐漸興起：自然界也擁有自己的法定權利。有一些物種已經在法庭上提起訴訟保護自己的權利，這些訴訟當然是由人類提起。

這樁訴訟的舞台搭設於一九七一年，當時南加州大學的法學教授克里斯多福．史東（Christopher Stone）試圖喚醒課堂上幾個無聊的學生，便提出了自然界也有法定權利的激進觀點。他隨後在法學期刊發布「開創性」的論文，標題是〈樹木該有立足之處嗎？且論自然物體的法定權利〉（我在這裡使用「開創性」〔seminal〕這個詞，它的語源意義是「來自種子」）。

這篇論文原本可能會被法律界所忽視，但事實上，它很快就在一則著名的最高法院案例中被引用。史東的文章將提出一種理論，主張自然界的權利。透過範例和先例，史東建立起一個謹慎的逐步論證，他指出：「在越來越多的情況下，每個人想像中的死亡並非自己的死亡，而是地球上整個生命循環的終結，我們每個人對地球來說，不過是身體中的一個細胞。」在接下來的幾十年裡，其他人根據他的論證和推論繼續延伸，並提出支持及釐清。[39]

史東這個激進的修辭火花點燃了一把火，這把火仍熾烈地燃燒，促使人們不僅思考樹木生存的道德迫切性，同時思考法律層面的問題。用專業術語來說，這是個「大案子」，猶如法律格言所說「法律不問瑣事」（De minimis non curat lex）。然而，對門外漢來說，這是個奇怪的主張，正如達爾文選擇以輕鬆的方式提出他激進的新演化觀念，並指出這對很多人而言是多麼不容易接受的觀點，史東也採取了類似的策略。

「在這個事物能夠被獨立看見，並受到重視之前，會有人抵制給它『權利』，」他指出，「然而，直到我們能夠給它『權利』，我們才能看到並重視它，這對許多人來說幾乎是不可想像的。」然而，他的概念持續獲得更多人的支持。

其他作家對於我們如何談論以及思考非人類實體提供了不同的觀點。羅賓・沃爾・基默爾

（Robin Wall Kimmerer）在她的著作《編織聖草》（*Braiding Sweetgrass*）中，以感人和有說服力的論述探討了有生性（animacy）的語法。她指出：「要取名和描述，首先必須看見，而科學則擦亮了觀察的天賦。」但說到一棵樹，當我們使用「它」，而不是「她」時，「我們為自己開脫道德責任，並為剝削打開了大門。」她強調，要拿鏈鋸對著「她」，顯然會比對著「它」困難多了。[40]

作家伊麗莎白・寇伯特（Elizabeth Kolbert）也指出，歷史上多數時候，人類能敏銳地理解自己在多大的程度上受到環境的擺布，並依賴自然世界來生存，河流及山脈有最終的話語權。但如今法律的力量，超過道德勸說的議題，可能成為促使我們——甚至能強迫我們——以一個文明社會的身分採取行動的一種工具，讓我們相信大自然應該按自己的條件生存下去，而不是由人類來規定。最終，這不僅是人類的生存策略，也是樹木的生存策略。

人類的存亡往往取決於他們所提出的理由。真是可惡，我們凡事都需要理由。非人類物種的智力議題引起了我們的關注，或許是因為我們本能地認為，人類是唯一擁有我們所認知的「智慧」的存在。但大自然提供了很多反例，例如新喀里多尼亞烏鴉（New Caledonian crow）能製作和使用工具來取得食物，還擅長解決一系列任務來餵飽自己。

當我們談論樹木的智慧時，這個問題變得更加棘手，因為我們認為理解力僅限於那些擁有大腦的動物。幾個世紀以來，人類智慧被用作衡量其他一切理解力的基準。正如生物化學家梅林·謝德瑞克（Merlin Sheldrake）所稱，這些「充滿爭議的智能層級」，正受到新的理解，讓我們重新認識樹木和其他生物在認知、決策及其他典型智力指標方面的能力。

認知是偵測環境變數的能力，有時候會跟意識混淆，導致許多人拒絕承認植物有認知能力。但生物學的哲學家提出很有說服力的論點，認為植物也有意識：在最簡單的意思上，意識就是對外在世界的覺察。[41]

法律、生物學、美感、敬畏、常識及某種我們認作智力的東西集合成一個大熔爐，可以將人類鍛造成有能力且願意賦予紅杉等植物應得權益的生物。當我們發現一些線索，顯示我們在表達智力的能力上並不孤單時，我們會朝向一種新發現的親和力邁進，或至少它會引起我們的注意。

自然界要能存活，需要長期的同理心。地球健康的未來對每個人來說都很抽象，時間的延續越長，越超出我們的生命，這種抽象感就越強。我敢打賭，你可能沒那麼在意地球會在七十五億年後，最終被太陽吞噬。但如果那是下週會發生的事情，你就會突然滿腦想的都是這件事。而總有一天，「下週」終會來臨，即使「週」這個概念可能早已蕩然無存。

我們需要找到方法，讓我們的同情心延伸到未來，讓它不再那麼抽象。不論你是否希望它存在，過去已經存在；同樣地，不論你喜不喜歡，未來都會到來，如果你關心地球上的生命，你就會找到關心未來的方式。透過思考和討論來鍛鍊你的同理心肌肉。要讓樹木生存，除了要有沉積物作為土壤，我們也要付出情感。

當代哲學家提出跨世代遺產的倫理模型，旨在建立跨世代的情感聯繫：這是一項非常艱鉅的任務。這些模型提供將當前社群和緊接其後的世代縫合在一起的方法，然後將這些世代再與隨之而來的世代相連，依此類推——建構一種將過去與未來聯繫起來的的參考年表。[42]

再回到地球吧：我們都來自於它，最終也會回歸於它。地球是萬物的根源。在這段時間裡，我們忙碌不已。命名、尋找、奔波和工作。然而，在我們生活的過程中，我們有時會過於輕易地遠離自然，束縛於辦公室和城市之中。但幸運的是，我們很難從自然界千絲萬縷的方程式中完全脫離，因為我們始終屬於自然界的一部分。

只是我們很難從新的角度看待生物圈，比如在樹上高高地看待這一切，畢竟在地面上待了這麼久。儘管我們是「人」，還是有可能從「樹」的觀點去了解世界。我對樹木擬人化的方法並不感興趣；我不覺得它們是「有感情的」、「體貼的」，或具備其他更適用於人類的屬性。並不是說我對樹木缺乏體貼和感情，我認為這是正確的方向：我們可以感受與樹木的親密關係，只是我們不需要樹木回報我們。它們不欠我們任何東西；我們欠它們一切。

湯瑪斯・貝瑞（Thomas Berry）是美國的文化歷史學家，他在二十一世紀初，引入了更廣泛的法律概念——地球法理學（Earth jurisprudence）。地球法理學是法律與人類治理的哲學，它主張人類只是更大生命社群中的一個元素，而單一元素的福祉關乎整體社群的福利。貝瑞主張：「宇宙是一個主體的共融體，而不是客體的集合體。」

透過像史東、貝瑞、基默爾、寇伯特等人的努力，我們將集體的理解和意志，邁向更具環境正義的世界。面對即將到來的生態災難，我們必須記住無數人的集體利益，以及樹木的權利，還有那些支持與滋養我們所有人的土地所該有的權利。

Ch 3 ｜土壤的工作：拉帕努伊差點失去的樹

Sophora toromiro

在再生中，大自然並未被毀滅，而是被修復。

——喬治・斯文諾克（George Swinnock）

《世間的無常》（*The Vanity of the World*）

生存有許多種形式。有時需要堅守立場；有時意味著回到家園；而有時則需要完全的離開。儘管海岸紅杉牢牢扎根在北美大陸太平洋西北沿岸的家園，但同時卻有一棵樹已成為脆弱的旅外者超過半個多世紀：那就是矮小的托羅密羅（*Sophora toromiro*），它沒有常見的名字，通常就被稱為托羅密羅（toromiro）。

托羅密羅原本在太平洋上的拉帕努伊島（Rapa Nui）上演化，但現在島上已經看不到這種樹，它已經遠離家園了。拉帕努伊又名復活節島（Easter Island），西班牙語稱為「Isla de Pascua」。它是太平洋中的一個小點，距離智利西岸大約五千六百多公里。這座島很小，面積只有一百六十三平方公里，地勢相當平坦，海拔最高約五百公尺。

這棵樹的故事及其困境深植在這座島上的土壤裡：島上的土壤為重新引入這棵樹帶來了挑戰。然而，在這個故事裡，海洋也扮演了不可忽視的角色。

托羅米羅樹最後出現在拉帕努伊島的日期尚不確定。有些說法指出它在一九六〇年已經在野外滅絕了。其他資料則提到它在一九六二年已經消失，當時德國氣象學家卡爾・尚茨（Karl Schanz）攀下火山口，想去看最後一次有人目睹的這種樹時，它已經不在了。它是被移除了嗎？還是死掉、倒下並回歸大地？我們將永遠找不到答案。雖然拉帕努伊島再也見不到托羅密羅的蹤影，但靠著運氣和勇氣，它在其他地方仍然倖存。

在過去一個世紀裡，托羅密羅的種子陸陸續續被採集，並在大陸地區重新栽種，使這個物種在其他地方得以生存。每棵樹是一個小型的流散族群，目前只有幾棵倖存於全球各地約十二個公共及私人植物園裡。

一九六〇年代初期是振聾發聵的時期。海洋生物學家瑞秋・卡森（Rachel Carson）那本耀眼又令人心驚的著作《寂靜的春天》（*Silent Spring*）問世。墨西哥灰熊（Mexican grizzly bear）永遠消失了。鳥類學家最後一次可靠地觀察到黑胸蟲森鶯（Bachman's warbler）的蹤影；這種鳥原本常見於美國東南部和中西部。全球各地有數十種植物和動物相繼滅絕，或減少至岌岌可危的數量。

而在太平洋的另一座島上，我當時一歲，一場海嘯襲擊了夏威夷大島東側，我也差點在同一時期滅絕。一九六〇年五月二十三日的清晨，智利海岸附近一場規模九點五的超強地震引發了三道巨浪。那是有史以來記錄到最強烈的地震，前一天已經造成數千名智利人喪命。

海嘯是一種慢動作的災難，波浪要花很長的時間才能走完漫長的距離。但它們是難以抵擋的液態滅絕事件。這場震動是由地底下板塊的大規模移動引起的，在海底撕開幾百公里長的裂痕，產生一波又一波浪潮，於午夜時分襲擊夏威夷，並持續到隔天清晨。

警報器在晚上八點半左右響起，這些警報器是至今仍在運作的民防系統之一。第一道海浪在午夜剛過的時候到來，還不到九十公分高。民防警報器詭異的嘯聲吵醒了民眾，周圍的喧鬧聲讓他們大著膽子走回去探勘暴露出來的海岸，因為下一道海浪還沒到，水已經退了下去。第二道海浪高達二點七公尺，在半夜十二點四十五分到達。

第三道海浪是最大且最具破壞性的。這道浪是地震學家所稱的波列（wave train）的一部分，它呼嘯著翻越過三公尺高的海堤，進入希洛灣（Hilo Bay）時，將二十噸重的巨石推移了一百五十多公尺，並達到十多公尺的高度。海灣邊的發電廠受到重擊，發生了爆炸，火花四濺。小鎮瞬間陷入黑暗。

我們家位於希洛灣邊的懸崖上，懸崖下方不斷受到太平洋的猛烈拍打。儘管海浪放過我們跟我們的房子，但我們家南邊地界的普奇亥溪（Pukihae Stream）經過三道海浪的翻攪，在內陸幾百公尺之處發生了變化。在之後的那些年，我和我兄弟找到陶器的碎片、船隻的零件、神祕的硫化橡膠碎塊以及其他漂流物，都有可能來自海水的巨大翻騰。在希洛鎮上的照片顯示，一排又一排厚實而堅固的停車收費器都折彎了，躺在卡美哈美哈大道（Kamehameha Avenue）的地面上。

在希洛這個兩萬六千人的小鎮中，有六十一人死亡——包括漁夫、藍領勞工、住在靠近水邊的居民。我的父親是希洛醫院的一名外科醫生，在混亂的災難後連續工作幾天未曾闔眼，拯救了好幾條性命，也失去了好幾條性命。將近三百人受了重傷但倖存下來。父親修復了折斷的骨頭、切除受傷的器官、截肢、縫線，並安撫親人失蹤的病人。在希洛鄉間的一間小醫院裡，他的醫生同事也同樣忙這些事情。在之後的幾十年裡，每逢重大節日，倖存者與他們的後代都會送來昂貴的烈酒作為感謝。

物種的滅絕鮮少是出自單一因素的，反而是一系列緩慢且分散的壓力所造成。以拉帕努伊來說，在人類定居之前、期間及之後，整座島都經歷了衰退。科學家至今仍在爭論島上生物衰退的一些原因。

拉帕努伊和夏威夷的環境提供了一些很有用的比較點。兩者的生物相都是在隔離狀態下演化而來，並且都不得不面對嚴峻的滅絕風險。在玻里尼西亞人到來後的一千年中，這兩座島嶼的大部分區域都被重新塑造。玻里尼西亞人帶來大量的豬隻、老鼠及其他偷渡動物，這些動物快速占據當地生態系統，而這些生態系統卻從未演化出對抗這些動物入侵方式的防禦機制。[43]

海洋中心的生命既凶殘又脆弱。幾乎所有的島嶼最初都是由岩漿上湧所形成，岩漿冷卻轉化變為岩石，然後在漫長的時間裡，由海鳥帶來的氮肥逐漸變得肥沃，直到人類的到來。在島上，生命的存在狀態與其獨有的特徵可以緩慢或迅速地改變。但變化是島上的常態。隔絕的生命會帶來無數的過渡形態和變異，當中的驅動力來自植物和動物數千年間的緩慢安頓，然後是自然選擇、氣候、突變、遺傳漂變（genetic drift），一旦人類來到，便會受到大量人為影響的驅動。

島嶼上導致滅絕的一個特別強大的因素就是隔離。起初，這看起來似乎矛盾，因為從演化上來看，隔離可以導致適應輻射——大量新物種會快速成形。當缺乏大陸上所面臨的限制性壓力和競爭時，生物可以瘋狂地多樣化。因此，在人類抵達之前，島上的生命軌跡就是一部壯觀物種形成的故事。正如達爾文在他一八五九年的著作《物種起源》（*On the Origin of Species*）最後一句提到的，這些地方比其他任何地方更是「無數最美麗和最奇妙的形態已經被演化出來，並且仍在持續進行中。」

數千年前，生物只有在偶然的機緣下才能抵達偏遠的島嶼，平均每隔幾千年才有一次機會。一株植物以種子的形式，意外地藏在某隻迷途之鳥幽暗的腹部中，或者以某些材料組成的筏子隨洋流飄流到達島嶼，蝙蝠、鳥兒或昆蟲乘風飛行不尋常的距離，這意味著生命來到了陌生的環境。

生物學家稱這種強制遷徙為「樂透擴散」（sweepstakes dispersal）。新品種到來的機率跟贏得彩券頭獎差不多。但當這些動植物極其罕見地抵達時，它們帶來了新的工具。這些新來者可以利用全新的生態棲位（ecological niche），包括像堅果這類其他嘴喙較弱的鳥類無法啄開的食物來源；而蝙蝠面對豐富的昆蟲食物來源，幾乎沒有競爭。一旦它們在那裡安頓下來，這些生物便在新的環境中，繼續它們在其他地方開始的古老演化旅程。

一般來說，在人類接觸之前的島嶼上，新生物並不會遇到在它們演化起源地所面臨的掠食者。島上通常沒有哺乳類，因為它們要在水上漂流數週或數月的過程中生存下來的可能性極低。而為了繁衍，它們也必須一雄一雌、成對抵達。不過，只要抵達新的地方，這些新來者都可以過得很好，幾乎看不到昆蟲傳播的病原體、天花或病毒。不知怎的，蚊子直到一八二〇年代才登上夏威夷，可能是因為捕鯨船上有一桶裝滿蚊子卵的水。

在島上，有刺的開花植物通常會演化成沒有刺。畢竟，如果沒有被吃的危機，生長出刺來只會浪費能量。在沒有其他生物追逐它們的情況下，有些鳥演化成失去飛行的能力，這是一種巨大的節能策略。但最重要的是，這些島嶼上沒有人類這種最可怕的入侵者。所以，尚無人跡的島嶼都是生物自由的典範。但在人類到來後，島嶼就成了監獄：生物無法逃離人類及他們的貪欲，也無法將它們的基因後代擴散到其他地方，以保持物種的存活。

我們之所以對這種樹的木材一無所知，部分原因在於自從跟西方世界接觸以來，島上的托羅密羅就一直很稀少。拉帕努伊天生的地理劣勢本就不適合植物生長，只有少數隱蔽的棲地，像是陡峭的山坡或深谷，可以讓托羅密羅躲避人類。

島上的三個火山口就是唯一符合條件的地方。一九一一年，智利植物學家法蘭西斯科．富恩特斯（Francisco Fuentes）注意到托羅密羅很稀有，只能在最大的火山口拉諾窟（Rano Kau）裡面找到。瑞士植物學家卡爾．斯考茨伯格（Carl Skottsberg）也研究了夏威夷植物群，他在一九一七年造訪拉諾窟，只找到一個樣本。其他人則從誤認為托羅密羅的樹上救下種子，過去幾十年來在其他地方種植和培養這些個體，更加擾亂了分類學。

當挪威探險家索爾．海爾達（Thor Heyerdahl）從最後一棵倖存的樣本上收集了種子，也是與這棵樹在其原生土壤上的最後一次接觸。這棵樹很有可能就是斯考茨伯格在拉諾窟的庇護所裡找到的那一棵。這個蛋形的火山口直徑寬約為一點六公里，擁有自己的微氣候，幾乎不受氣流及天氣的影響，也受到岩石形成的保護，遠離會吃草的有蹄類動物。

在上個世紀，火山坑裡可以收穫或砍伐的東西已不多了，因此人跡罕至。要橫越這裡也不容易，中間有無數的沼澤水坑。美麗的多色淺湖和漂浮的泥炭墊覆蓋了火山口底部的大部分區域。就在那裡，個頭很小的托羅密羅努力地活著。

一九四〇年代，海爾達就已經在太平洋各處遊歷，他提出了一個激進的新理論，使他聲名大噪（或惡名遠播）：太平洋中島嶼一開始的居民是來自南美洲大陸的美洲印第安人，而非來自亞洲或其他玻里尼西亞島嶼的人。一九四七年，他搭上一艘名為康提基（Kon-Tiki）的原始木筏發起了一場探險，從秘魯向西展開了八千公里的遠征。

關於康提基號的探險，出了好幾本暢銷繪本，我爸媽買了其中一本，這本書多年來被我反覆閱讀，愛不釋手。他在我眼中就像某位北歐神明，乘坐在祂的小船上，眼睛閃爍著光芒。我被這場海上冒險的勇敢精神所吸引，這次冒險是在一艘仿效史前人類的木筏上進行的，還有這段漫長的旅程，都很吸引我，但最讓我著迷的還是這整件事本身實在太難以置信了。

在大量關於海爾達及其對航海的痴迷的著作中，常常會忽略他對拉帕努伊島的興趣。在哥德堡植物園（Gothenburg Botanical Garden）任職的瑞典植物學家比約恩・阿爾登（Björn Aldén）跟海爾達成為好友，一起努力將托羅密羅送回原生地。

在一封寫給比約恩的信件裡，海爾達譴責那些「考慮不周的樵夫」（原文是 tankelöse treskjaerere）。他說，幫忙拯救這個物種，收集那棵樹僅存樹枝上懸掛的幾顆種子，讓他感覺非常良好。海爾達記不起確切的日期和年分了，但他認為應該是在一九五五年末或一九五六年初。海爾達將這些種子交給斯德哥爾摩的歐拉夫・賽林（Olaf Selling）教授。隨後它們被送往哥德堡。[48]

哥德堡對於其在樹木栽培和生存方面所扮演的角色，感到一種民族自豪感。但近期智利的研究人員發現，另一位植物學家在海爾達之前便已將種子帶離了復活節島。艾夫拉因・佛洛斯基・

亞德林（Efraín Volosky Yadlin）是出生在摩爾多瓦的移民，他參與了拉帕努伊最早的幾項農藝研究。他在一九五〇年代早期被智利農業部派遣到當地收集種子，收集的對象顯然就是海爾達幾年後偶遇的那棵樹，並繼續進行自己的托羅密羅繁殖試驗。

最積極的復育工作目前正在智利進行，這裡也是拉帕努伊的政治及行政樞紐。智利的國家林業組織CONAF（Corporación Nacional Forestal）已經在智利的維涅馬爾國家植物園（Jardín Botánico Nacional de Viña del Mar）種下了數百棵小小的繁殖樹苗。

還有其他一些托羅密羅在各大陸的十幾個不同地點存活了下來。除了哥德堡的族群，你還可以到英國的邱園（Kew Gardens）探訪這種樹；法國南部海岸的芒通瓦爾哈梅植物園（Jardin botanique du Val Rahmeh-Menton），這座小小的副熱帶植物園有獨特的微氣候，距離義大利邊界不到一點六公里；還有幾座私人植物園。其他的樣本可能在私人收藏家手裡，或在公共機構不為人知的角落裡，被誤認為其他物種或尚未被識別。所有這些機構都有相同的目標：讓這種樹活下去，並希望能重新引入拉帕努伊。

將這種樹送回原生地應該很簡單：只要在拉帕努伊種下，仔細照料，然後看看會發生什麼。這個方法已經有人試過了，從一九六五年以來進行了超過二十次專門的植物考察，但都沒有成功。

將托羅密羅重新引入拉帕努伊有兩個障礙。第一個是多樣性的問題。哥德堡十八棵存活樣本之間的基因組成都是相同的，因為它們都來自火山口裡那棵唯一倖存的樹。

第二個障礙在於土壤，托羅密羅的難題最好將它理解成一個包含兩部分的問題：首先，是上述基因虛弱的問題——就像操場上那個瘦弱的孩子，很容易被打倒在地——其次，樹木與原生土地之間缺乏適當的關係。第一個問題或許可以透過不同個體的交叉授粉，從而創造更強健的植物來解決。第二個問題則更難解決：需要讓適當的細菌引入土壤，以幫助樹木扎根。

英國劍橋保育計畫（Cambridge Conservation Initiative）的常務理事麥克・蒙德（Mike Maunder）觀察到，拉帕努伊的生態系統已經發生了根本性的改變，這是一個基本障礙，因為土壤已經發生了變化。「這就是這些海島面臨的挑戰。」他說：「這片土壤原本應該是相當肥沃的，並且富含海鳥的養分。我們現在試圖將樹木送回去的土壤卻是經過侵蝕且缺乏養分的土壤。」

很多人以為土壤就是無菌的塵土。但健康的土壤是動態的，混合了真菌、細菌、病毒、不同分解階段的腐爛植被及礦物質。一公克的土壤中，可能含有數十億個細菌——數量比地球的人口還多——來自成千上萬的不同物種。土壤十分複雜，菌根使托羅密羅無法扎根，構成了關鍵的難題。

嚴格來說，菌根不是樹木的某個部位，而是一種互利關係，是一種真菌和植物根系之間的聯繫。這是一種契約，一種植物學上的協議。真菌透過樹木根部向植物提供礦物質跟水分，而植物則為真菌提供穩定生長所需的碳水化合物。

如果種植在劣質土壤中，刺果松可能只會聳聳肩，若無其事；但托羅密羅似乎需要特別的配方。在植物王國的其他地方，似乎還有更奇怪的事。白色的水晶蘭（Monotropa uniflora）已經放棄光合作用，完全依賴菌根取得營養。

這些真菌與根系之間的相互作用所涉及的關聯性極其複雜。這就是生態學家梅林．謝德瑞克（Merlin Sheldrake）所描述的靈活行為。難怪托羅密羅要在拉帕努伊重新扎根的挑戰性那麼高，因為在過去幾個世紀以來，土壤中的複雜生態已經被剝奪了。我們若能進一步了解真菌與植物根部之間的複雜關係，或許能繼續提高托羅密羅存活的機會。[49]

除了菌根，麥克提供了幾種配套且實用的做法。「你想要採納好園丁的做法，」他觀察到。「你可能需要一些擋風的地方；或許希望有一些初步的遮陽；要用良好、深厚的有機土；並需要有人照顧它們，幫忙澆水和圍在籬笆裡。而且你需要種下幾百棵，因為如果每批只種四、五棵的話，它們是無法存活的。」

讓托羅密羅在拉帕努伊扎根，或許只是時間問題：隨著自然選擇和演化的巨輪無情地轉動，這些人工養育的樹木最後（而這個「最後」是什麼時候，沒有明確的答案）與它們在世界各地的兄弟姊妹產生分化，並可以進行雜交。它們會在隔離中演化。但這裡又出現了一個新問題：如果時間過了太久，這些樹木會變得很不一樣，無法雜交繁殖。

移動一種生物意味著將其置於不同的選擇壓力下，這些壓力取決於不同的環境條件。即使只過了短短十年，也會出現明顯的生理及基因變化，這種現象不限於樹木。家八哥（common myna）這種叫聲沙啞、趾高氣昂的外來種，在一八六五年從亞洲引入夏威夷，經過一百多代的演化，現在已成為一種基因上獨特的夏威夷鳥類，並正式成為一種新物種，這可能使它已無法再和島外的同類相容。

這項工作的複雜性在於，持續的氣候變化可能對拉帕努伊環境造成影響，使得托羅密羅的重新引入的過程變得更加困難。我們無法預期這些變化會產生什麼效應。但世界上其他地區的證據指出，氣候變遷會影響土壤侵蝕、根系生長和功能，以及根部與微生物的關聯，讓種植的前景變得更加惡化，而非更好。

在智利，科學家正在進行密集的研究，以識別與這個物種相關的根瘤菌（細菌沒有真菌那麼複雜，但也是影響土壤健康的重要角色）。其中一項策略是對托羅密羅進行根瘤菌接種的試驗，這些根瘤菌是從苦參屬的其他物種上收集到的。這種科學的「煉金術」能造出同樣的樹木嗎？或許吧；接種過的樹木 DNA 序列將會與未接種的樹木一模一樣。但改變根瘤菌也會讓演化的齒輪動起來，並產生無法預期的效應。[50]

「不可預測性」是托羅密羅面臨重重難關的關鍵詞，以及常常伴隨而來的「不確定性」。我們沒有明確的答案，只有潛在的解決方案。保育工作是一項速度緩慢且需要耐心的工作，每一座島嶼都有自身的挑戰和機遇。夏威夷擁有更多存活下來的特有種，因此比拉帕努伊擁有更多可以利用的資源，也是島嶼保育複雜性的典範。

島嶼生態學家鮑伯・卡賓（Bob Cabin）指出，在夏威夷保育的戰場裡待得越久，他越發意識到保育不是火箭科學——它的難度更高！要理解和操控火箭建造所涉及的非生物物理力量相對簡單，與之相比，保育工作者必須要面對生物物種之間的互動所帶來的更大複雜性，以及難以處理的人類欲望世界。[51]

人類在改變島嶼方面具有強大作用。但在全球造成破壞的海嘯，則以無法預期且戲劇性的方式重塑島嶼的生命。歷史紀錄顯示，我的家鄉夏威夷至少經歷過八十五次海嘯。[52]這些巨浪也改變了拉帕努伊，影響了島上的植被，包括托羅密羅。一九六〇年重擊夏威夷的那場海嘯也同樣猛烈衝擊了拉帕努伊。最近一篇研究論文指出，過去一千年來，拉帕努伊至少遇上了五十次海嘯。[53]一九六〇年的海嘯規模巨大，但一五七五年在智利南部的一場海嘯同樣造成了毀滅性的影響，還有其他那些沒有文字紀錄的海嘯。

海嘯在托羅密羅的故事中扮演重要的角色，因為海嘯可能曾是它們的逃出閥。[54]托羅密羅的種子浮力強且具有抗鹽性，可能透過海嘯傳播到太平洋其他的島嶼上，帶來生物學家所謂的隔離分化（vicariance）：族群由高山或海洋等天然障礙造成的地理分隔，最終可能會產生一對關係相近的物種。托羅密羅有可能翻過監獄的高牆，散布到其他地方。

拉帕努伊南部的海岸，因為全都位於較低的海拔，有可能被來自南美洲沿海或環太平洋地區的海嘯淹沒了。億萬年以來，海嘯或許促成了苦參屬的十幾種太平洋物種的傳播，並帶來後續的演化。苦參屬的樹木從來不是任何地區植被中的主導角色，鑒於近幾個世紀來的海嘯數量及規模，我認為有可能托羅密羅的樣本已經在其他地方活下來，只是尚未被辨識出來。

海洋生物學家及生態學家近年來開始使用更新的統計工具，研究及思考海嘯造成的植物及動物擴散。環太平洋火山帶環繞著大部分的環太平洋邊緣區域，物種如果從其中一個區域開始橫跨太平洋的旅途，生存的機會可說是微乎其微。然而，海嘯似乎改變了擴散的故事。之前擴散的機率就像是彩券中獎一樣，現在則更像是搭乘海洋郵輪的旅程。很有可能拉帕努伊跟夏威夷都因為海嘯而經歷了一種殖民加速的情況。

二〇一一年一場源自日本東部的海嘯出現後，至少有兩百八十九種生物漂浮過數千公里，花了六年多的時間，最終抵達夏威夷和北美洲。如果一場海嘯就能將數百個物種散播到太平洋的另一頭，那麼可以想像這億萬年間的殖民效應有多大。隨著氣候暖化帶來更頻繁的海嘯，它們可能會將更多生物重新分配，穿過海洋送往新的家園。

我自己的故事也是一段逃離島嶼的故事。有一個常見的詞彙用來形容在夏威夷出生的人：

「kamaʻāina」，意思是「島的孩子」。但是，雖然我在島上出生，卻不完全屬於夏威夷群島。我的祖先不是古代的玻里尼西亞人，我的家譜甚至無法追溯到我父母二十世紀中葉從美國本土遷徙至此之前。

我在夏威夷的立足點並不夠穩固，常覺得自己是局外人。不過，我的一部分仍屬於這些群島。夏威夷滋養了我，培育了我，透過其文化和美麗影響了我。但在念完高中時，我被沖回了美國本土，不是因為地震波的力量，而是我想看看更廣闊的世界，獨自離鄉背井，滿心歡喜地丟下一切人事物。跟我差不多同時離開群島的兄弟吉恩（Gene）沒能挺過這段轉變，過了幾年後，在美國本土結束了自己的生命，這個孩子沒有情感可以歸屬的家。

歸屬感背負著複雜性的重擔，但它不是一種靜態的狀態，而是一個需要處理的問題。直至今日，科學家仍在探索托羅密羅多樣化的基因足跡。智利植物學家海梅最近發現史密森尼學會（Smithsonian）有一份包含托羅密羅的豆莢和種子的植物樣本，應該是來自一九三四年初前往拉帕努伊的採集旅程。

CONAF 請求該學會提供一個包含四顆種子的豆莢。如果能成功取得，智利的森林學家會讓種子發芽，並培育幼苗。這些生長出來的植物可以和最近的後代進行 DNA 比對，進一步了解這種植物的 DNA 序列或雜交的變化。[55]

所以我們有一個關於一棵來自海洋中央的小樹的故事——這棵樹在野外已經滅絕，現在正在進行一項高難度的國際合作，希望能將它重新引入那座島嶼。但各種關於樹木的科學討論，卻從未提到要把它送回拉帕努伊的原因。

關於這件事為什麼很重要，我提出三個想法。第一個是生態系統的理由：每個物種到達或重新抵達可能成為其永久住所的地方，都會帶來一些生物多樣性的增長。帶來新元素的並不只是樹木本身，還有相關的互動及聯盟：鄰近的微生物群，以及從植物得到庇護、食物及生存的那些鳥類、昆蟲和哺乳類等。另一個瀕臨生存臨界點的物種可以透過與植物結盟的形式找到立足點，藉此創造出某種共生關係。會有哪些其他動植物與它攜手合作，其規模又有多大呢？

每座島嶼都有其生態脈動，是一系列的節奏和序列。托羅密羅在拉帕努伊曾占有一席之地，它應該再度找回自己的位置。但生長密度不會跟以往相同，也不會棲息在它起源的生態系統中。或許，長時間接受其他地方的影響後，它可能甚至不會是同一種樹了。遠離家鄉六十年，是一段漫長的時間。但由於島上的植物群現在如此貧乏，這將會是一場實驗，或許能為一座古老的島嶼帶來新生命。

第二個理由是象徵性的。這項工作的所有經濟成本，可能遠遠超過將這棵樹送回家所能帶來的經濟利益。但托羅密羅是當地文化的一部分，因此具有價值，這種樹也屬於拉帕努伊人。我們很難預測當地人會怎麼從文化或實用的角度來利用這種再次引進的樹木。但拉帕努伊人會很開心它回來了，這種樹會帶給他們力量跟驕傲，畢竟當地人長久以來深為匱乏所苦。

哥德堡植物園的策展人艾薩・克魯格（Åsa Krüger）現在負責照料托羅密羅，他認為能成功重新種植這種樹具有極高的象徵價值。如果托羅密羅能成為拉帕努伊原生物種的代表樹木，其餘的原生植物群（仍存活的五十多種原生物種）將能受益於更高規格的保育承諾與更廣泛的生態意識，以便維護當地的原生植物。

當然還有一些煩惱。智利的植物學家應不應該在島上建立與其關係相近的物種，仍是需要討論的問題。一種意想不到的結果可能是，引入一種略有不同的物種只會造成另一種入侵性引入，因為我們無法預料隨之而來的微妙生態互動可能會出什麼問題。或許沒什麼問題，也或許有很多問題。表面上，種植托羅密羅的近似物種可能會給人引入成功的假象，但就像提供博物館藏品的複製品一樣：不論複製得多精細，都不會吸引大群的遊客觀看《蒙娜麗莎》的複製品。

重新讓這種樹返鄉的第三個理由跟倫理有關：這提供了一個機會，來履行一項義務，打破那些看似無可避免的滅絕鐐銬。對海梅來說，這種樹是其他瀕危樹木的典範。他稱讚科學家為了重新引入所做的努力，認為這是一種以身作則，示範了堅持、土壤科學及解決問題的美德。

除了菌根相關的障礙之外，島上的放牧牲畜及一些農事操作仍繼續威脅托羅密羅未來的扎根，除非這些問題得到解決，不然這棵小樹無法在島上擴大存在。但是，即使在拉帕努伊上只有微小而穩定的立足點，總比完全沒有存在要好得多，因為這種樹提供了生存的證據，以及面對地球的變化仍得以返回家鄉的可能性：存在，而不是缺席，手中擁有一叢植物，預示著未來的伏筆。在每個困境當中，都有一座充滿機會的島嶼。

Ch 4｜尋找時間：琥珀、昆蟲及化石樹

Hymenaea protera

偉大的事情能夠成就⋯⋯是由於一連串的小事聚集而成。

——梵谷（Vincent van Gogh）
1882 年 10 月寫給弟弟西奧（Theo）的信

動物裡沒有比緩步動物（tardigrades）更奇怪的了。這種沒有骨頭的小動物圓圓胖胖的，是一種擁有八隻腳的微生物，主要生活在水中，雖然它在哪裡都可以存活——真的是任何地方都可以。它並不是你想像中那種「無法被打敗的生物」的樣子。如果緩步動物更大一點，你可能會覺得牠像絨毛玩具。雖然牠有利爪，以及在你預期應該有臉的地方有著像擴音器的口鼻部，但牠卻只是個可愛又笨拙的爬行者，像剛出生的小狗一樣蹣跚前進。

據說，溫泉、深海及兩極的堅實冰層下都有緩步動物的蹤跡。在實驗中，牠被熱水煮過、冷凍、乾燥後都能存活，甚至反覆暴露在外太空強烈輻射的考驗中都沒有問題。牠的演化歷史以及所承載的未來，都嵌入了來自某棵樹的琥珀中，這棵樹老到沒有通用的名稱，只有古叉葉樹（*Hymenaea protera*，是一種豆科植物）這個學名。[56]若說緩步

動物掌握能拯救我們脫離氣候變遷影響的祕密，一點也不算誇大。

一七七三年，對顯微鏡充滿熱情的德國牧師約翰．戈澤（J. A. E. Goeze）首次發現緩步動物，他以法文形容詞「緩慢移動」為其命名。這種動物異乎尋常的生存能力迅速傳播開來；一八〇〇年，《愛丁堡雜誌》（*Edinburgh Magazine*）稱緩步動物是「微觀世界的巨人」。

由於緩步動物是微小的黏液囊（雖然它們有口部、直腸和食道），所以無法形成化石。然而，在一九六四年到二〇二二年間，科學家花了將近六十年的苦心搜尋，找到了三具來自遠古時代的完整遺骸——全都封存在琥珀裡。

之前，古生物學家無法接觸到緩步動物的演化遺產：由於缺乏跨越漫長時間的樣本，被稱為「幽靈譜系」。不過，現在這種情況正在改變。科學家希望了解緩步動物是如何演變成如此極端的微生物，不僅能承受外太空的輻射，還能在休眠狀態暫停代謝作用。長期研究緩步動物的生物學，可以提供新的認識，了解哪些選擇壓力、什麼樣的突變和哪種類型的環境，賦予牠們如此強大且有效的生存技能。現在科學家繼續在琥珀內尋找更多的緩步動物。

緩步動物至少可以活上六十年，雖然稱作水熊蟲（water bears），不過牠們也能輕易地在陸地上生活，因為陸上也有很多水：在枯死樹葉之間的水層中、在捕捉水分的地衣裡，以及厚實的冰層下。科學家已經識別出一千種不同的緩步動物，生活在地球上幾乎每一個角落。

牠們也是吃苦耐勞的太空旅行者，已經在太空中旅行了一段時間。俄羅斯科學家在二〇〇七年將牠們送上太空，NASA天體生物學家在二〇二一年將牠們打包送往國際太空站。牠們也被送到其他太空船上，暴露在各種條件下，包括輻射、極端溫度及零重力。牠們甚至在這些環境中成功繁殖。

若能了解牠們如何在無氧且極寒的情況下，耐受比地球表面高出一千倍的紫外線輻射，或許能幫助人類實現對太空旅行的渴望。

二〇一九年，以色列的登月探測器陀螺儀故障，迫降月球，可能不小心洩漏出了一堆緩步動物。探測器上載了幾千隻緩步動物，還有一個數位圖書館，用意是萬一被未來的文明發現，可以當作介紹人類的入門書。圖書館似乎在墜毀中倖存，因此緩步動物也很可能活下來了。

緩步動物能否為人類帶來協助，已經不限於理論範圍。日本科學家已經研究了緩步動物的蛋白質，看能不能製造出更有效的防曬產品，他們在實驗室裡將緩步動物的蛋白質與人類細胞接合，來開發更能抵抗輻射的產品。這項研究產生出的細胞能減少X光對皮膚的損傷百分之四十至五十。對於容易曬傷的人來說這挺有用的，但對於有輻射中毒風險的人來說就非常重要。緩步動物確實是最堅韌的生物，用途也遠超過其他的生物。[57]

在曾經相連的非洲及南美洲古大陸上，古叉葉樹的生長範圍非常廣闊。這種樹約莫生活在兩千五百萬年前，可能長得十分高大且枝葉繁茂，巨大的樹冠向四周展開，樹頂的高度超過三十七公尺，有時甚至高過周圍的樹冠。

古叉葉樹的花瓣是棕褐色的，其樹葉和果實供給的對象涵蓋小昆蟲到大型哺乳類動物。蝙蝠、蜜蜂、蝴蝶、飛蛾和其他昆蟲則會幫它的花朵授粉。[58]在生物學中，古叉葉樹擁有一位信使：琥珀，這是一種古老的物質，最初是一種帶有黏性的樹脂，從樹木的傷口中滲出，然後硬化成像岩石一樣的東西。

琥珀保存了數百萬年前豐富且多樣的古代生物證據。它是一張描繪地球祖先的地圖，為我們提供一條更好理解地球上的演化及當前生命的路徑。我們現在已經明白，自然界依賴於各部分之間的相互協調運作。但我們對過去與和現代生命連結的理解卻遠未清晰，部分原因在於從深層時間留下的紀錄是如此不完整。

時間的流逝就像一種潤滑劑：只要時間足夠，變化就勢不可擋。儘管化石樹木已經存在數千萬到數億年之久，我們仍可從這些樹木（尤其是它們的殘骸中），學到大量關於地球過去氣候變化那令人不安的訊息。樹木的各個部分通常會掉落到地面上，然後被水跟沉積物覆蓋，以精美的模印形式繼續存在，透過石化作用及水和時間的交互影響，經過幾十萬年的時間，最終轉化成石頭。

古生物學家從過去這項證據上提取出的細節被稱為「代用指標」（proxy）。由於古生物學家不可能直接觀察古代的氣候，他們會研究氣候留下的印記。化石的代用指標不僅包括樹木本身，還包括它們的殘留物：葉子、樹皮、根、花及花粉等，這些通常具有高度的地域性，因此有助於將某些生物與特定的海拔、緯度及過去天氣狀況的影響聯繫起來。

然而，與化石不同的是，這些被困在琥珀中的標本，提供來自遠古時代更直接的聲音。這些琥珀塊中包含的不是化石，而是原始的生物體：肉、骨、組織，甚至還有血液，牠們被困在無氧的結構長達數百萬年。琥珀的內容物就像瓶中信一樣，投進了時間的浩瀚海洋。

人們最初注意到琥珀，不是因為裡面的內容物，而是它強大的文化吸引力。琥珀是一種美麗的物質，幸運的是，對工藝師和科學家來說，它保存了巨大的數量。琥珀的顏色從淡黃到紅棕、藍色、綠色不等，從人類開始使用工藝品以來，對其需求始終旺盛。十七世紀在德國建造的一座宮殿中，使用了超過六噸的琥珀來裝飾其中一間房的牆壁和天花板。

琥珀曾被視為護身符，是受到珍視而小心守護的寶物，也是人們著迷的對象。我的同事法雅・考西（Faya Causey）是琥珀文化用途的權威，她說：「首飾永遠不只是首飾。它可以象徵忠誠、趨邪防病、建立自我認同，還有其他不勝枚舉的用途。」她最近寫的一本關於琥珀和古代世界的著作裡提到，琥珀還可以當作護身符、香料、裝飾和陪葬品。

人類手中大量的古叉葉樹琥珀來自同一個地方：多明尼加共和國聖地牙哥省的拉多加（La Toca）礦區。因此這些琥珀被稱為「多明尼加琥珀」（Dominican amber），這個礦區也出現了不少驚奇的東西。有一種多明尼加琥珀呈現深邃、讓人有催眠感的藍色。在藝術界裡，藍色產生的共鳴無與倫比。第一次看到藍色的多明尼加琥珀時，我張大了嘴，心中浮現一股強烈的欲望。

儘管尚無定論，但古植物學家認為這種顏色可能來自古叉葉樹所遭遇的林火。因為藍琥珀內幾乎沒有動植物的內含物，大火肆虐的理由就說得通了，在琥珀有機會固化之前，內含物就已經燒光了。

多明尼加琥珀和任何真正的琥珀，還會提供其他感官上的享受。切下一小塊琥珀，你會聞到松樹樹脂的氣味，有時則是松節油的味道，或像一名琥珀銷售員所說的：「像教堂的香氣」。有些人說它聞起來像丁香。能夠保留幾百萬年前的某些原始氣味真是令人驚奇。拿起一塊比較大的琥珀用手掂掂，感覺它厚重、牢固而且安全可握——儘管要做好準備，你可能會聽到靜電的微弱噼啪聲。

琥珀透過摩擦產生靜電的特性，可能是幾千年前的人們最關心的實用價值，因為它被視為治療許多疾病的潛在療法。琥珀的希臘文是「elektron」，也跟電子有關。琥珀的起源長久以來一直是個謎。博物學家普林尼（Pliny）認為琥珀是一種陽光照射土壤後產生的液體，「在土壤上留下油膩的汗液」。這或許是一種汗液，是樹木在受傷時引發的保護反應所產生的。但它可不是化為石頭的楓糖漿。

一般來說，樹脂一般不應與樹液、乳膠或樹膠等其他化學成分不同的黏稠液體混淆。樹脂的結構與這些液體不一樣，它是樹木的守護者：它透過修復因外力、昆蟲、疾病和火災造成的傷害來保護樹木。[59]

在數百萬年間，古叉葉樹流出了大量的樹脂。這麼大的產量可能是因為森林遭受大規模的災難；也有可能只是緩慢但持續的流出。世界上還有很多琥珀的種類，包括波羅的海琥珀及墨西哥琥珀，以及最古老的黎巴嫩琥珀——因此其中也封住了最古老的標本。世界各地總計有一百六十多個大型琥珀礦床，也有不少微量產出的地方。由於地點、環境條件、形成過程及樹木類型和分布的差異，琥珀在純淨度、密度和產地上有著極大的差異。

儘管化石跟琥珀都是大自然這本漫長筆記本中的一個章節，但它們卻像是來自不同的卷冊。化石需要水來成形，因為取代植物中有機元素的礦物會透過地下水的運送，填滿死去植物和動物的細胞空隙，從而獲得它們的精確形狀。

琥珀則不同。當樹木製造樹脂時，通常是以精油或油樹脂的形式存在。這些油質揮發性高，意味著它們在二十一世紀的都市化棲地裡所謂的「室溫」下容易蒸發。隨著油分蒸發，樹脂會聚合並形成一種稱為柯巴樹脂（copal）的物質，變得更堅硬且更能抵擋環境力量，然後過了更長的時間，被上層覆蓋的沉積物重壓，加上缺乏氧氣，於是變成我們所稱的琥珀。

化石的形成是罕見的意外，需要理想的條件，包括未被擾動的死去生物、水分緩慢穩定地到來並持續留存，以及沉積物一層層地累積。化石的形成取決於「合適的地方、合適的時間，以及合適的條件」。而困進琥珀中，只需要在「錯誤的地方、錯誤的時間」出現：一個錯誤的動作、一陣風吹過、一滴樹脂落下，就會被困進這種黏稠物質中，無法逃脫。[60]

因為琥珀會將生物困在一團無氧的樹脂中，使得裡面靜止的生命體被完整地保留：葉綠體、細胞核、色素等等。其中昆蟲細部的逼真度尤其令人咋舌。我們可以看到白蟻為花朵授粉；可以看到蒼蠅的 3D 交配；可以查看無螫蜂的飛行肌肉，甚至可以觀察粒線體的摺疊內膜。[61]

正如科學記者凱瑟琳・加蒙（Katharine Gammon）指出：「先研究岩石裡的化石，再去研究琥珀裡的化石，就像從顆粒很粗的黑白電視切換到高畫質的電影。」[62]換句話說，岩石裡的化石低聲訴說過去的氣候；琥珀卻用圓潤而清晰的聲音講述。

被琥珀捕獲的生命可分為四種：微生物、植物、無脊椎動物和脊椎動物。我們談論的都是小型生物，沒有人發現過保存在琥珀裡的幼年暴龍。較大的昆蟲通常能從樹脂裡掙脫；有史以來在琥珀中發現最長的昆蟲約六公分。在琥珀化石裡，有時候會出現「小人國偏見」（Lilliputian bias）。假設你是一個降落在地球上的外星人，開始翻查博物館裡豐富的琥珀化石收藏，你可能會以為地球過去的生命都僅由微小的動物所組成。

因為琥珀會立即將外來物包裹在無氧的黏稠物中，從而以 3D 的形式保存解剖結構、軟組織和羽毛。此外，作為附加的好處，大多數琥珀還含有抑制細菌生長的化合物，進一步防止標本腐壞。相反地，在岩石裡的化石通常會被壓壞，因為它們在一層層沉積物中成形的。

昆蟲曾親眼見證恐龍的崛起與衰落，也見證人類來到世界所帶來的骨牌效應，以及兩者之間發生的一切。被琥珀困住的生命中，最多的是節肢動物：昆蟲和蜘蛛（在中學上過生物學的大多數學生會提醒你，牠們並不相同：昆蟲有三個身體部位和六隻腳；蜘蛛只有兩個身體部位和八隻腳，通常還有八隻眼睛）。

目前已知的蜘蛛種類有四萬五千種。但昆蟲的數目遠遠超過蜘蛛；昆蟲學家已經描述了全球超過一百多萬種昆蟲物種，這些物種超過已知生物總數的一半以上。昆蟲的種類可能多達一千萬種，而牠們的總數可能占了地球上超過九成的動物生命。了解這些昆蟲的整體生態，使古昆蟲學家能將現今與過去聯繫起來，將新描述的琥珀化石昆蟲物種放置在生命樹的相應位置上，為這棵生命樹拼湊出龐大而複雜的多樣化拼圖。

然而，昆蟲的數量遠不如牠們對自然界的影響來得重要。億萬年以來，牠們一直位在全球生物食物網的中心。昆蟲為數十萬個物種（包括人類）提供營養；牠們為許多水果、蔬菜及花朵授粉，還提供蜂蜜、蠶絲跟蜂蠟，牠們也是技術高超的分解者，將廢棄物、死去的動物和植物及其他碎屑分解後再清除。

大約在三億四千五百萬年前，昆蟲出現在地球上後，牠們就一直履行這些功能。琥珀這本教科書的主題，可以說是來自遙遠過去的古老昆蟲生命。多明尼加琥珀異常透明，使其內含物清晰可見——如果你要尋找內含生物的殘骸，這是一個非常實用的特性。

但對科學家來說，多明尼加琥珀還有另一個重要的特性：它的內含生命數量通常比其他種類的琥珀還要多。這種密度除了讓科學家不僅能識別凍結在時間裡的小生物，也能重新建構數百萬年前熱帶森林的生態系統。

從琥珀這一種物質裡，得以窺見無數的世界。法國解剖學家喬治·居維葉（Georges Cuvier）能夠從一塊骨頭識別出是什麼動物，而我們也能透過琥珀裡的細節，一窺另一個更廣泛且相互關聯的世界。

封存在琥珀裡的昆蟲，提供了許多關於未來的指引。過去的事情是序幕：琥珀讓我們理解昆蟲對深層時間中生物多樣性及多樣化的貢獻，並為推斷未來的情景提供依據。研究古代昆蟲可以告訴我們害蟲在氣候變遷的影響下會如何演化、授粉，或巨大化——某些史前昆蟲可能會因為氣候變遷而長到非常巨大。將史前昆蟲和現代的親戚進行比較，經常能揭開一些祕密或引出重要的問題：當時昆蟲綱中的哪些類群比較小，理由是什麼；是什麼導致牠們變大，這對我們未來與昆蟲的關係有什麼寓意？

這些只是昆蟲學家研究的一小部分。長期環境條件及變化的影響在演化的生物體上留下了痕跡。世界各地博物館的藏品都支持這些研究課題。包括史密森尼學會的三千五百萬件不同的昆蟲收藏，是世界上最大的館藏，證實他們的研究有哪些科學價值。

琥珀裡的昆蟲特別能幫助科學家推論關於植物的訊息。樹脂裡會出現植物物質，包括草、小花、種子和小葉子。從這些琥珀塊裡曾經存活的生物可以清楚地看出，數百萬年前的自然世界是一個極度多樣化、充滿活力且擁擠的地方。我們知道昆蟲綱中的許多類群會依賴特殊類型的花、果實或葉子，但這些植物部位本身並未出現在琥珀中，可能是因為這些植物部位太大了，或是它們並未生長在足夠接近這些樹木的生態系統中。

我們知道無花果曾出現在某些地方，完全是因為在琥珀中發現了特定類型的黃蜂。黃蜂與無花果在億萬年間形成了共生關係：黃蜂幫花朵授粉，而花則為黃蜂提供繁育下一代的安全所在。另一個例子則是琥珀中出現了棕櫚蟲（*Paleodoris lattini*）。這種甲蟲意味著附近有棕櫚樹，其扁平的身體讓牠們能住在棕櫚樹緊閉的複葉之間。[63]

在少數情況下，琥珀會捕獲古叉葉樹（也就是產生琥珀的那棵樹）的一部分。我們可以看到這棵樹帶翅的種子，靠著風力散布；我們可以看到它細緻且脆弱的植物結構，甚至還有氣孔，這些小孔已被許多科學家廣泛用於重建古代地球大氣中的二氧化碳濃度。雖然我們也有這些花朵和葉片的扁平化化石版本，但琥珀裡的樣本卻能提供更多關於古叉葉樹的細節。

科學家樂於使用高效能的工具來研究琥珀，因為這些工具能揭示琥珀中的各種資訊。樹木的細微結構保存得極為完好，讓科學家可以研究樹木的超微結構——那些只能透過高倍率顯微鏡才能看到的細胞和組織細部。

多明尼加琥珀裡出現的節肢動物非常豐富，對於害怕昆蟲的人來說簡直是場噩夢：至少有五十種不同的蜘蛛，以及蠍子、蟎蟲、蜱蟲、飛蟻、蠓、白蟻、蠼螋、蜜蜂、葉蟬、切葉蟻跟蝴蝶等。琥珀裡的昆蟲為我們提供了一扇窗，讓我們看見昆蟲的攻防機制、社交與交配行為，以及當場被捕捉下來的昆蟲交配行為，都已被琥珀保留了數千年。

其中，昆蟲絕望的行為層出不窮：一隻葉甲蟲在剛被困在樹脂裡時，拚命吐出有毒的泡泡以保護自己；工蟻試圖將幼蟲搬到安全的地方——自然凍結在尖牙與利爪的形象裡。許多蒼蠅在死去時會本能地產卵，琥珀裡的許多雌蒼蠅身後有拖著卵的痕跡——這是牠們試圖在死亡中創造生命的最後努力。[64]

琥珀裡甚至有一隻吸飽了血的蜱蟲。牠可能剛從最後一頓飽餐中掉入樹脂中的。而且這些血液很可能來自哺乳類動物。人類大約六千年前抵達多明尼加共和國所在的伊斯帕尼奧拉島（Hispaniola），特別是在五百多年前歐洲人入侵之後，哺乳動物幾乎消失殆盡。[65]

琥珀裡發現的液體尤其重要，因為它們在化石裡並不存在。石化作用的魔法有其限度，無法保存任何體液、軟膠狀物質或唾液——只能留住這些液體的石頭痕跡。直到最近幾十年，我們才有辦法從牠們的血液中識別出現代物種。DNA 可以保存約一百五十萬年，但無法再保存更久。因此，要從琥珀標本採集更古老的 DNA，目前仍處於推測階段。但如果能從琥珀中抽取出足夠可用的 DNA，就可以確定是什麼動物為那隻蜱蟲或其他吸血昆蟲提供了最後一餐。[66]

每個學科都需要權威人物，多明尼加琥珀的研究也不例外。來自奧勒岡州立大學的小喬治・波伊納（George Poinar Jr.）教授是當今對這種琥珀了解最多的人，經過長年累月的研究和實地考察，他發現了許多新知。

一九八七年，波伊納描述了琥珀中的第一個兩棲類化石（也是僅有的第三個脊椎動物化石），這是一隻在多明尼加共和國拉多加礦區發現的小青蛙。了解化石物種不光是為了年代學，還涉及生物地理學——哪些植物和動物住在哪些區域——因為，如果這個物種在某個出乎意料之外的新地點找到，它會改變我們對其分布的理解，進而改變我們對其生態系統的認識。

關於這隻青蛙的解剖學細節可以讓人識別出牠的物種：牠是屬於卵齒蟾屬（*Eleutherodactylus*）的成員。其皮膚和眼睛完好無缺，大部分的皮膚幾乎變得透明，這提供了一個可以觀察其骨骼細微結構的窗口。

波伊納還發現一種被鎖在多明尼加琥珀裡的微型無脊椎動物：豬形蟲（*Sialomorpha domini-*

cana），這種動物也被稱為「霉豬」（儘管和緩步動物相似，但不要混淆），之所以如此命名是因為牠以真菌為食，外型看起來完全就像一頭小豬。

正是波伊納在一九八二年發表了關於這種四千萬年前的昆蟲組織超微結構的研究論文，為作家麥克．克萊頓（Michael Crichton）的小說《侏羅紀公園》提供了核心概念：在古代生物中保存細胞結構及軟組織。當一九九三年同名電影上映後，琥珀及它的有機載體突然成為全世界的焦點。然而，許多古生物學家對這部電影的前提提出質疑，因為它引發了誤解：認為恐龍殘骸裡有能提取出來的活性DNA，並且恐龍物種的復活是可能的。

但當一個研究團隊趁著電影大受歡迎，藉機推廣古代DNA可提取的想法時，醜陋的投機行為就出現了，他們在電影上映當天發表了一篇文章，介紹他們從黎巴嫩琥珀中的一隻一億兩千五百萬年前的象鼻蟲中提取並定序DNA。波伊納也名列共同作者。其他科學家表示懷疑；一項研究推測，該象鼻蟲的DNA序列可能是來自真菌汙染，不是象鼻蟲本身的DNA。

電影的熱潮過後，人們對琥珀中的昆蟲也逐漸失去了興趣。然而到了二十一世紀，相關研究又重新興起。光是在過去十年間，古生物學家和其他相關研究者就發表了數百篇研究論文，講述在世界各地的琥珀中所找到的東西。古生物學家大衛．格里馬爾迪（David Grimaldi）在美國自然史博物館（American Museum of Natural History）擔任琥珀策展人，最近的評論是：「現在我們都處在這種狂熱裡，簡直像一場科學發現的盛宴。」[67]

波伊納如今已八十多歲，但依然活躍。他利用來自古叉葉樹的琥珀中所保存的動植物，重建了伊斯帕尼奧拉島上一整座的熱帶森林，提供了一幅關於昆蟲聚落、各種植物及其他豐富發現的時代快照。他的某些發現讓人憂心忡忡。在分析多明尼加琥珀裡一隻跳蚤體內乾掉的血液時，波伊納成功分離出一種看似鼠疫病菌的物質，可能是鼠疫桿菌（*Yersinia pestis*）的遠祖，我們知道這種細菌是歐洲黑死病的起因。流行病學家曾認為這場瘟疫是在人類時代出現的，但這項琥珀證據顯示它的歷史要古老得多。[68]

這些發現帶來的啟示似乎無窮無盡。最近科學家才在琥珀裡發現古代生物真實的結構色[69]（structural color），顏色可以提供有關昆蟲行為及生態學的豐富線索，因為顏色可在偽裝、體溫調節和多樣的交流策略（包括吸引配偶）中發揮作用。一些被琥珀捕獲的古代昆蟲甚至呈現紫色、藍色和鮮豔的金屬綠色。

那麼，所有這些琥珀是如何來到人類手中的？許多琥珀都埋藏在地下。哥倫布一四九二年末提到這件事，說他到了島上以後，看到泰諾（Taíno）酋長送給他的鞋上裝飾了琥珀的珠子，並帶了一些多明尼加琥珀回到他的家鄉。[70]

幾乎所有的琥珀礦區都位於貧窮的國家，且挖礦的過程既艱難又危險。礦工需要在狹窄、積水的隧道中爬行，這些隧道通常低矮到無法站直身體，他們常常需要側身躺著挖掘好幾個小時，敲下一塊塊石頭。大多數琥珀多半採用一種低效率但成本低廉的技術開採，稱為鐘形坑（bell pit）。

這是一項很危險的工作，隧道隨時可能會坍塌。挖鐘形坑的時候，要垂直向下挖掘一條礦井，礦工搭乘吊籃升降。這些礦坑沒有排水系統，容易在洪水中崩塌，也很難支撐加固。在地上挖一個很深的井，但不做支撐，簡直就是在挑戰重力。大多數隧道和露天礦井的牆面並未加固，這意味著整個結構隨時可能坍塌。唯一的光線通常來自蠟燭，濕度也將近百分之百。[71]

世界上其他地區的琥珀則是在無止境的攪動中，不斷於地表流動。如果你看看數百萬年來地球的地理和地質學地圖，你會發現地球的形狀和結構發生了很大的變化。氣候的冷暖循環是導致移動的主要因素。河流出現，然後消失。活躍的地質活動改變了琥珀的位置，大陸朝著彼此相反的方向滑走。水流曾在現在數千公尺高的地方流動和聚集；山脈不斷隆起和下沉；曾被海洋覆蓋的廣大區域，現在則是乾燥的土地。

大多數的琥珀能漂浮在水上，這意味著水流會將許多琥珀帶到世界各地，讓它順流而下，最終滯留並聚集在河岸上，或流進海裡。但就像無辜的女巫一樣，有許多新鮮的琥珀也會沉下去，這取決於它的密度，而琥珀的密度可能會有很大的變化。有時候，琥珀獵人從淺海水域裡採集琥珀，通常是從海岸線底部吸起大量的岩石：這是礦工尋找一種所謂的「樹木黃金」的方式。

那麼，緩步動物如何在極端的條件下生存呢？科學家在幾年前終於找到了答案，他們發現這是一種非常巧妙的多重技巧。當緩步動物察覺到乾旱即將逼近時，牠會將頭與四肢縮回外骨骼裡，停止活動，並等待水分的出現。牠們可以在這種休眠狀態下維持數十年，當水回歸時便會恢復活動。但脫水不是牠唯一的手段；其他沒那麼耐乾燥的動物，例如豐年蝦（brine shrimp）及線蟲，也能在極度脫水的狀態下存活很長一段時間。

這些動物用一種叫作海藻糖（Trehalose）的醣類來保護細胞，避免脫水帶來的損害。長期以來，微生物學家推測緩步動物也是藉由海藻糖來保護自己。然而，緩步動物的過程完全不一樣。當緩步動物乾燥時，牠會以一種驚人的變化能力，把自己的大部分身體暫時轉化成玻璃，並產生一種稱為「固有無序蛋白質」（intrinsically disordered protein）的物質。這層玻璃覆蓋在細胞的分子上，為其提供保護。在幾乎乾透的緩步動物裡仍保留了一點點水分，並以未知的機制與這些蛋白質共同作用。緩步動物玻璃化，並將自己與世隔絕，等待重生：就像睡美人期待著一個水分充足的吻。

但這種防乾燥的特殊保護機制怎麼抵擋紫外線輻射？事實上，牠無法抵擋；但仍有其他的防禦機制在運作。一種新發現的緩步動物 *Hypsibius exemplaris* 或許能提供關鍵。牠的皮膚下隱藏著螢光顏料，能將紫外線輻射轉換成無害的藍光。此外，緩步動物具備特別強健的 DNA 修復機制，這些機制能迅速展開行動。我們不知道琥珀裡的緩步動物是否有同樣的生存技能，或具備完全不一樣的技能。若能找到更多標本，就能幫我們了解牠們的演化歷史，並進一步探索未來。

如果沒有古叉葉樹跟它的琥珀，我們將會變得貧乏。要了解一棵仍在地球上存活的樹木容易許多，因為我們擁有的資訊更密集：照片、地圖及分布紀錄，並能直接取得這棵樹木本身的生物學資料。雖然活著的樹木能提供更密集的紀錄，但和一棵經歷過巨大且漫長演化軌跡的樹木相比，活著的樹也只是從過去到現在的這條時間軸上的小小一點而已。

雖然古叉葉樹早已滅絕，但它仍為我們提供了一種方法，去了解廣大時間尺度上的生態互動及演化。深入研究琥珀的時間序列，可以提供無數的啟示，幫助我們了解植物和動物在漫長的變遷中所展現的韌性。顯然，有些生物類群的適應力更強，有些則比較脆弱。了解哪些生物類群能在各種狀況下順利存活下來，或許能為我們提供一種模式，將保育資源集中於那些演化生命史較短的植物，或是在不同物種中滅絕比例較高的較大植物科上。

琥珀的內含物還向我們展示，有些生態系統以出人意料的方式保護其中的個別物種，而有些則保護較少。這些是古植物學家、古氣候學家和古生態學家有興趣的研究主題，他們可以和當今研究仍存活植物的保育生物學家合作。「滅絕」未必是一種會窒息所有生物的覆蓋物。在這些樹木及其殘留物中，仍存在著跨越漫長時光的持久性和希望。[72]

Ch 5｜地被層的聯盟：大王松及烈火同伴

Pinus palustris

火之於大王松，如雨之於雨林；它是整個生態系統的一部分。排除了火，整個系統就會崩潰。

——傑斯・溫布利（Jesse Wimberley）

每年，閃電擊中地球的次數超過二十億次。地面的感測器及衛星會偵測到這些電荷，地球的每一吋土地都可能受到電荷衝擊。閃電是巨大的火花，可能出現在雲層中，或在雲朵及地面之間發生；它是一種複雜的舞蹈，涉及冰粒的碰撞、電荷的累積，以及所謂「階梯先導」（stepped leader）的釋放：一條灼熱、鋸齒狀的長條電流朝地面轟擊。轟擊時的溫度能達到驚人的攝氏兩萬七千多度，比太陽表面溫度高上五倍。當閃電擊中樹木時，可能會造成爆炸。熱能也常常引發大火。這場火——看似矛盾——卻是大王松的生命線。

大王松（*Pinus palustris*）莊嚴堂皇，上方的三分之二幾乎覆蓋著綠葉，擁有紅色的鱗片狀樹皮，以及小巧但茂密的常綠松針，成束生長，因此也叫長葉松。這些針葉樹裡最古老的至少有五百歲了，高度可達三十七公尺。它們筆直生長，較低的枝幹在樹木長高時會以自然的方式自行掉落。

一群從事樹冠研究的專家及樹木科學家通常會研究紅杉那有如足球場般那麼長的上層區域。但對大王松的生態學研究，則多半集中在距離底部一點八公尺的區域。這是烈火盛放的地方，經過這樣的焚燒後，大王松的生態系統也隨之更新。

大王松林起火，「與樹木無關。而是與草類、闊葉雜草（開花植物）及鳥類有關。底部的一點八公尺對荒野來說最為關鍵。」羅伯特・亞伯內西（Robert Abernathy）說，他是大王松聯盟（Longleaf Alliance）的主席，為美國最大的大王松保育團體。或者更簡單地說，就像一位自然保育協會的主管所觀察到的，「在大王松林中，生物多樣化都來自膝蓋以下的高度。」[73]大王松的地被層是北美洲最多樣化的棲息地。照顧這些棲息地需要依靠實地作業：在林間穿梭並放火，也就是進行「控管燒除」（controlled burns）作業。

這些燒除對土地和樹木的健康非常重要，原因有很多，但最重要的理由是：火災能降低森林裡的燃料負載，因此當野火真的爆發時，不至於讓整座森林夷為平地。

在人類定居前，閃電會引發火災，因此林火多半出現在四月到七月之間。因為這些樹木會與火災共同演化，它們會將繁殖週期推遲，與火災週期保持同步。大王松甚至無法在沒有火災的情況下發芽。在這片森林裡，無論從哪個角度望去，觸目所及的每一棵樹，都跟著火災週期一同演化。但歷經人類一整個世紀的積極壓制火災後，土地若要得以生存，就需要更多控制良好的火災，而不是更少。

這種吞吐火焰的樹木在火光四溢的漫長歷史中發生了許多變化。大王松曾有一度遍布北美洲南部，面積超過九千萬英畝。植物學家威廉・巴特拉姆（William Bartram）關於美國樹木的著作，在植物學領域的地位堪比約翰・詹姆士・奧杜邦（John James Audubon）的鳥類著作，他說美國南部沿海平原的風景是「一座廣闊的森林，裡面最雄偉的松樹已超乎人類所能想像的極限」。

如今，這片已經消失的大王松林原本像是一塊綠色的地毯，從維吉尼亞州向南延伸到佛羅里達州，向西延伸到德州，或許是美國曾存在過的最大生態系統。大王松的急遽減少甚至超越了太平洋沿岸美國西北部老齡花旗松林消失的速度。跟巴特拉姆所處的時代相比，這種樹已經減少了百分之九十七，可以列入地球上衰退最嚴重的生態系統之一。現存的大王松分布面積大約為五百萬英畝；大約是紐澤西州的大小。[74]

雪上加霜的是，大王松並未受到聯邦法律的保護。地區性組織已經介入，開始保護這棵樹，儘管聯邦機構隨後也介入協助其復育——這是聯邦政府在二十世紀將火災視為邪惡後的一次自我反省。雖然大王松的數量不斷減少，但這種樹仍足夠多，以至於依照聯邦標準，它尚未被列為瀕危物種，因此不受《瀕危物種法案》（Endangered Species Act, ESA）的保護。但這種缺乏保護的狀況並未改變許多在這些樹木中生活的動植物正面臨威脅的事實。

正如大王松的生態是從地面向上生長的生命故事，保育大王松最有效的方式也是如此：一種草根性的解決方案，從私人土地所有者開始，而不是透過政治實體的規定來推動。大王松聯盟的基地位於阿拉巴馬州安達盧西亞，擁有大約三十名員工。該組織自一九九五年成立以來，旨在作為訓練和教育機會的資訊交換中心角色，並促進各方合作。

保育樹木不僅僅意味著保護其現有的數量，同時還要增加其數量。這個組織自成立以來，已經種植了十億多棵大王松的幼苗。大王松聯盟提供種苗、教育宣導，以及為林地所有者提供稅務建議等各項服務。他們也開始建立一個龐大的地理資料庫，追蹤每一棵已知大王松的位置和狀態。在這個過程中，他們還發現了尚未被繪入地圖的二十五萬英畝林地。

該聯盟的成員工作內容五花八門，很難想像在保護及增殖特定物種的樹木方面，還會有比他們更完善的行動。已故的哈佛大學生物學家艾德華．威爾森（E. O. Wilson）稱大王松聯盟是大王松保育的「前鋒」。

但大王松聯盟並非孤軍奮戰，而是與美國東南部多個州及聯邦機構一起工作。考慮到參與者的數量及聯邦、各州和區域土地利益的交會，本質上這種利益的交會看似雜亂無章，實際上卻是一個很好的方法。大王松保育組織各有不同的重點和技能。共同合作意味著他們能部署廣泛且深入的專業人才，也能提供足夠的人員來面對保育樹木的挑戰；這種樹木遍布美國南方，涵蓋鄉村、城市及混合用途的土地。

不像海岸紅杉一樣幾乎都位在公有土地上，大王松主要分布在非工業用途的私人土地上：農場、小農的地產及住宅等等，其占地小且分散。因為大王松的土地大多屬於私人擁有，導致松樹變成松「島」，常與其他林地隔絕。美國南部有將近百分之九十的林地為私人所有，這一比例顯著高於其他地區，尤其是美國西岸，那裡的林地大多由聯邦及州政府管理。

一群公民組成團體，到森林裡工作，維護樹木的健康並恢復其生態系統。傑斯．溫布利（Jesse Wimberley）——傳奇的北卡羅來納州燒林人——召集了數百名公民，其中大多數是土地上種滿了大王松的地主。溫布利負責主持北卡羅來納州的沙丘控管燒除協會（Sandhills Prescribed Burn Association, SPBA）。他的主要工作之一，是負責教育私人土地所有者了解控管燒除（即在土地上放火）的效用，並訓練他們如何安全有效地燒林，以促進森林及樹木的長期健康。

在美國東岸，控管燒除是一種常見的做法，也是維護生態系統過程的重要管理工具。緩慢且謹慎的燒除有助於恢復地被植物、增強野生動物棲息地、恢復植被結構以及降低燃料負載。其目的也是為了模擬具有數千年歷史的自然火災模式。

二〇二〇年三月，一個寒冷晴朗的下午，當時正是全球新冠疫情爆發的初期，我跟著前往北卡羅來納州，親眼見證一場燒除作業。我們來到一位私人地主的土地上，學習如何在大王松生長地進行社區式燒除。溫布利負責主持當天的工作，他是第四代燒林人，具有蘭比印第安人（Lumbee，分布在美國北卡羅來納州的原住民部落）的血統，他在這一帶土生土長，現已六十多歲。

這種燒除稱為「處方放火」（Rx fire），它像是醫生為了森林健康而開的處方。這是一場故意設置的火災，目的是為了降低燃料，以免引發更大、更嚴重的火災——以毒攻毒。我們的腳踝深陷在松針裡。這裡有八、九個人，我們圍站在一起，溫伯利開始帶我們了解燒除的預備工作。這就是放火的藝術了。他說，在溼度百分之二十的情況下，火就像活體動物一樣。雖然這聽起來完全違反直覺，但燒除要從最靠近人造結構物的地方開始點火，然後往外燒。有一個人走向前，手裡拿著滴液火槍（drip torch，可以讓燃燒煤油滲進地面的設備），讓這片野地燒起來。

復育生態學不是一門精確的科學，因為生命是動態且難以預測的。相應之下，復育工作的細節同樣難以精確。棲息地的復育充滿不確定性，加上火的特性，兩者結合起來需要格外密切注意。在溫布利眼中，火總是不斷地移動。它必須一直動。為了清理矮樹叢或繼續燃燒，火就要動起來。

當溫布利說話時，遠方頻頻傳來槍響。大家也不在意；畢竟這裡常有人在打獵跟打靶。他解釋，一切都是變數：土地的坡度、穿過土地的水體（即使再小都不能忽視）、樹木分布的方式、地面上材料的密度、與建築物的距離、溫度和濕度、一天中進行的時間點等等。這些都需要考量，才能安全有效地執行控管燒除。燒除可以小塊小塊地進行：先燒掉一小塊問題比較多的區域，隔天再燒除更大的面積。[75]

「松針是為了引燃而設計的，也是為了讓火焰蔓延而設計的。」他用南方人拖長的語調告訴我們：「它含有樹脂，並且是耐火的。」——意思是它能適應火災。「它需要火。但橡樹就不需要火，它一燒就死。」他談到這塊土地的參數：土地的起伏、最近的河流位置、松樹的密度等等。「火會向上蔓延，也絕對會順著風向燃燒。」他從特定的起點劃出燒除的範圍，一直到終點。

大王松生態系統的複雜性讓人難以測度。這片景觀看似簡單，松樹間隔寬廣，地面上有草——與其他更潮濕地區那種陰暗、混亂的森林完全不同。但在大王松之間，有許多植物物種蓬勃生長，包括莎草、食蟲植物和蘭花。這些森林也是哥法地鼠龜（gopher tortoises）的棲地，這種關鍵物種會挖掘洞穴，成為數百種所謂的共生物種的棲息地——共生物種是利用樹木的生物。

這些會挖出龐大洞穴的地鼠龜是美國東南部唯一的原生陸龜，它們已經在這片森林中生活了六千萬年。同時，共生物種會找到避難所、食物跟其他好處。這些共生物種包括脊椎動物（蛇、小鼠、青蛙）跟無脊椎動物（蛾、甲蟲、蒼蠅、蟋蟀）。哥法地鼠龜隱翅蟲（*Philonthus gopheri*）只棲息於哥法地鼠龜的洞穴裡，其他地方都找不到，牠們會從隧道裡移出糞便，並降低寄生負載。

還有其他與大王松有密切關係的爬蟲類和兩棲類。小小的佛羅里達沼澤蛙（*Lithobates okaloosae*）是一種受威脅物種，從鼻端到吻肛的長度不超過五公分，住在滲流裡——這是從附近濕地滲出水分所形成的低流量小溪。溪流形成淺水的沼澤，裡面布滿食蟲植物、草本物種、苔蘚和其他水生植物。沼澤蛙能敏銳察覺環境條件的細微變化，會坐在繁殖池裡吸引雌蛙，並生活在幾乎不流動的死水及滲流中，地勢越泥濘越好。[76]

因為這些地棲物種與樹木一同演化，牠們已經發展出應對大火來臨時的生存策略，如果沒有火災，牠們反而過得不好。例如，沼澤蛙需要連續幾場火災後所帶來的植物環境。某些在大王松之間的動植物需要經歷火災後才會解除休眠；有些物種在大火後從更遠的地方返回森林，燒過的土地及新出現的棲位都是吸引牠們的因素。

控管燒除能降低地面的燃料負載，也能抑制蜱蟲和恙蟎、釋放養分及提高土壤肥沃度。而且，因為地面上的東西都燒掉了，只剩下裸露的土壤，控制燒除準備了理想的苗床，讓新苗能夠發芽，並有機會在不必與林地上的其他植物競爭的情況下生長。透過大火進行復育，不僅能維持老樹的良好棲地，還能讓較年輕的樹木好好生長。

新的樹木代表新的碳封存機會。燒除雜草及灌木，確實會釋放一些封存的碳到大氣中。但大王松的根系很深，這意味著其地面下的生物質，是地面上被大火消耗物質的七倍之多。碳會儲存在樹根、樹幹及樹葉之中，這些樹根就是碳匯。生長中的樹木會從樹根到樹頂將更多的碳四處藏起來。所以焚燒大王松既能幫助復原瀕危的生態系統，又能促進物種多樣化，還有助於減緩氣候變遷。[77]

溫布利認為自己是一名社群組織者。他在二〇一五年成立的 SPBA 並沒有領導者。這個組織的結構令人困惑，或者更準確地說，這個組織其實沒有結構。SPBA 甚至沒有成員。你直接參與，就可以得到詳盡（有時可能令你筋疲力盡）的訓練，學習如何安全地進行燒除。這種鄰里互助的方式，已經讓幾千名北卡羅來納州的居民學到林火在森林復育中的角色。

創立這個團體後，溫布利已經認證了三十名燒林人，並訓練了好幾千人。他指出，仰賴忙碌的農人和地主來經營這個組織，效果並不理想。他試了很多方法，希望能將地主召集在一起，但都失敗了，無法召齊所有人。忙碌的人都不想花時間開會。

因此他簡化做法，指派一個小小的指導委員會：每個郡找來兩名土地所有者，擔任 SPBA 的大使。「要做的決定其實不多，」溫布利講得很明白：「當有燃燒計畫時，我們會通知你們。」SPBA 舉辦各種工作坊，內容涵蓋從如何間伐土地到如何使用滴液火槍等各種主題。說到底，這個團體的力量來自其簡單性。[78]

但最初究竟是什麼原因導致大王松衰退？也許是因為這些樹木數量太多，以至於我們根本沒有注意到它們，就像十九世紀的旅鴿一樣——牠們的數量那麼龐大，並深深融入我們對自然世界的認知中，以至於牠們的存在顯得理所當然、平凡無奇且是必然的，我們無法想像牠們不存在的情況。[79]

為了滿足美國南方對木材和原木的需求，大王松開始消失。然而，美國革命期間戰爭加快了大王松衰退的速度，造船廠開始提煉樹液，製作所謂的海洋物資。這些物資包括松節油、瀝青、松香和焦油，這些都用來修補和維護船隻及船具。醫生也會用焦油來燒灼流血的地方和消毒傷口。從砍伐下來的木頭中提煉松焦油非常簡單，只需建造焦油窯及烘烤木材就可以提煉出這種黏稠的物質。有些樹木在原地提煉樹液後倖存了下來，但大多數樹木最終還是死了，成為綠色的犧牲品，與人類的犧牲一同發生。

大王松在十八世紀數目銳減的另一個因素，是人們用銅製威士忌蒸餾器來精煉松節油，這是一種溶劑和萬靈藥。此種蒸餾法相對快速又有效，加快了生產，並導致大王松林大規模毀滅。

森林砍伐的風潮橫掃美國南方，然後沿著墨西哥灣向西推進，最終在十九世紀初在德州達到頂峰。水力鋸木廠越來越多，加快了原木變成木材的速度，許多木材沿著水道漂到港口城市，滿足美國對建築材料無止境的需求。剩餘的百分之三原始大王松土地得以倖存，有可能純屬幸運，或者因為這些樹木位於遙遠或難以到達的區域，或位於嚴密控制的私人土地上，這些土地的所有者想保持森林之美。

溫布利將腳輕輕踩在一棵樹根部旁的地面上。「這棵樹可能有八、九十歲了。」他用手刮過樹幹，弄掉一些碎片。「因為這裡從未發生過火災，所以這些樹皮、樹枝以及其他雜物都掉下來並累積在這裡，變成這些厚厚的堆積物，我們叫它腐植層（duff）。」

大王松最主要的死因是腐植層起火。很多人會談論八十歲的老樹，但在這裡，他們也會提到八十年的腐植層。有些更老的樹在根部聚集了龐大的腐植層。如果腐植層著火，就算大王松再怎麼喜歡火，也可能死於烈焰。溫布利從地上抓了一把腐植層。「如果這東西很乾，」他說：「我們就會停手，不會動手燃燒。因為，說到（土地所有者）金跟布魯斯，我很喜歡他們。要是我害死了他們那棵八十歲的大王松，他們可能就真的不喜歡我了。」

在這裡，生與死似乎靠得很近：火不夠，過度沉重的燃料負載繼續威脅樹木的生命；火太多，樹木就會死亡。「除非我們能感覺到濕氣，我們才會點火。」溫布利指出：「這時，」他放低了聲音，彷彿在說悄悄話：「尤其要考慮 **RH** 的問題。」**RH** 是指相對濕度（Relative Humidity），要能成功燒除最重要的指標就是相對濕度，任何燒除計畫都必須指明進行或不進行燒除的相對濕度。

聽著溫布利介紹林火對大王松的作用，我發覺要提倡控管燒除有一個難處，那就是：這個提議聽起來很嚇人。我們與火相關的語言充滿了危險異味：大火災、大毀滅、地獄烈焰、縱火。人類可能一直對火有著與生俱來的恐懼，因為火通常是我們試圖避開的東西。我們會在廚房裡燙傷、在太陽下躺太久而曬傷，或是告誡小孩不要玩火柴等等。過去，我與火的回憶並不好。小時候，我們也曾進行過某種形式的控制燒除。那時候我住在夏威夷的鄉下，在自家土地上愛怎樣就怎樣。

多年來，我們都把紙類垃圾丟到一個容量兩百多公升的大桶裡燒掉，這個桶子已經生鏽成濃郁的棕色，放在院子的角落。

我的家鄉希洛是美國最多雨的城市，幾乎不可能發生難以控制的火災。但是，有一天，當我將一個木製垃圾桶裡的紙張倒入燃燒的鐵桶時，卻失手將垃圾桶掉了進去。垃圾桶是柚木做的，很薄、很高雅，卻也很滑。我手忙腳亂地想救起這個在我心裡算是家族珍寶的東西，我用右手按住大鐵桶，左手伸了進去，想撈出垃圾桶，結果付出了代價——大鐵桶裡的垃圾已經燃燒了兩個多小時，燙得我的手一扶上去就黏住了。我尖叫著把手用力抽回來，哭著跑進房子裡，但已經失去了一大塊皮膚。火會讓人受傷，我們會盡力避開它，只有當我們能明白如何將火當成一種工具後，才能壓下內心深處告訴自己「火是壞東西」的本能。

幾千年前，住在美國南部的原住民，包括克洛維斯人（Clovis）跟古印第安人（Paleo-Indian），還有溫布利的蘭比人祖先，都用火來狩獵、採集堅果，並促使新的植物品種來到這塊被大火清理過的土地。原住民特意在大王松之間進行頻繁的低強度燒除，以創造及維持森林的生命力，並減少閃電引起的火災。他們的控管燒除顯然做得不錯，以至於歐洲人來到美洲後也採行了這個方法數十年。[80]

然而，在過去一個世紀，美國南部的放火方式發生了變化。國會在一九〇五年成立美國林業局（US Forest Service），但早在一八九〇年代就已經開始有滅火運動。火災控制變成林業局的核心任務，當局認為任何形式的火災都有其破壞性。一九一〇年的一場大火燒毀了橫跨洛磯山脈北部三百多萬英畝的林地，更堅定了林業局的防火立場，成為激進的意識形態。

他們阻止不了所有人，因為在更偏遠的地區，人們仍定期在自家土地上進行燃燒，這些人明白燒除的好處。隨後，有一部很受歡迎的電影問世，將南方人描繪成帶著打火機走進森林放火的瘋子。溫布利說，林業局甚至雇用了精神科醫生來弄清楚南方人是怎麼回事，為什麼會放火。

幾十年過去了，林業局以全新的活力迎接公關挑戰。其中一項作為是護林熊「思莫基熊」（Smokey Bear）活動，這個穿著牛仔褲、興高采烈的吉祥物，準備要完成他的工作——這是美國政府最具效果的滅火計畫，但也帶來糟糕的後果。

近幾十年來，聯邦政府大力支持大王松的復育計畫。美國農業部透過自然資源保育局（Natural Resources Conservation Service, NRCS）提供大量的資金和資源，並在二〇二〇年發布一項為期四年的實施策略，來恢復大王松的生態系統。這項計畫的目標是將現存五百萬英畝的大王松林增加到八百萬英畝，為此，NRCS 制定了明確的保育目標：植被管理、策略林火、培育新的大王松種植，以及保護現有林地免受侵占和開發。

NRCS 也提出農業法案計畫，為農業生產者和林地所有者提供誘因和技術援助，並搭配完善的管理計畫。聯邦政府的支持，對私人地主、像溫布利所創立的SPBA這類私人組織、區域性合作夥伴及當地大學和私人承包商等，都是極大的助力，他們能用地理空間資料來繪製樹木的密度、位置、年齡以及其他有關保護和復原的因素。

儘管美國東海岸的組織正努力將控管燒除正規化及制度化，但西岸回應的速度明顯比較遲緩——在西部，許多地方是由數萬英畝的乾旱林地組成。西岸的腳步跟不上的原因很複雜，但兩者地理位置之間存在極重要的差異。西部的植物種類比東部潮濕落葉林中的植物更具可燃性。

雖然美國東部也會出現野火，但它們在西部的影響更強。名為聖塔安娜風（Santa Anas）的強烈區域風場能以驚人的速度讓火焰在乾燥的地貌上移動。降雨量更低，溫度更高，意味著枯死的樹木更多，一點點火星就可能爆發成烈火。但最重要的是，美國西岸各處長久以來壓制火災的政策，導致數千英畝土地上的燃料負載已經累積了數十年，隨時準備如地獄般猛烈燃燒。

控管燒除本身當然也有風險。其中最大的問題之一是「煙霧」，它會影響家畜和家禽，以及下風處的人。身為已經擁有燒除計畫的土地所有者，金必須先向林業局列出所有鄰近可能受到煙霧影響的區域，並描述容許進行燒除的風向。她說，今天的混合層高度很低——這是指能讓煙霧保持在一定高度的大氣天花板。當天花板較高時，氧氣會將火焰往上拉，變得更難預測。

煙霧造成的問題可能比火還嚴重。從某一刻開始，地面的風向變得不再重要，因為煙霧被拉高了以後，可能會隨著數百英尺上空的風向隨意飄動。當煙霧冷卻後，它會降下來，跟水一樣順著引流移動，甚至可能會流向高速公路，引發事故。

我們準備要開始點火了。小組的幾位成員起動了嘈雜的大型吹葉機，這些吹葉機的目的不是要把葉子吹走，而是要將火焰引向特定的方向。溫布利開始談論最重要的配備，但吹葉機的聲音蓋過了他的聲音。「我們有水，我們有吹葉機，我們有滴液火槍。」他大喊。滴液火槍很簡單，溫布利帶的人使用的是三份柴油對上一份汽油的比例。「柴油才是燃料，」他提醒參與者。他們使用的火槍看起來像經濟大蕭條時農人做出來的小玩意：不規則的、撞出許多凹痕的金屬圓筒，上面焊著大金屬把手，捲曲的噴嘴末端有一根燈芯。「這東西一旦點燃，千萬不要把臉靠得太近。」溫布利補了一句沒有必要的提醒。

今天的主要工作是讓土地所有者在龐大的支持團隊陪伴下，實際體驗在她的土地上點燃安全且緩慢移動的火。從字面上看，這是一場火的考驗。我們沿著地界走下碎石路，這是一群有點凌亂的男女隊伍，其中幾位男性留著不同樣式的鬍鬚，年紀可能跨越了三個世代，手持滴液火槍和吹葉機，以及耙子和其他長柄工具。這個過程有種世界末日的感覺，彷彿我們要把某個人趕出小鎮。火焰常具有這種特質——它在野外的名聲就是個略顯失控的流氓。

金家的地產圍著一條碎石路，她選了一個角落，輕手輕腳地點燃了一叢草。這是一次測試燒除：讓她先作一點練習，順便弄清楚風向跟濕度的條件。火焰緩慢而穩定地燃燒，逐漸擴展到剛才滴在地面上的柴油線之外。火焰令人著迷。它悠哉地將地面燒成黑色，漫步前進。如果森林中的野火可以用「寧靜」來形容的話，那就是我們眼前的火了。「我們正在擴大防火帶。」溫布利說，提醒我們關於燃燒三角形（fire triangle）的原理：空氣、燃料、熱。既然這個區域的燃料已經燒掉了，如果沒有其他東西可以燒，就會阻擋來自另一個方向的野火。

火焰吻上了幾棵大王松的幼苗。這裡的腐植層歷史悠久；有些地方已經深及膝蓋。除了燒掉一些小塊的腐植層，火焰的強度不足以造成任何損害。吹葉機把火焰推往特定的方向，重振變弱的火苗。沒有空氣流動的話，火就會熄滅。但風會使火從朋友變成敵人；風比任何火焰更加危險，它很可能會突然跳出來，成為不可預測的對手。正如一句古老的諺語所說：「火是好僕人，卻是壞主人。」有人身上綁著像背包一樣的噴水器，不時對著地上噴水，那應該是規畫好的位置，但還有一輛更大、更強的灑水車隨時待命，隨時準備應對更嚴重的火情——如果有需要的話。

隨著火焰變大，另一股震顫掠過了人群：起碼在這一刻，火是很有趣的。你可以在人們的笑容、輕快的步伐、充滿熱情的喊叫聲中感受到這一點。當我們站在路邊聊天時，情況有了變化，風刮了起來，火勢開始燒得更旺、更加猛烈。現在整塊地有一大部分燒起來了，火焰彼此聚合。「火會被火吸引。」溫布利在林地焚燒的聲音中拉高了嗓門。空氣越來越熱，材料就越容易點燃：這是火焰三角形中的第三個要素。

這裡還有另一個要素：自信。我的幾何學一向不好，但這似乎是「空氣、燃料、熱」構成的三角形的第四邊；或者是它的中心。要讓火焰發揮作用，你需要控制自信及其組成要素的變數：

欲望、沉著和經驗。這關乎學習正確的程序，並確信你在任何特定時刻，都知道可能會發生什麼情況。

然而，美國南部並非完全信奉「大王松萬歲」的信念，也並非每個人都喜歡它。關於大王松的政治生態系統中，存在著許多分歧。雖然這種樹不受聯邦的保護，但樹上有一個最常見的居民卻在保護的範圍裡：也就是紅頂啄木鳥（red-cockaded woodpecker），這是一種小型鳥類，有啄木鳥典型的黑白條紋，黑色的頭頂和頸部，白色的臉頰，頭頂兩側有紅色斑塊，這些斑塊只有在防禦自己的領地時才會顯現。

紅頂啄木鳥一年四季都生活在牠們唯一的棲息地：美國東南部的老松樹上，從德州到佛羅里達州都能見到牠的蹤影。如果將這種鳥的活動範圍，與大王松的分布區域重疊，共通之處一目了然。自一九七三年《瀕危物種法》開始實施以來，紅頂啄木鳥就一直在保護範圍內，雖然利用大王松林的鳥類大約有上百種，但它是唯二獲得聯邦保護的啄木鳥之一。[81]

紅頂啄木鳥也是唯一一種會在活樹上築巢的啄木鳥，儘管這種方法有一些特別。這種鳥一般會在超過三十年的松樹上覓食，且通常是在更老的樹上。它的生存仰賴樹木的衰退，因為雖然啄木鳥會在活松樹而非死掉的樹上築巢，但它寄宿的樹木一般會感染一種名為「松木層孔菌」（red heart fungus）的疾病，這種真菌會讓心材變軟，鳥兒得以挖出夠深的洞穴，在裡面安居。

另一個額外的好處是，樹木受傷時會產生樹液，鳥兒也學會在巢穴的入口周圍打一些小洞。這會讓樹液流下，阻止蛇爬到樹上——這些蛇在美國南方很常見，牠們很渴望吃一兩顆鳥蛋果腹。啄木鳥挖出進入樹木的隧道，然後從隧道往上或往下清出一個圓形的洞穴，但這條隧道讓牠們與樹木的結構緊密相連：牠們必須沿著心腐的特殊路徑前進，因為牠們只能挖空活樹內部已經腐爛的木材。即使如此，也不需要著急，可能要挖上幾個月或甚至好幾年。因此，這些鳥類會在樹上棲息很長一段時間。

在某些情況下，區分「危機」還是「轉機」，實在很難說，而在人類世（Anthropocene），兩種情況可能同時出現在樹木的生態系統裡。由於海軍物資的商業開採，剝光了分布範圍內大部分大王松的樹皮，這也讓樹木變得對鳥類更具吸引力。

許多存活的樹木都有割口，也就是讓松節油流出的刻痕。但樹皮切開後，樹木更容易被真菌侵入，啄木鳥也因此更容易進入心材，更容易從樹木裡抓蟲作為食物。切開大王松會讓樹木變弱，啄木鳥正好「趁機而入」。隨著二十一世紀來臨之際，我們最終擁有了那些沒有聯邦保護的大王松，這些樹木仍然不能被打擾或改變，因為要保護啄木鳥。

防止樹木受傷害的限制明確且為數眾多。你不能在沒有拿到許可證的情況下，砍光自家土地上的樹木，雖然你可以砍掉土地上的其他闊葉樹木。此外，你也不能對任何還活著的松樹噴灑殺蟲劑，不能在樹叢間修建道路或公共設施通道，也不能在樹叢間存放營造設備或營造材料，或建造任何建築物——包括營地、住宅、商業場所、棚屋或小屋等等。你也不能在巢樹（不論其是否住了啄木鳥）的十五公尺內，種植高度會超過兩公尺的其他物種。

為了保護啄木鳥而對土地所有者進行大量的權利限制，激怒了一些人。用最簡單的方式來說，這是「土地所有者權利」與「聯邦政府對啄木鳥棲息地強制保護」之間的對立。北卡羅來納州的沸泉湖（Boiling Spring Lakes）是一座小城，住了大約六千人，二〇〇六年，土地所有者與環保人士間的衝突登上了全國新聞版面。「什麼東西黑白相間，人見人怕？」《華盛頓郵報》在關於這場紛爭的文章中寫道。[82]

這座城市是該鳥類相對密集的少數棲息地之一，這裡的啄木鳥數量大約是當地居民的兩倍，約有六千個樹群，居住著大約一萬五千隻鳥。這些鳥類、樹木和居民一直相安無事，直到某些建築許可有可能違反了《瀕危物種法》。

負責執法的美國魚類及野生動物管理局（US Fish & Wildlife Service, FWS）對土地所有者提出警告，這種敵意開始擴散。小鎮居民想在私人土地蓋新的住家，而FWS卻必須保護這些鳥。沸泉湖的邊界正好有一群健康的大王松林，也是少數啄木鳥能在私人土地上繁衍生息的地方。

啄木鳥的存在以及相應而來的限制，意味著土地價值的實際損失，也減緩了新發展的速度。為規避損失的成本，人們開始在啄木鳥出現之前就先砍伐未被啄木鳥占據的樹木。《紐約時報》

大聲宣傳：「稀有的啄木鳥讓小鎮忙著拿起電鋸。」

沒有樹林，就沒有啄木鳥；如果特定的瀕危物種不在這裡，就沒有違反《瀕危物種法》的情形。把這些樹砍掉當柴火也很簡單，任何啄木鳥曾經可能棲息過的證據都會消失在煙霧中。「它毀了我們城市的美麗。」市長哀嘆。為了遏止伐木的情形，小城暫停居民申請清理用地的許可作業。[83]

這場社區衝突以及其他類似事件，讓FWS陷入困境。這些緊張的情況並不新鮮，因為幾十年來，FWS一直在開發的政治現實以及野生動物保育之間尋求平衡點。當局的創立原則之一是提供可以種植木材的土地，它也有長期販售木材的歷史，在一九七〇年代到一九九〇年代之間，每年銷售可達十一億板公尺的木材。

任職於北卡羅來納州FWS的野生動物生物學家蘇珊・米勒（Susan Miller）告訴我，如果土地所有者要求移除一株住了啄木鳥的巢樹，他們會跟土地所有者合作，一同找出解決辦法。然而，支持這種鳥類的硬性規定依然存在：「我們會竭盡所能保護被標記的巢樹，因為它們是有限的資源。」她以聯邦政府一貫謹慎的措辭指出。

這些土地所有者與官僚之間的互動，往往像是一種複雜的計算過程。土地所有者（及FWS）必須決定，如果移走這些樹，是否仍有足夠的棲息地供鳥類使用。如果移除了太多住了鳥兒的巢樹，再加上該處還有超過八到十棵大直徑的松樹存在，而且活動（道路、建築物或其他障礙）位於啄木鳥群的八百公尺內，則需要請環境顧問來研擬出解決方案。

但基於美國社區精神的最佳表現，對所有人來說最成功的結果通常涉及「妥協」。[84]儘管聯邦政府因《瀕危物種法案》的限制，經常被譴責為抑制經濟發展的阻力，FWS仍非常努力地想讓各方都能接受條件。他們的目標是激勵人們採取正確行動，而不是因不當行為懲罰他們，並提供所謂的「安全港協議」（Safe Harbor Agreement）。這些協議的內容是：如果私人土地所有者實際上承諾主動管理並保護其土地上的瀕危物種，政府將向他們保證未來不會施加額外的限制。

針對《瀕危物種法案》的一項批評是，其目標並非保護整個生態系統，而僅針對個別物種。然而，通過保護鳥類而間接保護了大王松，這件事情看似微小，卻以不可磨滅的方式展現了我們彼此的命運是多麼緊密相連。[85]

聯邦政府也採取其他措施來保護大王松，對其保育和生存做出了大量貢獻。這對聯邦政府本身也極為有利；國防部所擁有的土地中，包括了遍布美國南部超過七十三萬英畝的大王松林，而這些森林也是部隊移動與其他活動的重要訓練場。

說到訓練，大王松還有另一個可能會令人不安的「好處」：由於這些樹木能抵抗低強度的火焰，使得夜間發射的曳光彈（為了方便觀察軌跡）經常會引發小型火災，而政府的習慣（如果不是政策的話），就是不派人看管，任其燒下去。這種習慣在南方的軍事設施持續了數十年，諷刺的是，這些隨機的、低強度的火災，是我們二十世紀最接近「自然起火」的經歷。

位於北卡羅來納州的布拉格堡（Fort Bragg，現已改名為自由堡〔Fort Liberty〕），擁有世界上最大的大王松森林之一。這座龐大的基地占地超過六百四十七平方公里，其三百二十四平方公里的土地中，有超過一半都是大王松。這些樹木分布在基地內，開車穿越基地大約需要一個小時。

保育工作和美國軍方之間的關係一直是個麻煩的問題；軍方過去有一長串的環境濫用紀錄，包括在太平洋地區傾倒鈽、落葉劑及其他化學物質；在阿拉斯加棄置含鉛的彈藥；在越南噴灑軍用除草劑；並在沖繩和其他島嶼丟棄大量軍事廢料等等。美國軍方也是全世界最大的石油機構消費者，並且是世界上單一最大機構的溫室氣體排放者。

除了提供訓練機會，森林還為軍方帶來了所有樹木普遍提供的好處：降溫效果、侵蝕防護以及乾旱調解。布拉格堡一直致力於保護大王松，也參與紅頂啄木鳥的保護工作。但在一九九〇年，雖然布拉格堡的森林管理人認為他們在管理啄木鳥棲息地方面做得不錯，FWS卻不同意這一點，並發出所謂的「危險意見書」（jeopardy opinion），這是一份要求大家更謹慎保護啄木鳥棲息地的法規意見書。

該軍營重新設計了部分訓練場地、修改訓練活動、關閉了幾個靶場，也採取其他措施行為。

但有許多軍隊高層對此表示反對。最後，國防部（具體來說是負責布拉格堡的陸軍部長）與內政部長共同合作，擬訂了一項可行的政策。這些機構是政府合作夥伴，表面上是同一個團隊，但影響力不同。

內政部支持超過一百萬個就業機會，支持的經濟活動超過四千億美元。軍隊也有類似的規模：美國軍人總數超過一百多萬人，為全美五十州和幾處領土的四百二十個軍事設施貢獻了數十億美元。與沸泉湖規模較小的爭執一樣，這兩個政府部門都有興趣合作，兩個機構的工作人員共同制定了策略，既能支持和保護啄木鳥，又能讓軍隊繼續有效地訓練部隊。幸運的是，大王松自然開放的地被層非常適合軍事演習：不需要在茂密的藤蔓和其他植物中艱苦穿越。此外，樹木開放的樹冠帶來充足的光線，可以看得很清楚。

不過，其他問題也隨之而來。多年來，越來越多私人地主緊鄰著軍營龐大地產的邊界。屋主抱怨軍事行動產生的噪音，而啄木鳥穿梭於受保護和未受保護的土地間，在軍營的邊緣地帶仍面臨危險。該怎麼辦呢？

軍營創造了保育地役權（Conservation easement），買下周圍的地產，並與自然保育協會（The Nature Conservancy，簡稱 TNC，全球性的環境保護非營利組織）合作，打造了一個緩衝區。TNC 曾和國防部合作過，這兩個機構與 FWS 三方聯手，創建了「布拉格堡私人土地倡議」（Fort Bragg Private Lands Initiative）。布拉格堡現在也擁有自己的瀕危物種部門，以及一個廣泛的生態系統管理方案。根據布拉格堡二〇一三年發布的報告，二〇五〇年大王松的生長範圍很有可能會擴大，覆蓋布拉格堡更多比例的土地面積。

面對氣候變遷的挑戰，分布範圍較廣的物種生存機率往往會超過稀有的物種，因此只要增加大王松的數量並擴大其分布範圍，就可以減緩衰退的速度。即使在金跟布魯斯相對較小的土地上，這種樹也隨處可見，無論你轉向哪裡，都能看到它們。燒除逐漸接近尾聲，火焰已經吞噬了幾乎所有的目標植被。

我們談論了火的轉向，即有時火焰會跳過路面，或朝著正在燃燒的地方蔓延。又有另一位地主拿起了滴液火槍。火燒掉了地上的燃料後開始減弱，這時還沒有什麼煙；接著開始朦朧一片，讓人咳個不停。我的衣服聞起來就像已經撲滅的營火。還有幾個區域要處理，溫伯利把它們轉換成小組練習。不過沒有人能完全放鬆。「我怕死了。」一名地主在輪到她的時候嘀咕著說。不過她還是接過了滴液火槍，有模有樣地開始行動起來。

如今，大王松欣欣向榮。在我們執行控管燒除的時候，周圍的大樹就像是不可或缺的哨兵。它們頂部一片翠綠，在鈷藍色的天空下顯得生機勃勃。當你走出森林的陰影，更容易看出大王松的復甦是一個「雙重適應」的故事：首先，這棵樹與景觀融合成壯麗的一體；其次，是人們能夠找出保護樹木的解決方案。我們不能再仰賴閃電來滿足這棵樹木演化所需的工作了。

小說家傑克・凱魯亞克（Jack Kerouac）寫道：「我現在有很多事情要教你——如果有一天我們能相遇的話——關於在一個寒冷的冬天夜晚、在月光下、在北卡羅來納州的一棵松樹下傳遞給我的訊息。」[86]即使樹木需要我們的協助，它們也一直在教導著我們。如果大王松會說話，它可能會要我們保持耐心、包容，並珍惜我們的社區。它也會告訴我們——火並不一定是可怕的禍害，有時，最好的方法就是親手點燃一把火。

Ch 6｜民俗藥物的現代化：東印度檀香樹之路

Santalum album

我稍微思索了一下，若生命完全靠自己的力量來運作，會變成什麼模樣。隨後，一種如同被鍊金術士收集所有香料並調製成祝福藥膏般的豐富氣息，降臨在我身上。看吶，那位先知將他的手掌像杯子一樣伸向他所倚靠的樹，樹從它深處流出些微的油滴。他為我塗抹，我便起身繼續前行，帶著永恆平安的知識，立下盟約——要治癒而不是毀滅。

——扎敏・奇・道斯特（Zamin Ki Dost）
《檀香之薰》（*Incense of Sandalwood*, 1904）

如果你想尋找一片充滿魔法氣息的樹林，那麼花上幾個小時漫步在印度南部喀拉拉邦（Kerala）的馬拉約爾檀香林（Marayoor Sandalwood Forest），或許再好不過了。這片森林面積約九十平方公里，其中，你會發現世界上僅存的、自然生長的東印度檀香木，這些樹木非常高大。猴子與梅花鹿在林間嬉戲，有時甚至能看到野牛的身影。這是一片美麗且如夢似幻的景色，經常籠罩在霧氣之中。

然而，這並非完全純粹的體驗。在這片受到高度管制和保護的保護區內，每棵樹上都貼有反光標籤和金屬牌，並標註編號。成群的樹木被圍起來，你只能從遠處觀察它們。干擾或破壞樹木是嚴重的罪行，通常會面臨高額罰款或監禁。

醒目的標誌牌上提供了電話號碼，以便遊客能夠向當局舉報偷竊檀香木的人。每隔幾年，喀拉拉邦政府會對每棵樹進行統計，這個過程需要六個月之久。二〇一九年，政府統計了約三萬五千棵直徑超過三十公分的樹木——此舉是為了追蹤因盜伐或自然原因而消失的樹木。

數千年來，檀香樹一直被視為神祇最喜愛的樹木：它是宇宙奧祕、儀式、神聖以及人類與植物療法關係的一部分。不過，現代化一方面使檀香樹變得醜陋，另一方面也透過民間療法與現代醫學幫助了數百萬人。

當印度次大陸的使用者推崇檀香木及其精油之際，政府卻以鐵腕政策掌控這種樹的生長與採伐。因為檀香木供應不足，盜伐者（大多處於貧窮邊緣）約占檀香木損失的百分之三十。地理位置也會影響樹木的數量，因為靠近道路和聚落的樹木更容易遭到盜伐。[87]這種帶香氣的木材，因其可用製作成精緻雕刻物品，價格僅次於象牙，但其樹皮下的精油更具吸引力。[88]

直到二〇〇二年之前，私人在任何情況下都被禁止種植檀香樹，且幾乎不能自行砍伐和採集檀香樹。違反「關於誰可以種植和收穫檀香樹」以及「在哪裡種植和採集檀香樹」的法律，甚至可能會讓你喪命。二〇一五年，警方在與二十名手持弓箭和斧頭的檀香木盜伐嫌疑者對峙時，將他們擊斃。但即使是負責監督貿易行為的官方機構，偶爾也會牽涉其中，偽造檀香木的出口證明。

自十九世紀統治者開始採取正式的森林管理措施以來，印度各邦對於森林及其管理、使用和保護的壟斷權，一直是印度保育工作中的一項指導原則，不過，這些努力並非為了保護樹木，而是將其貨幣化，並更廣泛地行使控制權。[89]一七九二年，邁索爾（Mysore）的統治者蒂普蘇丹

（Tipu Sultan）宣布檀香為聖木，且有一個經常被提及但並未證實的故事稱，偷竊檀香木的懲罰是砍斷一隻手。經歷了漫長的傳統，檀香木一直是國王的財產，這種安排至今仍影響著政府對其的擁有權。

在印度，並非所有地方都禁止私人機構種植檀香木（儘管每棵樹都必須向政府註冊）。但小型農場通常沒有足夠的資金投資於安全圍籬、保全人員或其他保護措施上，這使它們容易成為盜伐者的獵物。有些樹木甚至被包圍在鐵絲網裡。供應鏈的管理也需要多加關注：政府仍未能有效確保採伐過程能長期持續且符合倫理，且出口量也未得到適當的量化和認證。雖然印度南方的某些邦已經讓更大規模的商業企業合法化，但對於那些想要利用檀香木巨大價值的創業者來說，種植檀香木仍然是一項艱鉅的任務。即便農民取得採伐許可，政府官員也必須親自到場，將整棵樹連根拔起。[90]

東印度檀香木已被國際自然保護聯盟（IUCN）列為「易危物種」（Vulnerable, VU），因為各種強烈的壓力，這種樹木在大多數分布區域面臨滅絕的威脅。印度法律不僅關注伐木問題，也規定了後續擁有、銷售及購買等細節——這種持續性的控管對工匠造成了困擾。然而，儘管政府已經努力（但經常受挫）地管制這些樹木，但控制氣候變遷所帶來的威脅則已被證明要困難得多。

檀香木的氣候未來也和採伐工人息息相關。農業勞動在印度當地的經濟中占有極高比例，而面對氣候變遷時，貧困居民的適應能力相對較低：他們缺乏足夠的可支配收入以用於搬遷，或面臨炎熱的白天和夜晚時改善生活條件。他們也沒有那麼多資源來應對周遭環境的變化，例如建造橋梁以因應更加湍急的河流等問題。

然而，管控檀香木與對抗氣候變遷，這兩項挑戰其實並不對等，因為當碰到更大的危機時，對政府來說，樹木只是相對較小的挑戰而已。然而氣候政策及氣候本身的變化，卻正在危及樹木的未來與存續。[91]

檀香樹可能在傳入印度之前，就已經出現在印尼。工匠和商人將它買賣到南亞、印尼、太平洋和印度洋地區，並在世界各地賦予它不同的文化用途。檀香樹大約有十八種，其中約四分之一發現於夏威夷群島——幾乎可以肯定它們早在人類抵達之前就已存在。（我之所以用「大約」這個詞，是因為分類學的持續變動，以及生物學家間對於某種植物是否應被視為完整物種，而非亞種或變種的爭議。）[92]

夏威夷王國最早的成文法，就是一八二六年頒布的檀香稅，該法要求每一名成年男子必須向所屬地區的總督繳交三十公斤的檀香木，或以現金支付等值款項。

與其國際化的歷史相符，東印度檀香木也生長於斯里蘭卡，並持續在印尼長期分布。澳洲也有人種植檀香木，在當地，私人採伐及加工檀香木都不會害你被罰款或逮捕。在澳洲的休恩登

（Hughenden）至克朗克里（Cloncurry）一帶生長著一片十分廣大的檀香樹林，足以供應甘地火葬用的四噸木柴，該火葬儀式在印度的亞穆那河（Yamuna River）河畔舉行。多位目擊者證實，火葬木堆使用了澳洲檀香，但印度人為何使用另一個國家的檀香來崇敬這位印度代表性人物，至今仍是個謎。[93]

檀香木在印度擁有最為深遠的文化影響，過去二十三個世紀以來，這棵樹不斷接受馴化。檀香木廣泛用於各種儀式中，尤其是在火葬儀式中作為核心元素，據說檀香木的香氣可以幫助靈魂前往下一個目的地。大多數印度教徒都會在前額抹一點檀香膏，讓腦下垂體保持清涼；在某些場合中，檀香膏還會加入一些顏料，作為種姓地位的標記。

不過，相較於其他任何因素，檀香油才是影響檀香木保育狀態、文化生活和未來發展的關鍵。這是一種香氣華美、甘甜且略帶黏性的液體，儲存在樹木的心材中。受尊崇的古老印度教經文中，提到了這種芬芳的油，並指出它被用來減輕發炎或其他身心靈的「發熱」狀態。[94]此外，亞洲傳統醫學將其用作抗菌劑、抗氧化劑、鎮痙劑、利尿劑和去痰劑，可用於治療普通感冒、各種發炎、牛皮癬、支氣管炎和膽囊疾病等。

然而，檀香油要進入市場可不容易。在印度，檀香每磅的售價大約價值一百美元左右——考慮到該地區檀香木勞工的平均月薪最多只有五十美元，這可謂一筆相當可觀的數目。採收後，當地的林業部門會將檀香木拍賣給工廠，接下來就由工廠處理後續。檀香木分為多個等級，這些等級均由負責銷售的政府機構仔細描述並量化。這些分類是根據檀香木的顏色、質地和香氣來劃分。雖然它們都屬於同一個物種，但每棵樹之間的差異極大。

為了取得含有大部分檀香油的深色心材，必須剝除檀香木外層顏色較淺的邊材，這是個幾乎完全仰賴人工的過程。即使在最大的工廠中也是如此。檀香油是一種「精油」：一種濃縮液體，難以與水完全混合，內含來自植物的揮發性（意即容易蒸發）化合物。

它之所以為「精油」，因為它是樹木香氣的要素：嗅覺的主角。許多來自植物的油並非真正的精油；這些油會用其他物質稀釋或混合。手工切割後，心材再用機器削成碎片，磨成粉末。接下來進行漫長的蒸餾過程。要蒸餾出一公噸的精油，必須花費一個星期。萃取精油後，留下的棕色粉末狀殘渣會製成宗教儀式中的焚香。知名的檀香皂品牌「邁爾索檀香」（Mysore Sandal）由一家國營公司銷售，已有逾百年的歷史。

當精油來到最終消費者的手中時，價格已經變得十分昂貴。我曾買過一瓶五毫升的小玻璃瓶裝檀香油，按照我支付的價格換算，一杯約兩百二十七公克的精油要價近一萬一千美元。生產這些精油的檀香木材，是地球上第二昂貴的木料，僅次於非洲黑木（*Dalbergia melanoxylon*）。從檀香油強烈、高濃度的特質及其人工萃取的方式來看，這意味著與其他樹木副產品的經濟效益相比，它的生產規模較小，但其意義卻超乎尋常。

英國統治印度期間的相關公司，在二十世紀的頭十年僅砍伐大約六十噸木材，自此之後，年產量從未超過一千四百噸。同時，自一九九五年到現在，檀香木種植面積每年減少百分之二十，因為檀香木的根系很長，會對土地造成極大破壞，而將樹木連根拔起後，則會使土地變得嚴重貧瘠。[95]

每棵檀香木精油產量都不一樣，但降雨越少，通常會產生越多的精油，而生長速度越快，通常意味著精油產量越少。樹齡越老，精油產量越高，因此這也造成了保育上的難題，因為年齡最老的樹木（同時也吸存了最多的碳）往往是大家最想要的。東印度檀香油（East Indian sandalwood oil，今日在廣泛的醫學及藥物學文獻中簡稱為「EISO」）的供需失衡，自然導致其價格不斷上漲。

演化的力量對樹木有幫助，同時卻也因為商業因素而面臨危害。檀香木在印度被稱為「chandan」，它是一種寄生植物，意思是它從另一種活著的植物中獲取一部分營養。它是植物學家所稱的「專性寄生物」（Obligate parasite），沒有宿主就活不下去，至少在年幼的時候就要有宿主。大約有百分之一的被子植物（開花植物）是寄生植物。與所有的寄生植物一樣，檀香科的成員在根部發展出名為「吸器」（haustoria）的結構，可穿透其他植物的根部，從中得到水分和營養素。檀香可以寄生在三百多種植物上，包括禾草類和其他種檀香。這個策略通常會牽扯到地底下的紛爭。

對檀香樹來說，這種機會主義並不容易，因為檀香必須克服好幾種障礙才能寄生到另一種植物上：首先是距離，然後它必須破壞宿主的各種防禦機制。檀香的根部擅長尋找營養素、水分和宿主，從底部延伸出去可以長達二十七公尺。[96]

了解樹木的地理位置，可以幫助我們更清楚它所面對的氣候挑戰。檀香要長得茂盛，需要適度的降雨、充足的陽光和長時間的乾燥天氣。這種樹大多以自然狀態生長在開闊的森林中，分布範圍很廣。印度南部的卡納塔克邦（Karnataka）和泰米爾納德邦（Tamil Nadu），擁有全印度約百分之九十的檀香木。

雖然檀香在印度次大陸各地的分布密度不均，但其主要原生範圍在印度半島德干（Deccan）一帶的落葉林——馬拉納爾檀香林也在這裡。南部和北部的天氣不一樣，北部較濕潤，南部較乾燥，而在過去四分之一個世紀裡，全國各地的氣溫都升高了，但南北氣候的差異越來越大。氣候學家提出了各種理論來解釋這種南北氣候二分的現象，例如雲量的變化、空氣中懸浮微粒的角色及其他影響農業和人類健康的因素，但沒有人能夠確切地解釋為什麼兩地氣候間的分歧速度這麼快，氣象學家對這些差異的理解仍屬推測階段。

這些氣候變遷正影響檀香樹的生長速度及密度。接下來可能會造成無數的連鎖效應：政府控管和監督該國較偏遠地區種植樹木的能力出現變化；在較潮濕地區，採伐樹木的時段改變；氣候塑造的勞動力導致無法預測的結果；以及其他我們要等到較年輕的樹木成熟到可以採伐時才會明白是什麼的效應。

檀香的壽命相對較短，通常不會生長超過一個世紀，因此檀香油通常需要數十年才能達到可用狀態，有時甚至要半個世紀左右才能達到商業成熟度。檀香木的木材至少要埋入地下十年後，才會開始散發氣味。[97]

不過，當檀香油變成液體的形式後，我們第一個注意到的特質便是它的香氣。現代有關芳香療法價值的研究也評估了檀香油氣味的效果。二〇一六年，一篇刊在知名疼痛研究期刊上的研究發現，芳香療法能顯著減輕疼痛。這些結果指出，在目前的疼痛管理程序中，芳香療法應該可以當成一種安全的補充手段，文中也提到，芳香療法的成本遠低於標準的疼痛管理療法。[98]芳香療法甚至能緩解嚴重的疼痛，包括燒傷患者的疼痛管理。

氣味具有強大的力量，能比其他刺激更有效地喚起記憶，點亮大腦中的杏仁核和海馬迴。在一項使用核磁共振腦部掃描的研究中，研究人員要求五名女性參與者說出一種用過的香水，而這種香水的外觀和氣味曾引發特別愉快的記憶。然後，研究人員按照受試者的選擇買了這些香水，其中包括皇家祕密（Royal Secret）、鴉片女性淡香水（Opium for Women）、杜松微風（Juniper Breeze）和白麝香（White Musk）。這五位女性被觸發的記憶，確實從科學的基礎上證明了氣味誘發的記憶具備情緒的力量。[99]

不過，並不是每一種植物都很好聞。有些植物臭得出名，例如屍花（*Amorphoghallus titanum*），它在誘人氣味的量表上敬陪末座。有些人形容這種植物聞起來像腐爛的屍體。一九九九年八月，漢庭頓花園首次以人工培育的方式種出了屍花開花的樣本。通常來說，這種植物不可能自花授粉，但我們用植物本身磨碎的花粉對其進行人工授粉，結果它存活下來了，並開出壯觀的花朵，短暫地在數週內成為全國注目的焦點。

那一週我剛好外出，在大眾興趣最濃厚的時候歸來，看到了漢庭頓有史以來最洶湧的人潮。排隊觀看那朵花的人龍長達八百公尺，蜿蜒繞著現場。人們總是喜歡極端的事物，難聞的氣味可能是一種吸引人的極端。不然為什麼要在大熱天排幾個小時的隊，只為了嗅一下這株惡臭的植物呢？我確實也去聞了，並不可怕：就像掀開垃圾箱的蓋子，撲鼻而來的是一股噁心的垃圾味。

相反地，我們不會排隊去聞好聞的味道。比方說，我從來沒有見過數百人排隊，只為了渴望試聞最近雜交出新品種玫瑰的全新香味。聞香是一種私密的活動。檀香油的香氣有如天堂的感覺：溫暖、如香膏一般、木質調且帶有一絲甜味。我在能力所及的範圍內取得最純淨的樣品，親自聞一聞它的香氣。那個味道讓我想起父親的木工坊，或是雪松製的櫃子。在最純粹的形式中，不混合任何黏結劑或香水，檀香的味道相當鮮明、清新、乾淨。這種氣味就像你被幾個朋友扛到肩膀上，在房間裡遊走一樣；你絕對不會聯想到屍體。檀香的味道與男士的護膚產品也有現代的交會。這種氣味通常會讓人聯想到柔和的男性氣質，廣泛應用在各種鬍鬚護理產品、刮鬍膏及乳液之中。

馬里奧．莫利納（Mario Molina）是一名醫生，同時也是醫學史學家，對醫學的歷史有深厚的背景知識，他幫我理解現代醫學如何接收來自傳統群體的主張。莫利納指出，人類可能花了很長的時間，才能逐漸掌握植物的療效特性，這門學問稱作「生藥學」（pharmacognosy）。最初，本土對植物藥性的發現可能只是偶然，之後或許經歷了長時間的反覆試驗。接下來則有更廣泛的本土用途，而學習到本土社區語言的人類學家也會收集醫學應用。隨後，相關論文便出現在人類學和科學期刊上。

生藥學已經有悠久的歷史。十八世紀末至十九世紀初，隨著化學技術日益精密，開啟了所謂的現代藥物時代。一七八五年，英國植物學家威廉．威瑟靈（William Withering）首次描述毛地黃（從毛地黃植物衍生的藥物）對治療心臟病有顯著功效。

植物經過數百萬年的演化及多樣化，提供深度的化學多樣性及新穎的作用機制。一八〇五年，年輕的德國藥師弗里德里希．瑟圖納（Friedrich Sertürner）從鴉片植物中分離出嗎啡。其他的化學蛻變隨之而來；一八二〇年，法國化學家皮埃爾－約瑟夫・佩爾蒂埃（Pierre-Joseph Pelletier）從金雞納樹皮中分離出治療瘧疾的有效成分——奎寧。不過，早在幾個世紀前，南美洲的克丘亞人（Quechua）就知道奎寧的藥用特性，卡納里（Cañari）和奇穆（Chimú）的原住民也知道；在西班牙人到來之前，他們居住在現今的祕魯、玻利維亞和厄瓜多等地。將這些植物的有效成分分離出來，並了解其化學效應，便能夠創造更有效的治療法。製藥公司亟欲透過新產品將這些機會貨幣化，開始派出自家的科學團隊去野外研究植物學。

到了十九世紀的後三分之一，有機化學家除了學會如何識別植物內部的作用機制，也開始合成植物中那些可能具醫療價值的有效成分。到了二十世紀下半葉，抗癌藥物有一半以上來自自然產物。在現存的植物物種中，只有一小部分曾被研究過生物活性。

生藥學是一門大生意。美國人類學家及生物學家達雷爾・波塞（Darrell Posey）估計，在一九九〇年以前，製藥公司已從這些植物中，每年獲得約八百五十億美元的收入；而各地的原住民比我們更早發現這些植物的療效。[100]

合成藥物的能力對於植物保育也很重要。首先，它能防止因大規模採收植物而造成的破壞。化療藥物紫杉醇（paclitaxel）最早於一九七一年從太平洋紫杉（*Taxus brevifolia*）中分離出來，並已有效運用於治療多種癌症，包括卵巢癌、乳癌、肺癌、子宮頸癌和胰腺癌等。問題是，原生於美國西北部太平洋沿岸的太平洋紫杉生長速度十分緩慢，到了一九九〇年代，因為用於提取紫杉醇，使得數量變得稀少。在二〇〇三年以前，研究人員從其他栽培種紫杉的萃取物中開發出一種半合成版本，將其合成為一組高效的化合物，進而降低對原生樹種的壓力。

當我們從植物中分離出有效成分，是否會不小心遺漏掉某種在本土用途中具有療效、但我們尚未發現的化合物呢？莫利納指出，我們確實有可能錯過某些關鍵成分，未來也可能繼續錯過，但可能性很低。他以科學界研究大麻的過程為例。「大麻不僅含有THC（四氫大麻酚，是一種讓人興奮的精神活性成分），」他說：「它還包含一大堆其他的大麻酚——具備不同特質的油。」早期吸食大麻的人不一定知道有這些物質，而是經過合成和測試成分後，才知道它們的效應。其中有些物質已經證實在意想不到的地方具有效用，例如治療癲癇發作等。[101]

從具備藥用特性的植物中分離出有效成分，也有助於進行適當的劑量控制。研究人員注意到，吸食大麻可能對受惡病質（cachexia）所苦的住院病患有所幫助——惡病質是一種常見的疾病，特徵是食欲不振及身體消瘦。「大家都說大麻會讓人想吃零食，」莫利納指出：「我們可以利用這一點來治療惡病質、體重下降、不吃東西的人；也許可以讓他們變得更強壯，順利完成化療。」

但就像他說的，你不會希望有人在醫院裡抽大麻，一個理由是它會觸發煙霧偵測器，旁邊的人也有可能因為吸入大麻而感到亢奮；另一個理由則是吸入包在紙張裡燃燒的植物時，也會吸入各種氧化殘留物。吸毒並不是理想的給藥方式，就算你可以接受在醫院吸毒的想法，可能也要抽完三捲，效果才能跟另一種效力更強品種的大麻捲差不多。大麻食品也有同樣的問題：效力和功效的巨大差異帶來潛在的風險。大麻至少有七百七十九個品種。因此，將成分萃取出來、加以正規化及合成有效成分，可以讓一劑藥品變得更加穩定，效果強度更能達到一致，並能作為更有效的藥物治療。[102]

要有效合成東印度檀香油（EISO）中的活性成分已被證明非常困難，因為這些分子結構十分複雜，且合成過程也可能對環境有害。雖然 EISO 真正有功能的合成版本終究可能問世，但目前的生物科技研究主要集中在針對樹木的介入措施，以更自然的方式調整檀香油的特性。

在多份經過同行評議的科學期刊上，世界各地的作者發表了調查結果，關於 EISO 在現代醫藥上的效益超乎想像。研究人員已經提出可靠的證據，EISO 能治療兩種單純皰疹病毒、降低糖尿病患者的胰島素阻抗、改善皮膚疾病和問題、提供神經保護以預防中風，並預防癌症中的轉移細胞。雖然大多數癌症仍需要專門的治療、藥物和補救措施，但檀香油似乎對多種癌症都有效果，從黑色素瘤和非黑色素瘤，到白血病、乳癌、膀胱癌和攝護腺癌等。[103]

EISO 受到化學和植物品質標準的約束，這些標準不是由製藥業制定的，而是來自國際標準化組織（ISO）確立的。ISO 標準就像全球貿易的護照：如果想說服別人你的東西具有穩定的高品質，能安全跨越地緣政治、經濟及文化的邊界，那麼就需要符合 ISO 標準。

在日常生活中，一定會碰到帶有 ISO 編號的物品。有些標準規模龐大且複雜，包含多個部分。例如資訊安全管理、職業健康與安全、相機底片速度、兒童汽車座椅、日期和時間格式、醫療設備及反賄賂管理系統等，都有一套相關的標準。

EISO 也有 ISO 標準，其標準為「ISO 3518：2002」，規定了用於醫療穩定性時該有的品質：兩種關鍵有效成分 α- 檀香醇（α-santalol）和 β- 檀香醇（β-santalol）的純度；以及氣味、顏色和濃度等。由於人類都是機會主義者，因此假冒或摻假的 EISO 比比皆是——這些有可能會危害使用者，而 ISO 標準確保人們在化學上遵循正確且嚴格的規範。

在近期的一項研究中，六個 EISO 的品牌中，只有一個差不多能達到 ISO 的標準。使用其他藥草重現其氣味，或模仿顏色和黏度，並不是那麼困難。分析油品並進行縝密的化學測試非常重要，因為醫療單位需要得到最準確、最有效力的油品。如果你正為濕疹或癌症等疾病所苦，你和醫生都會希望能確保你得到適合的治療。

有需求的時候，供不應求通常會釀出危機，而提高印度檀香的產量有助於解決檀香所面對的諸多難題。如今已經有一套實用的知識體系，告訴我們在新地點種植檀香時，哪些方式有用，哪些則沒有用。

選取來自高產量樹林的種子，有機會培育出更多高產量的樹木。透過預先處理種子，例如刻傷（scarification，以刻痕或以其他方式削弱種子披衣〔seed coating〕）或浸泡在某種酸類裡，來加速種子發芽，也是一種有望確保種子成功發芽的方法。

植物學家也建議使用「雙宿主系統」，先將幼苗與初級宿主一起種植在盆中。這種配對能讓檀香木可以從另一棵樹上吸取資源，有點像是一種寄養關係。之後，種植者再將幼苗移植到田地裡，並在附近種植壽命較長的次級宿主。這有點像是讓一棵樹悄悄靠近另一棵樹，看它是否願意攜手跳起植物的探戈，在印尼測試的結果還不錯。在尼泊爾，東印度檀香木公認的一個宿主是名為兒茶（*Acacia catechu*）的樹木，它不僅自然分布於當地，也能擔任次級的支持角色：提供遮蔭，而且它有刺，所以能防止動物啃食。

還有一個保護樹木不被侵害的有效方法，就是對部分種子進行下毒——毒到可以嚇阻飢餓的動物，但不至於害死種子。預先處理過的種子被滴灑進附近可能有宿主的地區裡。經過數十年的觀察，檀香樹的生物特性已經廣為人知：對降雨和溫度的要求，合適的土壤（相對潮濕、肥沃、含鐵量高），以及擁有宿主的幫助。若能對最適合栽種檀香木的地區進行細緻評估，在廣泛的地帶與多樣的環境中大量種植，有助於確保檀香的存活機率。

這種樹也受惠於其天然的傳播網絡。在其一生中，無論氣候如何，檀香一年四季都會結果，不過速率不一樣。這種結果的特性吸引了許多印度特有的鳥類。在一項對泰米爾納德邦的研究中，研究員觀察數日，發現共有兩百一十七隻禽鳥（來自八種鳥類）銜走了檀香的果實：鵯鳥、八哥、鸚鵡、五色鳥、犀鳥及其他喜愛水果的鳥兒。這些行為意味著，只要鳥兒落下糞便，果實都會以未經政府認可的「亂七八糟」方式四處分布和生長。[104]大自然的傳播方式，總是會打亂官方提出的限制。

即便制定計畫來管理檀香的成功商業行為，也只是解決問題的一部分。英國詩人丁尼生（Alfred, Lord Tennyson）曾說，大自然的尖牙利爪都是紅色的——且讓我將紅色改成「綠色」。檀香所面對的各種威脅正日益增加。植物菌質體（phytoplasma）是一種由昆蟲攜帶的細菌寄生蟲，可以感染七百多種植物。其中一種植物菌質體會導致檀香穗病（Sandalwood spike disease, SSD），按植物學家的行話簡稱「穗」（spike）。

這種疾病已經流行了一個多世紀，光是二十世紀的前二十年，印度就有一百萬多棵檀香樹因「穗」而被移除。奇怪的是，植物菌質體已被證明基本上不可能體外培養，也就是說無法在實驗室裡操作。「穗」會讓樹葉縮小變硬，呈現穗狀的外型（因此得名），在症狀第一次出現後的一兩年，樹木就會死亡。迄今為止，「穗」是檀香最嚴重的疾病威脅，導致「穗」的病原體目前已在印度主要種植檀香的邦出現，儘管尚未對地球上其他地區構成嚴重威脅。目前尚無有效的防治機制，唯一的方法就是砍掉並移除受感染的樹木。[105]

對東印度檀香來說，最好的保育處方，或許對其他環境中的其他樹木並不理想：透過明確的商業手段來擴大其分布範圍。如此一來，這種樹將得以擴展，為世界各地的人們提供藥學的益處與令人幸福的檀香油。種下更多的樹木，最終也意味著政府可能就會乾脆兩手一攤，因為他們明白，唯有透過仰賴龐大、不受政府控制的社群，才能創造出像檀香這樣數量龐大的資源。

馬拉約爾森林既美麗又幽靜。山坡上深邃的洞穴裡刻著神祕的史前岩畫。在這些古老的圖騰中，其中有一些描繪了樹木，以及行走之中的人類。馬拉約爾周圍也能看到一些石棚（dolmen，即單室石墓），據信這裡埋了古代的人，這也是歷史學家尚未破解的某種儀式的一部分。

石棚證明了我們所有人終將一死，同時，森林裡仍然充滿著野生動物、莊嚴和美麗，大樹散發的香氣依舊自在飄散，往上飄過了鐵絲網、警告標誌和金屬標籤，成為嗅覺上的一種象徵，訴說著它們療癒世界的能力。

Ch 7｜合法的木材：中非森林烏木

Diospyros crassiflora

我們失去了那麼多。我們還可能失去更多。但現在我可以坐在這裡，在樹下，在天空下，從琴弦拉出音樂。

——艾瑪・特雷維恩（Emma Trevayne）

《尾聲》（*Coda*）

幾個世紀以來，音樂家、家具製造商、西洋棋棋手及撞球老千都對烏木（ebony，又稱黑檀木）垂涎欲滴，這種木材主要產自非洲大陸。一名植物學家曾說，在樹木的世界裡，這種木材等同於非洲的血鑽石。[106]這種闊葉木具備令人驚嘆的特質：密度大得能沉入水裡，拋光後的外觀美到令人屏息。自古埃及時代以來，買家及賣家就把它當作一種全球貨幣。雖然人類使用烏木的歷史悠久，這種木材仍然保留著神祕的面紗，因為科學家至今仍無法確定烏木的顏色是怎麼形成的，而且我們對烏木的生物學知識依舊只有初步的了解。[107]

欲望可以有多種面向：能鼓勵人類保護樹木，但同時也能帶來浪費和損失。為了達成內心的欲望，人類可能會失去理智。若按著欲念行事而不考慮後果，往往容易引起不良的行為：腐敗、不願合作，或在離正道不遠時選擇視而不見。烏木非常誘人，因此成為一種強大的商品。

在這些木頭中，最讓人想要的是*Diospyros crassiflora*，即所謂的中非森林烏木，也稱為加彭烏木或西非烏木，還有其他幾個常見名稱。這種樹木的基部呈波紋狀，往上逐漸變細，高度可達約二十三公尺，直徑略微超過九十公分。中非森林烏木原生於剛果盆地的森林，雖然在該區分布廣泛，但數量可能一直不多。最新的估計數字指出，現存的族群裡直徑超過十公分的樹木不到三千萬棵。[108]這種樹與其他眾多樹種生活在一起，每一種樹都非常努力工作：橫跨六個國家的剛果盆地森林能吸存四百億噸碳，為世界之冠，甚至超越了亞馬遜盆地。烏木的生長速度非常緩慢：若種在陽光充足的地方，大約需要六十年的時間才能生長到能採收的大小；若位於茂密森林的樹冠陰影下，則需要好幾個世紀才能成熟。

剛果盆地充滿魔力，但也可能帶來不幸。那裡的森林古老、豐富且生態功能複雜，充滿生物多樣性，並承載帝國的歷史與形形色色的危險。英國作家約瑟夫・康拉德（Joseph Conrad）根據自己一八九〇年在剛果河上擔任船長的旅行日誌，為該地寫下小說風格般的描述，勾勒出當地的模糊性，以及森林純粹的壯麗。「天空是一大片未染色的光亮，」他在《黑暗之心》（*Heart of Darkness*）裡寫道，這本小說批評歐洲在非洲的殖民統治。「前往那條河的上游，就像返回世界最初的起源，那時植被在地球上放肆生長，大樹稱王。空蕩蕩的溪流、一片寂靜、一座無法穿越的森林。空氣溫暖、濃稠、沉重、遲緩……一股毫不妥協的力量靜止下來，思慮著深不可測的意圖。」

喀麥隆位於剛果河西北邊，懷抱南大西洋，與赤道幾內亞接壤。該國林地覆蓋兩千一百六十萬公頃，充滿茂盛繁密的野生景觀，數百年來持續召喚著探險家前來探索。中非森林烏木分布於喀麥隆南部，延伸到加彭，往東進入剛果民主共和國後則變得比較稀疏。「近三千萬棵烏木」聽起來好像很多，其實不然。我們換個角度來看這個數字：二〇一九年，在極力鼓吹的國家公民和環境責任下，位於非洲東部的衣索比亞在一天內種下十倍以上的樹木──超過三億五千萬棵樹苗，學校和政府辦公室甚至都關閉了，好讓所有人都去種樹。

然而，要讓一棵樹發揮作用，不光是把它種到地裡就好。目前關於個別烏木的數量也靠不住，因為大多數能吸存大量碳的老樹都已經被砍下，在倖存的烏木中，胸高直徑（DBH，標準的樹木測量方法）超過六十公分者只剩十九萬棵。這個直徑是非洲大部分地區合法砍伐樹木的最小尺寸。巧合的是，烏木長到這個尺寸才開始擁有足夠的黑木，能提供商業價值。[109]

這種樹的心材是深色木材的來源，藏身於形成層和邊材包覆之下。由於其堅硬且細密的木質結構，使得烏木可以被拋光出誘人的光澤。這種木材已經深植在人類的文化生活裡。「家具製造商」的法文單字是「ebéniste」，即源自烏木的「ebony」，除了用於家具的鑲嵌，烏木也用於雕塑、雕刻品、門把、雨傘及手杖等，還有大量的撞球桿（光是一九一〇年就用了一千立方公尺）、武器的尖端及把手（古代與現代皆有）、球形門把、鋼琴琴鍵、西洋棋棋子、風笛零件、風琴塞，以及數公里長的吉他指板和琴橋等。中非森林烏木擁有獨特的聲學特性，數世紀以來，音樂家都希望能用烏木製造樂器。各類管弦樂器（中提琴、小提琴、大提琴和低音提琴）的琴栓都以烏木為首選木材。[110]

受歡迎程度僅次於吉他的小提琴，與烏木有一段特別的交集。有個無法證實的故事聲稱，在十八世紀時，烏木成為大家特別想要的小提琴木材，當時刮鬍子風氣越來越普遍，使用深色的烏木可以掩蓋演奏者油膩、出汗、裸露的下巴所留下的痕跡。另外還有一個尷尬的症狀——小提琴吻痕（violin hickey）——這是通用名稱，皮膚科醫生稱之為「外力型痤瘡」（acne mechanica）。有些人對烏木以及其他木材過敏，長時間演奏可能會在小提琴貼靠之處留下痕跡；有時也被稱為「小提琴手的脖子」（fiddler's neck）。[111]

但不論用於音樂還是其他目的，並非所有的烏木都是一樣的。像「烏木」這樣看似簡單的術語（以及其他屬名，如花梨木或桃花心木等），在控管、法規、販運、執法、統計等領域會造成困擾，要追蹤世界各地木材運輸和使用方式的其他重要指標也有可能出錯。正確的物種識別嚴格限制了商業及環境團體面對木材稀缺或充裕時的應對方式。某種烏木可能可以合法進口，而另一種名稱非常類似的烏木卻可能遭到禁止。這種樹屬於一個龐大又雜亂的家族——柿樹科（Ebenaceae），是開花植物的一個分支，包含將近八百種喬木和灌木。當中最出名的樹，莫過於柿子樹。所有柿子樹與中非森林烏木都是同屬。二〇一八年，地球生產的柿子果實超過四百七十萬噸，大多作為食用，主要來自柿（*Diospyros kaki*）。[112]與其他真正的烏木品種一樣，柿木也被用於木工和樂器的製作。美國柿木也稱作美國烏木，因為其心材與中非森林烏木一樣，從棕色到黑色都有，也有雜色。

非洲約有十億人口，到二十一世紀末，這個數字可能會變成四倍，給土地帶來前所未有的壓力。中非森林烏木正面臨兩個威脅（與其他地方的熱帶森林樹木一樣）：林木盜伐，以及將森林轉作農田和牧場所造成的砍伐。前者是將一棵棵樹木從森林裡移出，後者則是在凌亂的轟鳴聲中把它們從地球上刷掉，連同其他數以萬計的樹木一起摧毀。景象相當殘忍。喀麥隆是剛果盆地中森林覆蓋率退化最嚴重的國家之一；從一九九〇年至二〇一五年，森林覆蓋率每年下降約百分之一。[113]

移掉樹木，可以讓土地產生經濟價值，但為了短期的農業自給性目的而砍伐樹木，最終會適得其反，因為毀壞土地很快，但更新土地的時間卻要更久。若要減少大規模的森林砍伐，需要地方、國家和國際之間進行一場充滿模糊與矛盾的協調。而氣候暖化也持續在發揮它陰暗的魔力：

根據世界銀行二〇二二年的資料顯示，氣候變遷讓土地承受更強烈且歷時更久的火災、風暴、乾旱和蟲害，加劇非洲森林的流失。大約有兩百萬人（占喀麥隆人口百分之九）生活在受乾旱影響的地區。森林覆蓋該國將近百分之四十的面積，為八百萬農村居民提供了燃料、食物、藥品及建築材料等各種傳統生活必需品。拿森林的生命冒險，就是拿喀麥隆人民的性命冒險。

這種樹經歷了漫長的衰退。對中非森林烏木的首次大規模砍伐，始於一八四〇年左右，當時甚至還未被科學正式記錄命名。外國投資和利益長期以來推動著喀麥隆的伐木，數個世紀以來，在非洲熱帶地區，非法砍伐樹木向來極其容易。在無人窺探的偏遠地區砍下樹木，將原木送走或在當地磨碎後運到國外，從來不必費心要重新種下新的樹木來取代它們。[114]

不同規模大小的木材公司進行了大量的合法林木採伐，但他們的工作也不完全符合道德規範。儘管喀麥隆的林業有利可圖，但主要獲利的還是木材出口的目標國家。[115]在二〇〇九至二〇一四年間，喀麥隆向中國出口的烏木總量約為一百萬立方公尺。那是很大量的木材，遠超過全世界用於製作弦樂器的總量。工匠將所有出口的木材幾乎用於家具、建築物和其他更大型的計畫上，而吉他製造者通常只會用到小塊的中非森林烏木。儘管用量不大，烏木在音樂界的存在感卻特別強。它美麗，深受音樂家喜愛，透過舞台上專業人士的演奏，數百萬樂迷也能觀賞得到它。音樂家彈奏著吉他，發出烏木修飾過的聲音，用於電影和電視，在營火旁、宿舍房間裡、農場上、最豪華的頂層公寓和最窮困的貧民區，以及許多其他人們聚集的地方。

你不能隨心所欲地使用來自其他國家的木材，即使只是微量也不行。數百年來，牽涉到木材的任何行為幾乎都被接受。在前一代，還沒有實質的法律掌管森林產品貿易。然而一切都在改變。制定法律來防止非法或不道德的行為時，你需要的是一貫的解決方案，而不是為了適應特定情況而重新調整的方案。這是因為容易被縱容和忽視的非法行為，即使只是小事，也有可能會變得更大，造成更嚴重的衝擊。

美國很早就制定了保育措施，其中最具代表性的是《雷斯法案》（Lacey Act）——這是一部美國環境保育法規。該法案於一九〇〇年創立，以愛荷華州國會議員約翰．雷斯（John Lacey）的名字命名，至今仍是美國保育法的基石。雷斯精心雕琢出這條法案，以阻止在美國及其領土內跨州非法販運野生動物。二〇〇八年，美國國會投票修訂法律，將保護範圍擴大至各類植物和植物製品，樹木也因此納入國際保育的範疇裡。

這次修法也包含社會及經濟正義議題：企業透過進口及銷售有價值的森林產品賺取了數百萬美元，不僅侵蝕美國的木材業，非法採伐也讓發展中國家（大部分木材的產地）付出代價，每年因收入損失和資產減少而損失將近一百億美元。非洲非法伐木的範圍和規模讓人嚇得倒吸一口氣。美國國會研究服務處指出，二〇一九年，喀麥隆非法伐木占該國整體伐木活動的百分之五十至六十五。[116]

二〇〇九年，聯邦調查局探員突擊搜查吉布森（Gibson）公司——這是美國最大吉他製造商之一，原因是該公司涉嫌進口和使用馬達加斯加的烏木及花梨木。搜索後，這成了保守派茶黨（Tea Party）運動支持者眼中的焦點事件，他們認為這項法案是政府過度干預。吉布森的執行長亨利・尤斯凱維奇（Henry Juszkiewicz）積極參與談話節目，開始使用「#thiswillnotstand（指法案站不住腳）」的社群標籤——諷刺的是，這一切的爭論都繞著讓樹木站不住腳的罪行。[117]

該公司最後支付了三十萬美元的罰款，並同意向美國魚類及野生動物基金會（National Fish and Wildlife Foundation）支付五萬美元，用於提倡與樂器產業使用的樹木相關保育活動。

幾年後，另一家位於加州的吉他公司——泰勒吉他（Taylor Guitars）——在喀麥隆的首都雅溫德買下一間破舊的烏木加工廠，並很快成為吉他產業變革的主要推動者，他們發起保育工作，著手改革中非森林烏木的生長、採收及重新種植。鋸木廠名為「克雷利喀」（Crelicam），據說是前任西班牙老闆所發明的合成詞，意思是為購買書籍的公司提供貸款的企業。書與樹的比喻昭然若揭。「Cre」代表貸款（credit），加上西班牙文「書籍」（libros）中的「li」，以及代表「喀麥隆」（Cameroon）的「cam」。雖然換了廠長，這個名字仍繼續使用，也變成一個總稱。吉他銷售人員及演奏者直接將這種木材稱為「克雷利喀烏木」，避免名稱上的混淆。有了這座加工廠，泰勒能夠在世界上一個高度複雜的地區，直接掌控傳統上被使用的物種。

雅溫德是喀麥隆的首都，由德國人在一百三十年前建立。居民人數約有兩百八十萬；如果它位在美國，將會是全國第三大都市，人口規模介於芝加哥和洛杉磯之間。文森·德布洛夫（Vincent Deblauwe）是中非森林烏木的世界級權威，他說雅溫德是一個由眾多街區混合而成的都市，行政大樓、山坡住宅區、週期性被洪水淹沒的谷底貧民窟，以及泥土路上的市場交錯分布，這些泥土路常因降雨而泥濘不堪。隨處可見塞車的情況；很少有大型交通要道貫穿城市，雖有道路，卻常塞滿了街頭小販、摩托車和計程車。經常會看到因為引擎故障而停在路中間的汽車。這個區域裡有許多都市化的專業領域，包括銀行業和白領商業，失業率很低，但城市本身的平均年收入不到九百美元。難以賺取足夠的基本生活工資意味著，為了將食物擺上餐桌，許多賺錢機會往往會繞過道德考量。

儘管砂礫滿地，還有貧窮問題，雅溫德仍是其他保育活動的中心。剛果盆地研究所（Congo Basin Institute）在這裡設立辦公室，領導跨國合作，打造夥伴關係，旨在強化喀麥隆的保育能力。剛果盆地研究所位於首都，這一點很重要，其中一個理由是能夠讓出國受訓的居民維持與祖國的聯繫。在出國念書成為生態學家和生物學家的人中，只有百分之二十會選擇回來喀麥隆，因此為他們提供在當地從事高階科學研究的機會，並與已開發國家的人合作受訓，有助於將他們留下來。

國際熱帶農業研究所（International Institute of Tropical Agriculture）也位於這座城市，這個非營利組織致力透過創新方式，降低營養不良、貧困及自然資源的退化。

克雷利喀所提供的原料，用於電吉他和民謠吉他的指板及琴頭琴面，也有給小提琴和大提琴用的——這些可說是全世界最受歡迎的幾種樂器。吉他愛好者指出，吉他一生中最糟的日子，就是被帶回家彈奏的第一天，因為此時的木材最新、最不成熟，完全不能發揮潛力（透過時間的流逝來「養樂器」，究竟是什麼道理？奇怪的是，沒有人確實知道其中的理由）。儘管如此，大家仍對吉他愛不釋手。二〇一三年，美國音樂產業賣出將近一百四十萬把民謠吉他（泰勒所製的吉他都是民謠吉他；占這個總數的百分之十再多一點），以及一百多萬把電吉他。在其他國家也很受歡迎，中國當年也進口了一千多萬把吉他。泰勒吉他製造的每一種樂器幾乎都使用到中非森林烏木。這種木頭的抗壓強度超過每平方公分七公斤，如此非凡的硬度意味著，演奏木製弦樂器時的觸摸不會輕易造成磨損或改變其形狀。[118]

但是，要以負責任及合乎道德的方式取得成品烏木並不容易。商用木材的供應鏈很長，一路上有很多漏洞與誤解空間。非法的森林產品貿易行為有很多種形式，例如故意將物種錯標為另一種、未繳關稅等稅賦就將木頭運出國、從私有林地非法採收木材、在樹木尚未達到法定尺寸前就進行砍伐、在某區砍伐的樹木數量超過法律允許的比例，以及違反其他法規和法令等。

為了打擊這些罪行，許多組織已採取行動，並運用強大的工具。包括《雷斯法案》和其他國際協定在內的法律協議，以及相關財團的努力。國際野生物貿易研究委員會（TRAFFIC）是一個非政府組織的野生動植物監控網路，它與世界自然基金會（World Wildlife Fund）及國際自然保護聯盟（IUCN）結盟，除了監控之外，也提出保育建議。雖然要阻止某國的非法伐木行為可能並不容易，甚至做不到，但仍有機會控制非法木材流入其他國家。與《雷斯法案》一樣，其他國家或區域性聯盟對進口商提出嚴格的要求，使其做法合法化。《歐盟木材法規》（European Union Timber Regulation）規範了將木材上市的營運商及貿易商所應負的義務。

《歐盟木材法規》和《雷斯法案》等法規旨在減少全球的非法伐木，但地方層級的解決方案成效不一。喀麥隆在一九九四年通過了一項林業法，目的是分權森林，將森林的管理權交付更多給地方當局。但是，許多參與者的角色並未明確定義，成本已被證明過於高昂，且傳統的非洲法律也幾乎無人重視。[119]

還有許多其他參與者發表文件，提出針對喀麥隆林業的適當做法。畢竟，樹木不會遵守地緣政治的界線，而非洲大陸的其他國家，也共同努力尋求國際共識。非洲國家透過一九九九年的《雅溫德宣言》（Yaoundé Declaration）共同致力於解決剛果盆地森林砍伐的問題，簽署國家包括喀麥隆、赤道幾內亞、剛果共和國、查德、加彭及中非共和國。這六個國家共同組成名為COMI-

FAC（中非森林委員會，其縮寫來自法文 Commission des Forêts d'Afrique Centrale 的聯盟，以協調和統一對抗森林砍伐的行動。

對於剛擺脫長期殖民統治陰影的國家來說，即使過了幾十年，自決的問題仍充滿挑戰性，但至關重要。在喀麥隆境內則有「森林及野生動物部」（Ministère des Forêts et de la Faune, MINFOF），是眾多監管機構中的另一個成員。然而，天下沒有白吃的午餐，很少會有參與木材管制的實體不帶有相關的經濟利益。儘管如此，這些努力仍有助於把林業過程帶到更明亮的日光下。

這些規定迫使泰勒吉他必須用合法手段取得烏木。公司通常會認為，企業社會責任（CSR）是自發性的倡議，而非由法律授權或推動。但如今，法律組織跟環保團體正推動這個趨勢：將企業社會責任合法化，促使公司行事時必須符合道德規範。[120]只靠道德的推動力並不足以保護樹木。法律（以及與其關係密切的公共政策）表面上或許看似冷酷無情，與森林有天壤之別，但法律也和自然一樣，會不斷演化，經過改進後，變成了環境保護的核心運作原則之一。

在美國，除了《雷斯法案》外，還有其他法律也會處理動植物的非法貿易。這些法律包括一九七三年的《瀕危物種法》，目前已納入部分木材樹種的保護，以抵制非法進口行為；以及《瀕臨絕種野生動植物國際貿易公約》（CITES），這是一項保護瀕危物種的國際條約。

上述這些都是知名的保護法規，但還有其他比較不知名的法規。其中最重要的是美國在一九九八年頒布的《熱帶森林保護法》（Tropical Forest Conservation Act）。該法不是透過起訴來打擊非法伐木，而是透過授權「以債務換自然」（debt-for-nature）的交易進行處理。如果某個國家欠美國債務，那麼在符合條件的情況下，該債務可以被重組，用於該國國內的森林保育補助計畫，而不用償還給美國。這項法案支持這些國家進行保育熱帶森林的方案，是一種很有力的自我規範形式。

當然，也有其他監管工作未達到目標。例如，喀麥隆至今仍缺乏完善的法律架構來實現他們的去碳化目標；在本書撰寫時，尚無法律要求公部門來管理氣候變遷的事務。不過，即便是個別的法規，也可以提供用來管理人類行為及不當行為的基礎架構。

二〇〇八年《雷斯法案》的修正案有兩大重點：首先，它明文禁止美國進口在來源國違反當地或國家法律所採伐的植物；其次，要求美國的進口商提供植物的拉丁學名——這種命名的必要性很重要，因為外觀相似的物種進口後，很容易會引起混淆。進口商現在還必須進一步量化進口物，標明其價值、數量及採伐原產國。根據條款規定，即使你不知道自己違法，仍有可能因為違法而遭受處罰，這促使美國進口商必須清楚密切地了解法律。[121]法案通過後，美國公司在進口木材時，就有了法律義務，必須以合乎道德及更永續的方式進行，例如提出進口木材的詳細資訊，以及了解其他國家與採收木材相關的法律。

克雷利喀鋸木廠的共同擁有人是維達爾．德．特雷沙（Vidal de Teresa），同時也是馬德英特（Madinter）的執行長——這家公司位於西班牙馬德里，專門販售樂器用的木材。維達爾曾當過獸醫，後來成立了一家專門為世界各地的樂器製造商提供樂器木材的公司。二〇〇八年《雷斯法案》的修訂，以及其他國家對類似法律的研擬，促使他對自己所取得的木材承擔起更大的責任，或許也讓他願意與泰勒吉他合夥買下克雷利喀鋸木廠。

二〇一一年十月，在評估是否收購時，鮑伯．泰勒（Bob Taylor）與維達爾前往喀麥隆——兩人都覺得這是一趟令人興奮的旅程。但他們太天真了，碰到了問題。其中有些涉及需要「私下付費」的情況。這種作法不符合他們的標準，讓他們陷入嚴重的道德難題。在喀麥隆的一個關鍵時刻，兩人坐在飯店房間裡，隔天就要做出關於是否收購鋸木廠的決定，鮑伯對維達爾說：「我們今晚必須達成共識，如果不買下克雷利喀，我們就再也不使用烏木。因為我們絕對不能再跟有這些問題的公司購買烏木。」[122]

喀麥隆的烏木分配制度令人費解，且受嚴格監管，近年來，該國每年核發大約三千噸的出口許可——這在全球市場上只是九牛一毛。二〇二〇年，克雷利喀出口了其中的一千兩百噸中非森林烏木，而其他公司的許可量則介於兩百五十到八百五十噸之間。

泰勒吉他因為在喀麥隆長期經營，得到了一些特殊豁免。泰勒的自然資源永續性主任史考特．保羅（Scott Paul）證實了維達爾告訴我的事情：鮑伯．泰勒決定買下了鋸木廠，是因為在喀麥隆（也只有在喀麥隆）擁有一套專門針對烏木採伐的法律來加以管制，來監管烏木。政府官員不允許沒有許可的人在喀麥隆砍伐烏木，即使是持有大型森林特許權的人。二〇二〇年，政府只發出八張許可證，其中有一張頒給了克雷利喀，因此泰勒可以每年採伐固定噸數的烏木。

固定的採伐量、配額、許可證、永續性、規則及法規——這些關於烏木管理的面向帶來了不幸的效應，掩蓋了喀麥隆充滿活力的音樂傳統，他們有創新的樂器、複雜的節奏，還有狂熱且活潑的本地音樂風格——比庫齊（bikutsi），已成為大眾歡迎的音樂曲風。在當地人中，喀麥隆吉他手和音樂家文斯・恩吉尼（Vince Nguini）享有最高的國際聲譽，與美國創作歌手保羅・賽門（Paul Simon）合作了數十年，首先是他一九九〇年的專輯《聖徒的節奏》（The Rhythm of the Saints），之後又與藝術家彼得・蓋布瑞爾（Peter Gabriel）和吉米・巴菲特（Jimmy Buffett）一同錄製專輯，並成立了自己的公司「恩吉尼唱片」（Nguini Records）。

從財務角度來看，木吉他的流行對泰勒吉他公司有利，但他們更應以自己在「烏木計畫」裡扮演領導角色而自豪：這是一個綜合性的合作夥伴關係，企業、社群和研究人員共同參與其中，致力於保護珍貴的原木物種，在退化的土地上重新造林，並改善農村生計。這個計畫從剛成立時就被召集人制定為一個試行計畫，希望為剛果盆地進行更大規模的雨林復育工作。

這項事業也得到了美國政府的注意，二〇一四年一月，泰勒吉他獲得美國國務院頒發的「卓越企業獎」。美國國務卿約翰・凱瑞（John Kerry）指出，鮑伯跟泰勒吉他「從根本上改變了整個烏木貿易」。二〇一七年，該公司與剛果盆地研究所合作，進行基本的生態研究及種植烏木。在那之後，一名喀麥隆學生透過這項計畫取得博士學位，另有兩名學生則取得了碩士學位。

「我這麼說，並不是要減輕我們的倫理或道德責任，」史考特告訴我：「但吉他製造商使用特定種類木材來製造吉他時，通常用到的數量不到全球貿易的百分之一。」雖然木吉他幾乎完全由木頭製成，喀麥隆的大片森林依然開放營業，總共有一千五百七十萬公頃用於生產。泰勒吉他只占那個總數的一小塊而已——儘管許多知名的音樂人都使用他們的樂器：泰勒絲（Taylor Swift）彈的是泰勒吉他，順理成章；艾力克萊普頓（Eric Clapton）、尚恩曼德斯（Shawn Mendes）和約翰傳奇（John Legend）也是。[123]

採伐者收集木材的地方只有沿著公路的狹窄林帶、村莊所在的臨時林地，以及農民為小規模農業清除森林的地方。我問史考特，供應的過程對公司高層來說是否透明公開。「不是，」他老實說：「沒有辦法確定是否能收到每年要求的配額。有些年分我們能拿到要求的數量，有些年分則比較少。」

但維達爾指出，據他所知，喀麥隆是非洲唯一一個擁有專門的獨立系統來監管烏木的國家。這對他跟鮑伯・泰勒來說就是一大賣點。意思是，這裡至少已經有某種保護框架可以讓整個過程合法化與正規化。「在其他國家，你雖然可以買到烏木，但並不常見，所以很難取得，你通常也不知道是跟誰買的。」

經濟學家和社會學家對撒哈拉以南非洲的貪腐問題做了各種研究。根據世界銀行二〇一〇年的報告指出，在喀麥隆，有將近百分之七十八的公司認為應該向公職人員支付「非正式款項」，以便推動業務運作；有一半的公司計畫送禮物來確保能獲得營運執照，且足足有百分之八十五的公司預期要送禮才能確保得到政府契約。然而，該國只有百分之五十二的公司認為貪腐是重大的阻礙。生活在特定的體制中久了，會讓那個體制變成「正規」，看起來就像是例行的日常。[124]

但是，自一九六〇年脫離法國獨立後，喀麥隆逐漸擺脫長期的政治酬庸和影響，努力讓國家的森林對經濟、人民及環境都有貢獻。隨後的民主化及分權也促成許多森林政策的改革。喀麥隆向來不是大規模的木材出口國，因此其森林營運規模相對較小，政府機構和非政府組織也更容易觀察、監管和修復。[125]

這並不是說現在就變得容易了。維達爾將其比喻為日復一日的戰鬥，因為新的政府問題總會不斷出現。只是現在泰勒吉他所面對的問題，不如過去是跟貪腐有關；更常見的難題是政府試圖徵收的新稅賦。這些稅收都是合法的，但會迫使改變公司的商業計畫。舉例來說，幾年前，泰勒為每公斤烏木所繳納的一項稅款就提高了百分之一千。

維達爾觀察到，經過了十年，喀麥隆的管理單位已經清楚克雷利喀的經營模式，也明白他們的專業能力及對當地社區的貢獻。但他指出，貪腐仍會出現在政府控制範圍外的孤立地區，而「時間」就是貪腐談判的籌碼，因為對於商業活動來說，時間就是金錢——在港口等待出貨的貨櫃、等著付款的文件、額外文件需要填寫……這些情況屢見不鮮。

「你沒有時間，」維達爾評論說：「但他們有時間。貪腐是這樣運作的：在喀麥隆，你出門上班，警察（或其他自稱是警察的人）可以攔住你，要求你提供證件；他們可以一直等，等到你付錢給他們，你才可以繼續上路。」

克雷利喀某種程度上像是一座「孤島」。雖然其母公司受到在城市和該國營業的現實限制，但卻能為工人的日常生活提供幫助。他們提供持續且廣泛的機械訓練，支付優渥的薪水、提供健康福利、供應免費午餐、發放工作服等，並在鋸木廠提供晉升的機會。有些員工的生活因此獲得改變，穩定的工作使他們可以成家立業。鋸木廠的營運也為工人提供了管道，透過在鋸木廠和其他地方執行更精密複雜的工作來增加責任，讓他們的事業更有意義。

控制樹木從「地面到吉他」的整個過程，也帶來了更高的效率，降低貪腐的可能。泰勒吉他將 GPS 定位追蹤應用於每一棵被拔起的樹，以便在現場使用行動裝置維持產銷監管鏈的透明度。每根樹樁都會用粉筆寫上識別號碼，並標註確切的經緯度，這些資訊會被記錄下來，伴隨著這棵樹踏上旅途，前往木材廠與其他地方。泰勒的工作人員不僅確認木材的來源，也會檢驗他們的供應鏈，評估是否有人口販賣和奴役行為的風險。有時他們會提前告知供應商自己即將來訪查，有時則會突襲抽查。

不過，中非森林烏木和泰勒吉他的故事還有另一個轉折。鮑伯和維達爾抵達喀麥隆後，最令他們震驚的發現之一是，大多數烏木的深色心材所占的百分比其實很小。固定的採伐噸數含有大量用不到的木材：因為深色木材是大家最想要的部分，其餘的木材都被浪費掉，留在林地任其腐爛，例如雜色的外層邊材、混雜深淺顏色並布滿斑點的木頭（植物學家仍在研究這種上色原因）。每棵樹只有約百分之十是可以用的。

鮑伯．泰勒想到，不如想辦法改變吉他手的想法，讓他們覺得斑駁的木材也可以跟黑色的烏木心材一樣有價值。畢竟，音調的品質是相同的：木材的硬度、密度及表面處理的能力都一樣。因此，泰勒開始將這些有條紋的木材用來製作最昂貴的吉他，將斑駁的木材變成吸引人的元素，而不是廢棄物。[126]

史考特也觀察到，利用這些條紋木材，除了道德因素之外，更有效率地使用木材對公司的盈虧底線也更有利。如果送進工廠的木料有一半是有條紋的，卻沒有被用於生產，那麼每年被核准的採伐配額，就會有一半形同浪費。對企業來說，盈虧底線永遠是最難跨越的界線。但泰勒在喀麥隆懷有崇高的目標，又充滿抱負。「這是很重大的聲明，」史考特告訴我：「但我們希望能在喀麥隆建立一個中產階級。」

泰勒吉他不僅更有效率地利用樹木，而且還與當地社區合作，在德賈動物保護區（Dja Reserve）周邊社區重新種植烏木和果樹，這裡是聯合國教科文組織的世界遺產地點，僅在二〇二二年就種植了約兩萬七千八百一十棵樹。雖然相較之下，這些植樹活動看起來規模不大，但卻是值得讚賞的長期投資典範，因為等這些樹木成熟到可以砍伐的程度時，或許已經快要邁向二十二世紀了。

史考特堅信泰勒吉他的成功不在財務上，而是在於環境和立法方面，且他們的成功取決於無數公司無法控制的力量，包括公司承受許多的法律壓力，使得他們在進口木材時必須負起責任。透過垂直整合消除掉中間商，降低貪汙在供應鏈中滋生的機率，從而減少喀麥隆政府及美國相關監管單位找公司麻煩的機會。我也很欣賞泰勒公司的道德立場，他們是一家相對開明的企業。二〇二一年，泰勒吉他將公司完整的所有權轉讓給公司裡將近一千兩百名員工。這種新的員工持股結構並不包括克雷利喀的員工，因為嚴格來說，克雷利喀是馬德英特的聯合企業，而且喀麥隆禁止雇員參與員工持股計畫。

在本書寫作時，儘管在喀麥隆工作存在結構性問題，克雷利喀仍舊持續營業。大規模的土地轉用農耕，是森林完整性最大的難題，但非法伐木和小規模刀耕火種也一直是該國森林砍伐的主要原因。[127]

關於刀耕火種農業的刻板印象是將其視為一種破壞行為：當地人肆意破壞寶貴的資源。但是，開墾土地的悠久傳統仍然存在，這項傳統可追溯至數十年前，當時殖民的移民（而非當地人）決心開發他們的大農場，隨後依靠牲畜過活。據估計，喀麥隆潮濕且層冠鬱閉的森林每年約有十萬零八千公頃遭到砍伐，大多是為了種植高經濟作物，例如油棕櫚、可可、木薯及大蕉等。現在，這些改良過的土地為這個超級窮國的糧食援助做出巨大貢獻，當地有兩百六十多萬人遭受嚴重的糧食短缺。該國糧食問題亟需解決，但與防止森林砍伐的要務互相抵觸。

大量砍伐樹木會削弱生物多樣性，進而導致疾病增加、糧食短缺、軍民衝突，以及失去文化認同。不過，非洲大陸監管伐木的機制，正朝著正確的方向發展。世界銀行提供資金給名為REDD+的運作架構，旨在減少森林砍伐所帶來的排放，並支援企業永續管理森林。

但是，我們還能做些什麼來緩解那些為了其他用途而把土地清乾淨所導致的森林砍伐呢？這是一個高度在地化的問題：自給自足的農民需要開墾土地，種植莊稼來養家，所以點了一把火。

非洲的社區生活和土地所有權制度，並無法提供個人抵制森林砍伐活動的誘因。人口壓力也意味著人類需要開闊的土地以便生活。即使對森林砍伐進行紀錄也不容易，因為眾人對於如何定義這個術語並沒有共識。

在這裡提供的解決方案都可能顯得過於簡化，所以我只能提供一些綜合性建議。首先，正式法規和外國援助或許有助於停止森林砍伐，但也可能造成反效果。近期且更具前瞻性的觀點認為，非洲人必須求助彼此尋找解決辦法。只有在極為有限的特定情況下，保育才有可能，但長期以來大家都忽視了這一點。地方和國家領導人與其聲稱自己是「森林的守護者」，不如試著「用農民的眼光去看這一切」，把重點放在地方社區的力量上。各種社區研究證實，國家規則比社區規則更容易被打破。許多規則體系是在地方政府、私人和國家行動間反覆互動中產生，就規則本身而言，其存在與否並不重要，重要的是這些規則在什麼脈絡下被推廣和實踐。當你認識鄰居後，你更有可能傾聽他們的論點；當你信任社區的領導人後，你也就更有可能順從規則。

在非洲，深層的精神信仰議題常常會影響眾人對樹木的態度。人們普遍認為祖先的靈魂居住在森林裡，與違反國家規範相比，逃避違反社區規範後的制裁更困難，因為與靈魂談判並避免它們憤怒比較難，結果也更加不確定，不如向國家行賄或繳交罰款比較容易。文化價值觀和信仰也很重要；人們害怕靈魂的報應，這些信念會支配他們的行為。通常，僅在乎純粹經濟考量的森林管理方案成效不彰。我們終究要用規則來約束行為，但這些規則的理解、施行和成功，則需要考慮到當地人的動機、恐懼和意圖。[128]

研究人員至今仍在努力研究西非烏木的生態學。由於這種樹的種子很大（長度約五公分），烏木的分布需要仰賴尺寸適當、能吞下如此大顆種子的哺乳動物。雖然這項細節尚未出現在科學文獻中，但文森·德布洛夫曾在大象糞便裡發現許多烏木種子，中非森林烏木近親物種所產的種子，也被發現存於大猩猩的糞便裡，還有在黃背潛羚（duiker）的胃裡——這是一種生活在撒哈拉以南非洲樹木繁茂地區的小型棕色羚羊。[129]

儘管在這些動物的胃部或糞便裡發現了果實殘留物（生物學家稱為「內攝傳播」的一種傳播方式），但科學家仍無法正確繪製或理解這種樹木的種子傳播路徑。加上剛果西部地區的大型哺乳動物大多處於瀕危狀態，哺乳動物傳播者因為盜獵或獵捕而開始衰退的同時，能分布到新地點的樹木種子也隨之變少，更不用說展開新生活了。

烏木木材最吸引人之處——漆黑的顏色——其成因仍是個謎。人們一度認為木材中的黑色或深色化合物，是由不易溶解的單寧鐵質化合物所造成。但事實證明，無論是木頭的心材或包住樹芯的邊材裡都沒有單寧。[130]雖然我們對木材的上色機制仍未理解，但深色部位通常與木節、樹枝殘段、腐朽、蟲洞或其他傷害及損傷有關。有些證據指出，樹根受到傷害可能導致心材變黑。[131]因此，中非森林烏木獨特的顏色可能是生物間衝突的結果：例如樹木受到真菌的攻擊，隨後啟動保護反應，或者是其他類型的「生物武器競賽」。德布洛夫證實，他觀察到昆蟲弄出來的洞，周邊的木材一定會變成黑色。此外，他也指出，喀麥隆的烏木伐木工曾報告岩石多的土壤更容易產出黑色的木頭，而潮濕的土壤則不然。[132]

如果說還剩下近三千萬棵樹的烏木，對這種樹的未來意味著什麼？IUCN將中非森林烏木評為「易危」，意思是除非導致衰退的情況能夠得到阻止或逆轉，不然這種樹很有可能變成瀕危物種。我們仍不知道怎麼準確修復該屬植物的弱點。IUCN 的指導方針建議每五年重新評估一次物種的保育狀況，但現存中非森林烏木的評估中，有大約百分之七十已經超過五年了。IUCN 的數千名科學家在這場崇高的保育戰役中繼續努力，但若沒有像國防預算那樣龐大的財政支援，就很難跟上最新的物種狀態。

保育生物學家認為，棲息地流失是脆弱物種（不論是植物還是動物）衰退的主因。IUCN 預計在下個世紀，即使有積極的種植和保育行動，烏木的數量仍會減少超過百分之三十。儘管企業、其他非政府組織及政府機構再怎麼努力，這些數字能否改變，還有待觀察。[133]正如熱血青年（Youngbloods）的傑西・柯林・楊（Jesse Colin Young）在一九六九年的專輯《象山》（Elephant Mauntain）中唱出的歌詞：「我們不過是草地上消逝的一瞬陽光」衰退和凋零，就是這個世界不變的法則。

為了繼續讓中非森林烏木活下去，這場艱難的抗爭仍在持續。我們努力讓這種樹木向天空伸展，並繼續留存在地球上。保育專家指出，我們需要以物種的層級思考生命，而不是個體的層級。當然，拯救個體也等於拯救物種。

在《黑暗之心》中，約瑟夫・康拉德對剛果殖民主義的批判觸及人類的黑暗之心：我們往往傾向於讓自己陷入危險的墮落性。當我們有機會做出不當或自我毀滅的選擇時，我們常常真的會這麼做。但是，音樂是一種驚人的文化力量，也是強大的力量手段，而中非森林烏木在這場交響曲中，演奏了它的樂章。正如柏拉圖所說，音樂是一種道德的法律。它不是從物質中產生，而是發自內心。

西非烏木與吉他之間的連結，遠超過一般的木材。樂器就是門戶，促使我們反思實物和人類之間的關聯。保持節奏感，是人類內心深處的渴望和需求。就連最貧窮的社區通常也會有音樂的存在：一面鼓、一位鼓手、一名歌者，通常也有一個人撥彈著吉他。原本無法逾越的裂痕，靠著音樂彌合了縫隙。

Ch 8 ｜歸屬與超越：藍膠尤加利

Eucalyptus globulus

人就是這麼奇怪，充滿矛盾。彷彿需要恨，也需要排斥，就像需要愛和包容。他們的心既緊閉，而後大開，卻又再度握緊，像一個猶豫不決的拳頭。

——艾莉芙・夏法克（Elif Shafak）
《逝樹之島》（*The Island of Missing Trees*）

藍膠尤加利（Blue Gum Eucalyptus）的形象不太好。它又稱為塔斯馬尼亞藍桉（Tasmanian blue gum），是一種原生於澳洲東南部的常綠闊葉樹，但現在已遍及全球。

尤加利常常帶來大量的混亂，就像火柴工廠裡的汽油，很容易著火。消防隊員及都市規畫師痛恨其易燃性，認為它太危險了。伐木工人則討厭它扭曲的木頭。在美國，尤加利被稱為「全國最大的雜草」。在加州，尤加利遍布全州各處，許多批評它的人認為它是一種入侵物種。

反對尤加利的人經常下意識地將「不受歡迎的植物到來」與「不受歡迎的人類湧入」畫上等號。加州排斥外國人的歷史悠久，自一八五〇年建州以來，一直在限制中國及墨西哥的勞工進入。數個世紀以來，世界各地的當權者一直主張「來自海外的人」與「不受歡迎的動植物」有這樣的聯繫。

十九世紀末，人們談及美國海岸的麻雀，稱牠們是「骯髒的移民」，這種說法呼應那個時代常見的民族主義和孤立主義言論。唉，在美國的各個時代，這種說法或多或少都能看到。藍膠尤加利也受到了排外主義的影響。

「加州人……洗劫全世界，尋找異國情調的樹木來美化他們的家園，」哈佛大學出版的《花園及森林》（*Garden and Forest*）期刊在一八九〇年的一篇社論中如是說。「加州的山谷正快速轉變成一塊塊尤加利林……而當地人卻徒勞地在迅速消失的森林之外尋找原生的樹木，這些原生樹木是世界級的奇蹟，真正的加州人應該以此為傲。」

這種觀點並不僅止於十九世紀。一九七〇年，一名民眾發文支持將舊金山灣的州立公園天使島上的尤加利砍掉，他說：「如果你與藍膠尤加利和其他有關係的超大尤加利樹同住，就知道它們不屬於這裡。它們不是原生樹木，既骯髒又危險。」[134]

天使島與種族和族群有著長期且複雜的關係，根據一八八二年《排華法案》的條款，超過一百萬名亞洲移民被扣留在此接受審查，尤其當具有移民站的背景時，這類評論特別能激起反移民情緒。

然而，從不同的視角來看，這種樹其實是一種美麗、香氣濃郁且具防風功能的加州居民，對遷徙蝴蝶和其他原生種的生存來說相當重要，如今已是加州景觀不可或缺的部分，受到加州上下數代居民的喜愛。

生長快速的尤加利現在是加州最常見的非原生樹木。人類將尤加利視為惡棍，是否讓這種樹陷入危險？果真如此，我們是否在乎？尤加利是否屬於這裡？我們應該對它做些什麼，或者能為它做些什麼（如果有的話），這仍是懸而未決的問題。

尤加利提供了有益的視角，讓我們思考「歸屬感」，這不僅適用於隨處可見尤加利的加州沿海，也適用於全球範圍。除了野生樹木外，巴西、東南亞及歐洲部分地區也擁有大量商業化的尤加利種植園。在澳洲東南部的原生分布範圍內同樣隨處可見。經歷了近兩百年時間，這些在加州的樹木也發生了變化：如今它們長得更大，可能是因為跟澳洲相對貧瘠的土地相比，這裡的土壤更肥沃。

尤加利屬很龐大，包含七百多個物種。它們來自共同的祖先，和人類與所有生物一樣。但我們對待它們的方式卻未一視同仁。我們會詛咒某個家族的親戚，卻讚美另一個家庭的成員。有些表親安靜、有的女兒吵鬧、有的阿姨愛讀書、有的姊妹直率。有的樹木短小精悍，有些則高大、安靜而莊嚴。少數偏好潮濕而非乾燥的環境。

而藍膠尤加利樹則擁有許多特質，這些特質既有助於它的名聲，也可能對它的形象造成損害，例如能在非常乾燥的條件下生長——這很適合南加州乾旱的內陸，在那裡它們生得優雅又美麗；但若是聚集在密集的都市環境裡，可能會造成災難。一九九一年，藍膠尤加利助燃奧克蘭山（Oakland Hills）一場持續兩天的災難性大火，這場火災為它們留下了長期不受歡迎的印象。

此外，這種樹的外觀也顯得有些凌亂，更無助於挽回它善於引火的名聲。它那蓬亂的樹皮，形狀如大而華麗的緞帶般脫落，還有其他碎屑。尤加利的脫皮可能非常壯觀；在某些品種的尤加利——尤其是原生於亞洲但在全世界都有分布的粗皮桉（*Eucalyptus deglupta*）——剝落的樹皮會呈現出紅色、綠色、橙色和灰色的華麗色調。

樹皮細胞也能進行光合作用，利用二氧化碳和水製造燃料，其他植物通常只利用葉子來完成這項工作。這種適應力賦予藍膠尤加利額外的生存優勢。凌亂的樹皮可能不僅是因為它的生長速度很快，也可能是演化上的生存策略：大量脫落的樹皮密密地覆蓋大片樹林周圍的植被，讓周圍的植被難以生長，從而防止其他物種的競爭。在北加州的一些地方，落在藍膠尤加利樹底部的樹皮碎屑量甚至可達每公頃七十三噸以上。[135]

發芽後的藍膠尤加利可以在前二十年內長到二十四公尺高，直徑每年增加約一點三至二點五公分。最高的樣本甚至接近九十多公尺高，僅次於海岸紅杉。這種樹在溫帶地區具有極大的經濟重要性，它是紙製品的主要製漿樹種。尤加利的纖維細長，但有很厚的細胞壁賦予強度，能製出輕盈、強韌且光滑的紙張。尤加利的原生地分布在塔斯馬尼亞州和維多利亞南部，能在多種土壤中生存，在澳洲以外的地區則能容忍比原生地更高或更低的降雨量。這是一棵「四處奔波」的樹，善於在全球範圍內迅速適應新環境。[136]

藍膠尤加利長得很漂亮，有光滑的橄欖綠樹幹及亮藍色的幼葉。它們具防風功能，能提供木柴、有益健康的油、優雅的葉片及美好的香氣。英國歷史學家彼得・寇特斯（Peter Coates）曾說：「有些加州人認為紅木是他們的綠色象徵。也有些人覺得沒有尤加利的加州就不是加州。」[137]

但是，有時候尤加利及其脆弱的木材會造成一些麻煩，在許多案例中，能看到名為「夏季樹枝掉落」（summer branch drop）的現象，眾人懷疑炎熱的天氣就是禍首，洛杉磯的一些森林學家聲稱天氣熱的話，樹枝會啪一聲斷掉。過去幾個世紀以來，有關尤加利的龐大全球文獻中，也出現了其他地方的例子。

一篇洛杉磯的新聞報導指出，一九六〇年代初期，僅僅是某個夏日午後，某條街上的每一棵尤加利都掉落了一根樹枝。一九四七年五月，洛杉磯都市林業局的一名工頭在修剪十五公尺高的尤加利時，突然一根樹枝掉落下來，「打碎他的顱骨」，導致身亡。

一九八三年的夏天，四歲的芙烈達・威廉斯（Frieda Williams）在聖地牙哥動物園裡，被一根直徑五公分、比上述案例更小的樹枝從六公尺高的地方掉下來砸在她身上，不幸喪命。痛失愛女的父親沒有責怪那棵樹，也沒有責怪任何人。「我不想苛責任何人，」她的父親說：「那樣做也無法讓我的孩子回來。」記錄在案的例子還有六個，幾乎都是孩子在樹上或樹下玩耍時發生的。

儘管如此，藍膠尤加利受歡迎的程度通常能占上風。這種樹遍布聖地牙哥廣闊的斯克瑞普斯農莊（Scripps Ranch）一帶；甚至出現在社區的標誌上。當屋主協會的主席被問到他會不會改種一棵更小、更少麻煩的樹時，他回答：「絕對不會。」[138]

至於那些批評藍膠尤加利的少數族群，我建議他們先好好照著鏡子，反思一下。日常生活往往讓我們與自己的意圖相悖。每個人平均一生中會排放將近一百萬噸的二氧化碳。[139] 同時，我們消耗了大約十一萬公升的水。我們使用資源，卻是生物中最虛偽的一種，對著入侵物種大聲疾呼，卻不願面對自己對資源的侵占行為。

每個孩子所用的拋棄式尿布會消耗掉三百二十四公斤的塑膠，以及超過四棵樹所產的紙漿。每個人一生平均吃掉二點五噸牛肉。還有無處不在的電腦，每一台的製造過程都需要至少兩百四十公斤的化石燃料。[140]

嘴巴怎麼說，身體就怎麼做——我們幾乎無法控制自己。在丹尼爾・昆恩（Daniel Quinn）的小說《以實瑪利》（*Ishmael*）中所說：「我的意思是，你每天都會聽到五十次。大家在談論我們的環境、我們的海洋、我們的太陽系。我甚至聽過別人談論我們的野生動物。」[141]

雖然藍膠尤加利原產於澳洲，但它不是靠自己擴散到世界各地。走進歷史的冷門篇章中，我們可以找到最早帶著尤加利出發遊歷的人。其中的關鍵人物是德裔澳籍的費迪南德・馮・穆勒（Ferdinand von Mueller），他在當時維多利亞的殖民地擔任政府的植物學家，後來成為墨爾本皇家植物園的主任。十九世紀中期，隨著國際間對尤加利的熱情激增，他將藍膠尤加利引入南歐、非洲大陸、加州及南美洲的大片區域。

一位與穆勒同時代的人指出：「在尤加利未來自然化的歷史中，穆勒是位智者，能精確計算出尤加利的未來、追蹤它未來的旅程，並預測了它的命運。」[142] 澳洲人熱愛他們的藍膠尤加利。在一八八〇年代，墨爾本居民曾寫信給市議會，懇求種植這種樹，以用來「吸收」來自附近肥料庫的「有害氣體」。[143]

藍膠尤加利很有可能在一八五六年初從澳洲傳入加州。後來在同一年，貝塚苗圃及果園（Shell Mound Nurseries and Fruit Garden）以每棵五美元的價格出售澳洲尤加利，這個地方有可能在奧克蘭禮堂（Oakland Auditorium）東邊，離一九九一年致命大火的地點不遠。[144]

在加州淘金熱的最後幾年，藍膠尤加利與來自世界各地的大批新移民一起來到灣區。自藍膠尤加利抵達後到一九三〇年代之間，農民和樹藝師大量種植這些樹，主要都是從苗圃購買種子。

在加州（別名「金州」），金礦工人發現尤加利木材很適合當作礦坑支柱，以支撐隧道頂部。這種適應力強且芳香的樹木迅速向南北擴散，為加州大片地區提供生長快速的綠色植被及遮蔭。

在藍膠尤加利到來之前，加州很多地方是沒有樹的，例如中央山谷（Central Valley）是一大塊菱形的平地，從克拉馬斯山脈（Klamath Mountains）沿著加州中心延伸到南加州的橫斷山系（Transverse Ranges），雖然有美麗的河流和濕地，但完全沒有樹木。隨著十九世紀下半葉展開，尤加利改變了這些原本平淡無奇的景觀。[145]

當鐵路的擴張開始將美國西部串連在一塊時，尤加利原本預計要用於製作枕木。尤加利的原木被寄予厚望：它沉重、堅實，且呈現迷人的黃褐色。但事實證明，尤加利在成品結構和要求精密度的環境中無法發揮價值；較大的木片乾燥後會嚴重裂開，測試結果很不理想。由於對建築材料的要求，這種特性讓鐵路建設商和房地產開發商都非常失望。

不過，它作為燃料依舊很受歡迎，其美學價值也受到青睞。對於來自東方和歐洲的移民而言，「加州看起來不太對，」樹木歷史學家賈里德．法默（Jared Farmer）指出：「它看起來尚未完成。這片土地有幸擁有豐沛的陽光、溫暖的氣溫及肥沃的土地，需要更多的綠色植物、鮮花和樹蔭……在大自然未達到的地方，移民們決心加以修復。」[146]

尤加利樹也得到了來自藝術家和宣傳資料的大力推動。一九二〇年代，《帕薩迪納》雜誌（*Pasadena magazine*）在封面上大聲宣稱：「加州最美的景象！」畫面中，一片尤加利樹林壓倒性地占據了西班牙式住宅的背景。其他各種尤加利藝術品也將這棵樹描繪為加州風景的一部分。

激進份子也讓這些樹留在大眾的腦海裡。一九七〇年，在史上第一個「地球日」當天，來自文圖拉（Ventura）摩爾帕克學院（Moorpark College）的五十名學生圍繞著一片樹林，阻止推土機摧毀在西米谷（Simi Valley）計畫拓寬的道路旁的一群五十五棵藍膠尤加利和胡椒樹。

雖然這些樹最終還是被砍伐了，但法官的停止令讓學生們贏得暫時的勝利，摩爾帕克學院的校長也承諾，因為街道拓寬而失去的每一棵樹，都會在校園裡種下兩棵樹來補償。[147]

此外，其他選擇也進一步讓尤加利植入加州人的集體記憶中。加州約有三百零六條街道（包含大道、通路、短巷、車道、路和巷）以「尤加利」命名，這些名稱大多來自於二戰後的建設熱潮，由開發商和城市規畫師命名的。

一九一〇年，洛杉磯的城市電話簿裡面有「尤加利投資」、「尤加利土地」，甚至還有「尤加利新奇物品」出售。當時很多只是天花亂墜的宣傳。《洛杉磯時報》在一九七四年的一篇文章說，藍膠尤加利在該區是「令人鍾愛的失敗」——因為尤加利並不是理想的木材來源，但卻因其美學價值而受人喜愛。

這種樹也具備擋風功能，可以提供一小塊平靜、涼爽且帶有香氣的避風港，正如《紐約時報》所說：「即使距離令人痛苦的高速公路只有幾碼，這裡也有一點安寧。」

在接近二十世紀末的一段時間裡，這種樹又引發新的熱議，因為它有可能被當作一種燃料

（有人稱之為「尤燃料」（eucfuel），這是一個不太好聽的合成詞）。但作為商業產品，它最多只適合當柴燒，即使如此，誰想在美國煙霧問題最嚴重的地區燃燒更多木頭呢？然而，在加州建州初期，尤加利是重要的出口產品：由於煤炭藏量不足，需要依賴遠方的能源出口，於是加州用尤加利木材換取了煤炭。[148]

藍膠尤加利之所以適合當木柴，其中一個理由在於它的易燃性。如果放在世界上人口稀少的區域，這個特質沒什麼問題。但是，在人口稠密的都市環境裡，火災就像野獸一樣。

除了脫皮的特質外，尤加利樹皮還有一個極端的縱火特質：在火災條件下，通常會伴隨著風，樹皮會被點燃，並捲曲起來，隨風飄離樹木，飛入空中——宛如一個閃閃發光的厄運符，無論落在哪裡，都是完美的火種。

如果這種樹大量集中的話，能攜帶龐大無比的燃料負荷。奧克蘭一九九一年的大火就造成了二十五人死亡，摧毀近三千棟房屋，導致十五億美元的財產損失。在火災最嚴重的時候，每十一秒就有一棟房子被燒毀。

《舊金山觀察家報》說：「空氣中瀰漫著燃燒松樹及尤加利的爆裂聲……瓦斯管線噴射出超過四公尺高的火焰，瓦斯桶、樹木和變壓器頻頻爆炸。」[149]

位於聖塔羅沙（Santa Rosa）的《民主報》（*Press-Democrat*）評論指出，星期天的晚上八點鐘，在皮蒙特（Piedmont）上方的山丘上，「北邊山景公墓（Mountain View Cemetery）的尤加利燒得像一根根巨大的蠟燭。」

《洛杉磯時報》指出：「就連裝飾在山丘上的尤加利也變成同謀。儘管尤加利枝葉茂密時看似沉著，但它並非北美州的本土植物，極易受乾旱影響。一旦乾枯，遇火就會爆炸。它們和松樹一起，讓火焰像點燃的火炬一樣，從一棵樹飛到另一棵樹，從這棟房子飛到下一棟房子。」[150]《莫德斯托蜜蜂報》（*Modesto Bee*）說：「許多山丘上點綴著藍膠尤加利，這是一種高大的澳洲樹木，能提供遮蔭、濃郁的香氣以及在微風中的曼妙搖曳。但在嚴重的火災中，樹木往往會變成火炬，因為它們的油性樹液會導致樹木爆炸，像火柴頭一樣。」[151]

大火過後，奧克蘭的都市規畫師深入了解導致災難的多重因素：強烈的暖風將仍在燃燒的林火吹向樹木密集、阻礙城市發展的土地；供水不足；此外，還有一系列促成因素，包括規畫不良、樹木生長過快、山丘上狹窄曲折的街道等等。我並未聽見有人為樹木的命運感到哀傷，這些樹顯然並非罪魁禍首。怎麼會是它們的錯呢？它們並未決定把自己種在那裡。是我們決定的。馬克・吐溫曾寫道：「大自然不懂卑劣；卑劣是人類發明的。」

在奧克蘭大火前，就有新聞報導強調過這種樹木易燃的特性，因此城市規畫師不可能不知道這個問題。有時，人們對火災的恐懼會超出合理的限度，而戰爭時期更加重了大家的恐慌感。

第二次世界大戰時，加州小鎮英格塢（Inglewood）曾將他們的尤加利樹砍到剩三分之一的高度，原因是擔心位於海岸附近的高射砲可能讓鄰近的樹木起火。就如鎮長所言：「如果炮彈只擊中一片樹葉，應該也會爆炸。」[152]

即使奧克蘭山的大火結束後過了三十多年，人們對於尤加利樹是否構成火災威脅尚無共識。該區的市政當局繼續進行大規模的疏伐和移除。但幾位熟悉火災處理的消防人員認為，移除這些樹木反而可能為火災提供更多在乾草中蔓延的空間。

有些人認為，砍掉更多樹也會增加反照效應（albedo effect），讓大氣變熱——反照效應指陽光從較亮的表面（如樹木）反射回太空的程度，或被較暗的表面（例如土壤）吸收的程度。此外，移除樹木也會喪失它的防風作用。[153]

「愛尤加利」的人們對樹木的生存權依舊狂熱，如同「恨尤加利」的人只想根除它們。二〇一五年，聯邦緊急事務管理署（FEMA）撥款五百七十萬美元給加州州長應急服務辦公室（California Governor's Office of Emergency Services），用於東灣山（East Bay Hills）的尤加利清理計畫，公眾再度注意到這些樹和一九九一年失火的區域。

部分人士並不歡迎這項計畫。當時的一則新聞標題寫道：「柏克萊大學的抗議者赤身裸體以拯救尤加利樹。」照片經過巧妙編輯，畫面中的男性、女性和孩子一絲不掛，擁抱著柏克萊校園的一片尤加利。

然而，樹木受到的威脅不只有火災而已。入侵物種的一個典型特質是，它們缺乏可以控制其密度及分布的自然天敵。但是尤加利有敵人——如果你願意用「敵人」這個說法的話。

甲蟲就對尤加利造成了嚴重破壞。一九八四年的秋天，南加州的苗圃業者發現一種具破壞性的甲蟲——尤加利天牛（*Phoracantha semipunctata*），並很快在這一地區擴散開來。借用佛洛伊德（Sigmund Freud）的話，「生物學就是命運」。我們很容易想像，這些喜愛尤加利的昆蟲生物入侵吞噬了整個物種，就像——對，就像一把野火。

另一種入侵物種是癭蜂（*Selitrichodes globulus*），也對尤加利造成威脅。癭蜂正在攻擊本身就是入侵性的物種。敵人的敵人，算是我們的朋友嗎？我們在衡量這些物種是否該被視為屬於這片土地時，要如何定位像癭蜂這樣的生物呢？更不用說尤加利了？要評估什麼是屬於這裡，以及由誰做決定，都變得困難。有人建議應該要給尤加利一張綠卡，或得到環保特赦。

保育專家早就知道，昆蟲或真菌能以驚人的速度消滅大範圍內的整群樹林。一八六九年，海綿蛾（*Lymantria dispar*）從歐洲傳入新英格蘭，開始向南、向西擴散。它們的幼蟲透過空氣傳播，表示這些昆蟲可以散布到很廣的範圍；牠們在許多常見的樹木上棲息，包括橡樹、山楊、蘋果樹、樺樹、白楊及柳樹等。在一九七〇年至二〇一〇年間，海綿蛾摧毀了美國三千兩百多萬公頃的土地。[154]那是很大一片的樹木棲息地。

經典的真菌例子是板栗枝枯病（chestnut blight）及甲蟲傳染的荷蘭榆樹病（Dutch elm disease，通常以縮寫 DED 表示，發音正好也像英文的「dead」，即「死去的」；命名的緣由並不是因為榆樹來自荷蘭，而是發現的兩位植物病理學家是荷蘭人）。DED 已經成為有史以來最具破壞力的木本植物病害之一。

榆樹的衰退為尤加利敲響了警鐘，因為真菌疾病能把常見的樹木化為烏有。攻擊榆樹的昆蟲可能包括好幾種甲蟲；牠們透過散布微型真菌來殺死榆樹。二十世紀前半，幾種榆小蠹在不同的時間點引入美國，但其中有一種是美國的原生種（美洲榆小蠹，*Hylurgopinus rufipes*）。

因此，不光是入侵物種會擾亂原生種的生活，連在同一個地方生活了數千年的物種也會。看似微小的演化改變或者是物種範圍的改變，若受到氣候變遷的影響，都可能放大生物在新樹木上建立據點的能力。

小小的榆小蠹長度不到兩公分，卻消滅了至少百分之九十五的美國榆樹；這種樹很高大，且具有象徵性。說來諷刺，因為榆樹非常耐寒，可以承受最低攝氏零下四十二度的溫度，能活好幾百年，且長期在美國文學中占有一席之地。亨利・大衛・梭羅（Henry David Thoreau）曾描述榆樹：「有些榆樹高聳在地平線上，看起來像是從地球上自行分離，飄了起來。」[155]但是，一隻小小的原生甲蟲以及牠身上更微小的、甚至肉眼無法看見的真菌，卻讓這種曾經極度繁盛的樹木屈服了（不過，存活的榆樹種類依舊繁多，且經過數十年廣泛的培植計畫，已產出很多能抵抗DED的品種）。

藍膠尤加利也可能發生這樣的衰退，這並非沒有道理。大小不一、潛在的和實際的昆蟲入侵威脅美國一大半的林地。但藍膠尤加利已經在幾十個不同的國家成功自然化了。廣泛的分布可以同時帶來威脅和好處。這聽起來似乎很矛盾，但存在的樹木越多，表示可能被毀滅的樹木也越多。與此同時，樹木分布範圍廣，也增加了樹種的存活機會。許多藍膠尤加利群體彼此隔離，繼續在互異的地方演化。病原體必須從這一群體傳播到另一群體，才能讓它們全軍覆沒。

透過改良樹木，增加對害蟲及病原體的抵抗力，就有希望讓他們繼續存活下去。有時，這些改良會創造新品種，將植物嫁接到抵抗力更強的植株上；有時則直接操弄基因。如今，有一種名為誘導性抗病（Induced Resistance, IR）的技術應運而生，能提高復原的希望。

通過感染植物的一小部分，讓其暴露於能夠抵抗病毒、細菌、真菌和其他威脅的病原體，可以激發植物的防禦機制。藍膠尤加利是誘導性抗病的理想目標，因為這種方法不會危害生態，並能啟動樹木基因中設置的自我防禦機制。

植物病理學家在二十世紀末進行了這種技術的測試，主要針對番茄、稻米、短命多年生植物、甜瓜、豆類和馬鈴薯等作物，證明這對作物保護和改進非常有效。樹木與大多數作物不同；它們通常體型更大且活得更久，每棵樹的生態足跡都比較大，也要面對許多不同的壓力。儘管如此，這個技術仍展現出希望。[156]

數百年來，人類會試圖讓一種生命形式嘗試去控制另一種生命形式。有時候，生物防治的成果還不錯；然而，有時卻是災難一場。誘導性抗病消除昆蟲或其他生命形式帶來了意料之外的威脅，這些威脅的行為是我們無法預測的。樹木並非無助的，但有時候它們確實需要幫助，而這種幫助也變得越來越複雜。

不過樹木本身也有許多防禦措施，能抵擋不同的威脅。尤加利來自澳洲炎熱乾燥的氣候，過去幾百萬年來，野火不停上演，因此尤加利已經培養出能從樹皮下休眠芽點中重新發芽的能力。

當面臨乾旱或火災的壓力時，尤加利也可以從木塊莖中再生。木塊莖是位於根冠處、地面附近的木材腫脹部位。當缺乏光合作用時，木塊莖還可以幫助樹木儲存養分。海岸紅杉也有木塊莖，大小跟樹木尺寸成正比，就像巨大的鬆餅一樣。

了解物種更深層的基因池，也為遺傳學家提供潛在的生存地圖。植物演化是隨機突變、選擇性壓力及後續基因改造和適應的結果，尤加利也不例外。遺傳物質在物種內不斷流動，甚至會跨越不同物種之間。藍膠尤加利大量傳播到全球後，會回應環境條件而變化，例如更加嚴酷的寒冷和乾旱，而有益的突變和人工選擇也會帶來變化。

桉樹屬的基因池更像是一個「基因海洋」。火災歷史學家史蒂夫・派恩（Steve Pyne）匯總了這種樹木在地球上的品種及存在，他在一九九一年的著作《燃燒的灌木叢：澳洲的火災史》

（*Burning Bush: A Fire History of Australia*）一書中指出：「尤加利的分布範圍如此廣泛，以至於某些專家認為，它不再僅僅是一個屬，而是由三個亞群組、十個亞屬和超過六百個物種組成的聯盟。這個屬的可塑性令人驚訝。亞屬內部的雜交種很常見，幼年特徵會持續到成年期，甚至還有一些幻影物種（phantom species）被發現。」很難想像還有比尤加利更有彈性的樹。

種植園也促進了尤加利的遺傳多樣性。你可能會覺得這與直覺相悖，因為在大型農場種植的樹木基因上應該是非常單一的。這些樹木大多數來自商業製漿用途，占全世界藍膠尤加利生物量的絕大部分。然而，這些栽種的藍膠樹屬於「當地品種植物」，它們的種子通常並不由育種專家或種子公司精選或銷售。

它們從各種源頭進入農場，因此具備很高的遺傳多樣性，源自世界上數千種不同的樹木及無數的地區。在歐洲，藍膠尤加利主要生長在伊比利半島，占地一萬三千多平方公里，大部分生長在種植園中。世界各地農民種植的面積可能介於三百二十萬和五百萬公頃之間。

當我向當時漢庭頓植物園的主任吉姆．福爾瑟姆（Jim Folsom）詢問他對尤加利在種植園中的未來最感興趣的部分時，他回答：「對我來說，最有趣的問題是，這些樹會不會逃逸到全球各地的荒野，進而建立能夠生存下去的新族群。種植園農民願不願意接受種子種出來的樹木具有這麼大的變異，還是說，隨著時間的推移，他們會開始挑選來自優良標本的種子？」

儘管藍膠尤加利樹在全球範圍內具備著極為豐富的遺傳多樣性，這些樹依然有進行基因改造的空間——人工選擇。一八五九年，達爾文在《物種起源》的開頭，介紹了這一方法，他從人類幾個世紀以來如何改良鴿子開始說起，平緩地引出他的自然選擇理論。

達爾文盡其所能，利用最基本且無可反駁的例子來解除讀者的戒心，這些例子幫助讀者理解，生物的基本特徵可以受到選擇壓力的影響而改變。人類可以透過人工選擇快速改變遺傳結果，選擇我們喜歡的基因變異，或促進生態系統服務，來培育出玫瑰雜交種等無數的植物形式。因此，對尤加利來說，進行選擇性育種或許可以降低易燃性，雖然這個領域至今仍鮮少受到關注。[157]

不過，一棵樹總能有其他的貢獻。我認為尤加利主要的生態貢獻之一，是在世界各地擔任防風林，尤其是在更乾旱的發展中國家，那裡土壤貧瘠，地被植物也較少。強風帶來的侵蝕效應在世界各地嚴重阻礙作物的生長與發展。最近的廣泛研究證實了一些更古老、更具軼事性的觀察結果，證實藍膠樹結合起來，就是效果極佳的防風林。

儘管這些防風林分散在不同的區域及國家，但它們為整個地球提供巨大的累積效益，幫助其他生物存活下來，也包括人類在內。就連拉帕努伊也有尤加利，尤加利之所以能成功移民，得益於當地長期以來的努力，種植耐寒、耐風、可以防止土壤流失的物種來進行造林。

說句良心話，並不是每個人都認同這棵樹的防風屏障角色。「只要一棵尤加利，就會毀掉最美的風景，」蘇格蘭作家諾曼・道格拉斯（Norman Douglas）說：「當風吹過那些永遠枯萎的樹枝時，地球上沒有任何植物能發出如此可怕的金屬沙沙聲；那種噪音讓人冷到骨髓裡，聽起來像是鬼魂在低語。」[158]

除了有助於防止土壤流失及作物受損外，防風林也可以減少風寒效應，防止寒冷地區的霜凍。二十世紀初，南加州成為農業聖地，農民常會種下一大片尤加利，以保護橙園抵抗寒流侵害。在二十世紀的前三分之一，大洛杉磯地區是世界上最大的柑橘產區，約占美國橙子產量的四分之三，數百萬棵樹產出晚崙夏橙（Valencia）和臍橙等品種。

果園的周圍種了無數排藍膠尤加利。柑橘農民認為它們在防風上優於其他樹種。「我的防風林相距約一百三十七公尺，效果好到你站在橙樹中間時，根本感覺不到風。」說到尤加利，聖保拉（Santa Paula）的柑橘巨頭納森・布蘭查德（Nathan Blanchard）有這樣的評語：「無論風有多強，它在山谷中吹來或吹去，都不會對我的水果造成任何損害。」

穀物種植者也是受益對象。聖塔芭芭拉（Santa Barbara）的農民發現：「在靠近尤加利林的地方，作物長得更茂密，稻草也更高。在靠近海洋的地方，樹木幫穀物抵擋猛烈的海風，那裡的穀物產量至少是其他地區的兩倍，稻草也同樣增長了兩倍。」[159]

尤加利生長的其他地區包括南美洲的巴塔哥尼亞（Patagonia）、中亞的部分地區及美國西部。這些地方都屬於柯本氣候分類法（Köppen climate classification）中的溫帶漠地（BWk）氣候，寒冷而乾燥。

柯本氣候分類法是使用相當廣泛的全球氣候分類系統，由弗拉迪米爾・柯本（Wladimir Köppen）所創，他生於德國，在俄羅斯接受教育，是一位極具學識的氣象學家。

柯本是十九世紀科學界的傑出人物，博學多聞，創造出最早的雲圖集，將自己的一些著作翻譯成世界語（Esperanto），發表了數百篇科學論文，並提出了全球氣候的重大觀點，許多想法預示了未來的發展，並且與風的研究密切相關。他的氣候系統有一個基本原則，便是將「氣候」與「全球植被」聯繫起來。柯本也特別喜歡樹木及其生長過程。在這些BWk氣候中，尤加利無所不在。

堅持不懈及多樣性的植物生命力，究竟是一種罪行，還是一種閃耀的美德呢？答案往往還是得視情況而定。[160]

藍膠尤加利是一種具全方位功能的樹木。除了擔任人類活動的防風林外，也能捕獲空氣中的顆粒：風吹來的塵土、灰塵、粉末狀化學物及其他可能遭到重金屬汙染的微小物質。那片曾讓抗議者褪去衣衫的柏克萊樹林，也是加州最大、最密集的藍膠尤加利種植區之一。大學成立後不久，這塊稠密的樹林在一八七七年種下，當時是為了為相鄰的煤渣跑道提供防風屏障，防止砂礫進入跑者的眼睛。

藍膠尤加利也是一名保育戰士，因為它們保護瀕危的帝王蝶（*Danaus plexippus*）；帝王蝶是個長途旅行者，每年從美國和加拿大的繁殖地南下到墨西哥中部的森林，旅途長達四千多公里。帝王蝶在北美洲演化了兩百多萬年，擁有蝴蝶界演化程度最高的遷徙模式。

然而帝王蝶族群正在衰退，最近首度被國際自然保護聯盟（IUCN）列為瀕危物種。馬利筋（milkweed）這種植物是帝王蝶唯一的食物來源，昆蟲學家判定帝王蝶的衰退主要是因為在牠們遷徙路線上的馬利筋大量消失，使得從一叢馬利筋飛到另一叢馬利筋的距離變長，提高旅途的危險性。

造成帝王蝶衰退的關鍵禍首，似乎是人類大量使用草甘膦除草劑（glyphosate herbicide）的關係，這是孟山都公司（Monsanto）所生產的抗農達（Roundup）除草劑的有效成分，該成分因對人類可能造成危害而受到審查。

抗農達對蝴蝶和藍膠尤加利都不好。我們在夏威夷很愛使用抗農達。小時候，我一心相信抗農達很神奇，父親總是誇讚它是熱帶地區抵抗不需要的雜草和植物時的必備工具。但它並沒有那麼神奇。國際癌症研究署（IARC）將草甘膦歸類為可能造成人類癌症的致癌物質，不過其他研究卻得出矛盾的結論。

草甘膦常用於殺死尤加利。FEMA 最近制定要移除北加州尤加利的計畫，需要在樹樁上施用九千多公升的草甘膦，每公頃超過二十二公升，以防止再生。大多數蟲子耐受不了抗農達，因為抗農達會抑制黑色素的產生，但黑色素屬於昆蟲的免疫系統防禦機制，能對抗寄生蟲及細菌。[161]

但是，尤加利也為非人類提供防風林，因此進入了生存的演化戰爭之中——它們防禦的不是飛揚的煤渣，而是會影響蝴蝶飛行時的冬季風暴。為了生存，帝王蝶必須有合適的微氣候，樹木提供的陽光範圍從全日照到過濾光不等。這些服務往往來自如尤加利這類的外來樹木，而不是原生種。

在加州的越冬地點，約百分之七十五是帝王蝶停息的尤加利樹林；這些是牠們在每年變得越來越危險的旅程中，需要停留的地方。科學文獻中有無數的例子表明跨分類的非原生種提供了原生種所無法提供的生態服務，帝王蝶與尤加利的配對就是很典型的例子。

二〇二〇年《加州魚類及野生動物》期刊的一篇文章指出，加州帝王蝶越冬的樹林幾乎都需要非原生種樹木。[162]許多加州園藝專家聽到這個消息都非常開心，他們知道雖然馬利筋為帝王蝶提供食物及棲息地，但他們鍾愛的尤加利卻能提供安全的避風港。

音樂產業也提出了藍膠尤加利的應用。泰勒吉他的鮑伯·泰勒研究出蒸氣處理尤加利木材的過程，使用老式的染色技術，透過氨氣來改變木頭的顏色。木頭裡的單寧與氨氣發生反應，將天然淺棕褐色的尤加利變成美麗的花梨木色調。它在吉他中使用的木片較小，木頭的順應性很強，不像大片的木頭天生容易裂開。[163]

在澳洲，原住民用這種樹製作迪吉里杜管（didgeridoo），這是一種傳統的管樂器，細長且帶一點圓錐狀。尤加利及樹上住的昆蟲，是製作迪吉里杜管的關鍵：原住民會砍下尤加利樹幹的枯枝，只有在形狀與結構適合的情況下，才能製成樂器。[164]

這些被白蟻鑽了孔的樂器內部一定很不規則，就音樂來說，不規則的內部讓樂器脫離了非和諧的頻率：這是人類耳朵不習慣聽到的聲音，聽起來可能有些不和諧。演奏者的嘴唇和呼吸可以修改這些音調的本質。這些特質加在一起，賦予這種樂器極大的音域、複雜度及微妙度，這要歸功於那些愛啃尤加利的白蟻，牠們不規則的啃食讓每一把樂器的聲音都有所不同。

最後，尤加利精油具有重要的治療功能，帶來備受讚譽的健康益處。藍膠尤加利是這些治療油的主要生產者，從數個世紀前，治療師就開始利用尤加利精油來治療感冒、支氣管炎、流感、痢疾、疥瘡、扁桃腺炎等疾病。根據現代醫學的結論，尤加利精油確實能防腐、祛痰及分解黏液（黏液稀釋），還有相當多的好處。

可惜我對尤加利精油過敏。即使只是快速聞一下，我也有可能陷入過敏性休克。我的鼻竇會阻塞、眼睛流淚，整個人感到不適。我找不到任何證據來證明我的困擾，但我也不急著解決我的問題。顯然，我處在「常態分布曲線」的極端。除此之外，這種精油的治療特性幾乎都是正面的。

一棵樹若無處不在，是一件壞事嗎？任何事情都可以變成困境，就像地球上的八十億人本身也構成了一個問題。「愛罪人、痛恨罪」——這正是全體人類以及人類對我們唯一的家園所帶來的顛覆。不光是物種的生存能在難以置信的短時間內快速反轉過來，從繁盛到滅絕，而且生命本身也能以不同的程度衰落——個體如此，各種群體類別皆然。有些茁壯成長，有些衰弱，還有一些消亡。

那些了解樹木的人，包括保育生物學家，常以極端的論點談論樹木的效用、反應或在景觀中的地位。我覺得不合理。所有的生命都是複雜的。確實，至少對人類來說，做一件壞事就能毀掉名聲，或一條生命。但要喚起同情心，是需要勇氣的，藍膠尤加利並不僅僅是個可能讓你丟命的鄰居。簡單來說，這種樹在我們不方便的時間生長在對我們不方便的地方，從而為人類帶來問題。厭惡與愛，往往可以並存。

我們需要把「歸屬感」這個想法拆解開來，重建對這個詞及其上下文的理解。「原生性」與「歸屬感」的重點並不取決於評判這些特質的人的欲望。我們可以決定自己屬於哪裡，我們的社區有哪些人事物——但非原生種的動植物沒有這個選擇。因此，面對「即將上岸」的物種，我們該怎麼做，如何評估它們適不適合在這裡生活？重點是，我們應不應該做決定？

保育生物學家常對生態系統的「完整性」或「健康」提出主張，但這些指標很難套用到特定的區域。這是一種浮動的標準。看到相對缺乏生物多樣性的生態系統，我們會將這些系統識別為「發育不良」。看到一片茂密的尤加利林，人們擔心其對「豐饒度」的影響。

再回到托羅密羅及其位於太平洋中心的拉帕努伊棲息地，那裡缺乏森林，大多住著後來從其他地方遷徙而來的物種，因此這個三角形小島確實變得光禿禿。但是，如果你去比較拉帕努伊與海洋中冒出來形成新陸地的黑色熔岩，或北極的生物群落，或連微生物都無法生存的衣索比亞地熱田，那麼「多樣性」就得到了不同的意義和新的能力。

拉帕努伊現存植物約一百五十種，包括五十種原生植物。老鷹在空中飛翔，牠從智利引進，用來控制嚙齒動物。作為生物學家，「特有性」是你的信仰嗎？那麼，或許該考慮要不要「信奉其他神明」了。即使按當地的標準，拉帕努伊也令人稱奇，就像許多我們認定已經荒蕪和毀滅的地方一樣。拉帕努伊的無脊椎海洋動物群住在小島周圍的海岸邊，一位研究人員說：「在這麼小且地質年齡年輕的陸塊上，特有物種的比例高到不尋常」。[165]

我們從世界各地引入了大量的物種，數量非常驚人，使它們因此超出了原生範圍，而且我們還會繼續下去。有時候，它們會給引進它們的物種——這種物種當然是人類——帶來問題。甚至「原生」範圍的組成也越來越沒有意義，因為透過氣候變遷及其他人為行動改變了這些範圍。時間的流逝使得「原生性」在文化上和生物學上的意義變得更加模糊，更難以量化。[166]

你或許基於個人或職業因素而不喜歡它們，但所有的樹木都是好的。地球上的每一棵樹、每一個物種和每一株個體，皆是如此。即使是長著兇殘尖刺的樹，即使是那些以壯觀的、劈啪作響的橙色火焰燃燒並蹂躪景觀的樹，即使是那些影響更加直接的樹：那些最後來到這片土地的樹木，這些所謂的「入侵物種」，它們似乎排擠了原生植物，其行為讓人困惑，也使人類憂心忡忡。

智人這個物種的存在不過短短三十萬年，在地球歷史上的紀錄幾乎微不足道。而大多數樹種早已經出現在地球上，遠超過三十萬年，不斷演化及生存，其中也有我們認定「極具入侵性」的樹木——我們才是新來的，它們不是。

但樹木的好處不僅在於它們與人類的關係，它們亦是活躍的生命體，擁有自己的生命、權利與歷史，每棵樹都能構成一個獨立的生態系統，在對抗變化的氣候時提供庇護，為其他物種提供營養、休息及糧食，並為彼此提供空間和寧靜。

樹木是世界的心跳。樹木是地球的報導者，在漫長而富有彈性的歷史曲線上述說著生命及變化。我們所需要做的，就是好好傾聽。

Ch 9｜滑坡效應：油橄欖及其果實與橄欖油

Olea europaea

油橄欖絕對是天堂最豐厚的禮物。

——湯瑪斯．傑弗遜（Thomas Jefferson）

《湯瑪斯．傑弗遜論文集》（*Papers of Thomas Jefferson*）[167]

不是每一個大陸都能見到油橄欖（Olive Tree）的蹤跡。但在每一塊大陸上，包括南極洲在內，都能找到橄欖及橄欖油。為了確認南極洲是否也有橄欖油，我寫信給湯姆．森提（Tom Senty），他負責管理麥克默多站（McMurdo Station）的食物供應。麥克默多是南極洲最大的全年有人居住的定居點。那兒的橄欖油像葡萄酒一樣流通自如：光是科學站的福利社，一年就要消耗掉六百八十多公升的橄欖油。

麥克默多的人口流動性高，一年到頭的人數少則一百五十個人，多則九百個人。當困在這片毫無樹木、風雪交加的大塊土地上，你需要優質的橄欖和橄欖油。常見的三個品種是綠橄欖、黑橄欖及卡拉馬塔（Kalamata）橄欖。橄欖油和橄欖也是披薩站的基本食材，這裡每年會烤出一萬六千到一萬八千個披薩。

載運貨物的貨船每年只會來一次。美國聯邦政府會在秋季採買食物，運送到加州，然後在一月或二月運抵南極洲。這段旅程很漫長，而且橄欖油來自單一供應商。

在真正使用前，這批橄欖油通常至少會經過三個大陸：歐洲、北美洲，然後在大洋洲（紐西蘭）的港口短暫停留。從那裡，供應船會跟隨破冰船，穿越冰封的麥克默多灣，然後進入麥克默多的冬季營地灣（Winter Quarters Bay）。橄欖及橄欖油幾乎隨處可見，但往往要經過長途跋涉才能送達世界各個角落。[168]

儘管油橄欖的產品已深入地球的每個角落，但這種樹最適合生長在夏季乾燥且陽光明媚、冬季涼爽濕潤的環境中。這種環境就是所謂的地中海型氣候，是柯本氣候分類系統中的主要氣候類型之一。

世界各地的油橄欖都在這樣的條件中生長，包括南加州在內——這裡是歐洲以外橄欖產量最高的地區。但這種樹主要還是種植在環繞地中海盆地一帶，不僅是當地的經濟支柱，也是文化象徵。

就連夏威夷與油橄欖也有一段歷史悠久的關係（儘管範圍不大），且沒有人會把夏威夷群島的氣候稱為「地中海型」。一八八〇年代，有位布希先生（Mr. Bush）在可愛島（Kaua'i）種了數百棵橄欖樹，過了這麼多年，橄欖在其他島嶼結實成果，包括檀香山卡皮歐拉妮公園（Kapiolani Park）內的夏威夷鴕鳥蛋農場（Hawaiian Ostrich and Egg Farm）。[169]

油橄欖不會長得很高，約莫介於三到十二公尺之間，但在各種環境中——不論是鄉村或城市——都很容易辨認。當你走在市中心時，就很有可能會路過一顆橄欖樹，它那長矛狀的葉子，一面是深綠色，另一面帶點銀色。紋理分明且多瘤的樹幹也是成熟樹木的標誌。

儘管油橄欖是單一物種，但它卻有數百個品種，會生產不同的橄欖。油橄欖的白色花朵有如羽毛般的外觀，很小、沒有香味，常被蜜蜂、鳥類和其他授粉動物忽略。事實上，油橄欖依靠風來繁殖，至少在野外是如此。花朵會釋放大量輕盈、飄散在空中的花粉，它們的雄蕊及柱頭（花朵中會變成果實的部分）暴露在空氣中，靠著氣流將花粉傳播到更遠更廣的地方。

橄欖園是世界上重要的農業生態系統之一。油橄欖是最古老的人工栽培果樹，或許可以追溯到人類剛開始利用植物的時候（至少能回溯至銅器時代）。早在公元前八世紀之前，油橄欖、果實與橄欖油就已經深深扎根在歐洲地中海地區的土地與文化中，其使用量之大，幾乎無所不在。

在以色列的以革倫（Ekron）發現的一座榨油廠，應該源自公元前七世紀，每年可生產五十萬公升橄欖油。橄欖果肉中可能含有高達百分之三十的液體油。橄欖樹與其果實關係密切，而果實的特色主要來自其中所含的油。英文中「油」（oil）的通用詞，源自古希臘文的「ἔλαιον」，意思是「橄欖油」。[170]

大約有百分之十的橄欖用於食用。其餘的則用來製造橄欖油。橄欖的品種五花八門，包括小孩子吃飯時套在指頭上的大黑橄欖，到泡在鹽水裡的卡拉馬塔橄欖，以及放入馬丁尼酒裡的綠橄欖，還有許多品種是專門為了其風味而栽培的。橄欖常出現在配料、麵包、沙拉、燉菜，以及那些我們意料之中和意料之外的料理中。對這些橄欖及橄欖油的需求遍及各地，顯示出油橄欖的普及性及其副產品的高度需求，能夠驅動一整個的經濟體系。

從它跨地域的影響力、悠久的歷史弧線，還有那經常帶有陰影、油膩的爭議過去，跟其他樹種比起來，油橄欖與文化及美食的糾纏，恐怕更難以切斷。

橄欖是水果，不是蔬菜。證據在於它的果核：果核是樹的種子。橄欖屬於所謂的核果類，這個類別包括櫻桃、杏、芒果、棗子、李子、酪梨和桃子等。像大多數水果一樣，橄欖的成熟分成不同的時期：在成熟過程的初期是綠色和黃色，快結束時則變成紫色和黑色。

沙拉吧的綠橄欖是在未成熟時摘取的，經過醃製後變得柔軟、可口、美味。但橄欖和大多數水果有一個重要差異——除非水果成熟了，否則得不到消費者的青睞。硬梆梆的酪梨、未成熟的芒果、脆澀的桃子——都不好吃。相反地，橄欖幾乎可以在任何階段採摘、醃製和食用。但是，你不能直接從樹上摘一顆橄欖直接吃掉；未浸泡鹽水前，它又苦又難吃。

那麼，「特級初榨橄欖油」（extra-virgin olive oil）的標準是什麼？這有點複雜，像是「懷孕」或「半死不活」這類說法一樣，無法輕易界定。在美國的超市裡，初榨橄欖油（virgin olive oil，不是特級初榨）幾乎像獨角獸一樣稀有。如果在貨架上找找看標明這個名稱的油，恐怕找不到。但這種油確實具備獨有的定義。最重要的是，橄欖的汁液必須透過機械壓碎、壓榨或離心從果實中萃取出來。在萃取過程中，不得加熱至攝氏二十七度以上；不使用蒸氣、不加熱、不使用溶劑或任何化學干預手段。

但是，若談到特級初榨橄欖油，就會看到更多的限制。這種油通常簡寫為「EVOO」，更糟的則是「extra-VOO」，在關於橄欖油的大量文獻中時常出現，聽起來像是蘇斯博士（Dr. Seuss）童書中角色的名字。有些人主張，「特級初榨」是指橄欖收成後二十四小時內壓出的橄欖油，但這不是法律規定的標準，且要追蹤哪些橄欖來自哪棵樹，以及什麼時候摘取，幾乎是不可能做到的。

國際橄欖理事會（International Olive Council, IOC）提供另一個更簡潔的定義：如果要歸類為特級初榨橄欖油，每一百克油中的油酸（oleic acid）含量不得超過零點八克；這是一種測量液體酸度的方法，也就是游離脂肪酸（FFA）。

一流生產商的目標是將油酸含量控制在百分之零點二到零點一之間。但是，令人困惑的是，油酸其實不會影響風味。而真正的監管及把關，發生在那個難以捉摸、且常帶有主觀的區域：味覺。

橄欖油接受這些化學分析以確定純度後，接下來就換品油師上場了。IOC 和其他橄欖組織都有品油師，為了給予正式認可，這些組織通常會讓至少八位訓練有素的品油師對每一種油進行盲測。由於橄欖的品種超過七百種，而且每年都有新鮮的收成，相應之下，從果實中萃取的油自然也展現變化繁多的風味。[171]

IOC於一九五九年在馬德里成立，是處理橄欖相關事務的專業組織。目前成員國有二十五個（包括歐盟在內），這些國家的橄欖產量超過全球百分之九十八。該組織只有國家可以加入，公司或個人不行。現在也有一個名為「橄欖油中的女性」（Women in Olive Oil）團體，為來自四十多個國家的兩千多名從事橄欖油產業的女性提供支持網路。

就管理制度而言，橄欖油有兩組截然不同的法規：一組是根據歐洲標準制定的，而歐洲是全球橄欖油最重要的產地，另一組則由美國規範制定的。擁有地中海型氣候的加州，生產美國約百分之九十五的橄欖油，也有一套自己的監管限制。

感官品評專家奧瑞塔・吉安喬瑞歐（Orietta Gianjorio）是義大利人，擁有四項食品領域的認證：葡萄酒、橄欖油、巧克力及蜂蜜。這些年來，只要是有橄欖油的場合，都能看到她的身影。在美國，目前僅有兩人得到蜂蜜感官評價專家資格，而她就是其中之一。

她充滿義大利人的風情與魅力，並在橄欖油和葡萄酒領域獲得了深厚的知識和相關證書，尤其在品油方面有著極為出色的表現。她參與了加州橄欖油委員會（OOCC）的創立，這是一個加州政府機構，通過她和其他人的共同努力，特級初榨橄欖油的名稱及相關標準於二〇一五年被正式納入州法。與歐洲的品評機構一樣，委員會每次品油時會招募八名品油師組成專案小組，如果八個人都同意橄欖油的味道存有缺陷（通常是酸敗），該油就不會通過。

吉安喬瑞歐指出，品油及評審的工作需要高度的責任感，因為品油師手中（或口中）掌握著許多小農的生計。如果品油師決定某種油的品質不是「特級初榨」，可能會對銷售造成重大衝擊，影響農民的生計。吉安喬瑞歐向來以謙遜的態度看待工作及相關的責任。換個角度來看，能夠保護消費者，也是她感到非常滿意的事情。

橄欖油品油師與葡萄酒品酒師不一樣。在葡萄酒界，並沒有一套普遍標準認定葡萄酒嚐起來應該是什麼味道，但葡萄酒受到軟木塞汙染而變得難喝的話，一定會被人發現。不過，說起葡萄酒的感官特性，人們通常會用一些誇張的語言來形容，非常好玩。

以下摘錄《葡萄酒倡導家》（*Wine Advocate*）對一瓶二〇一六年瑪索利諾巴羅洛（Massolino Barolo）的評論，這是來自義大利北部的濃郁紅葡萄酒：「充滿線性而緊緻，帶有典型的內比奧羅（Nebbiolo）香氣，從紅櫻桃及黑醋栗延伸到香料、煙氣、甘草、乾薑、生鏽的釘子和血橙。」我不確定生鏽的釘子有什麼吸引人之處，或者實際上味道如何，但這就是葡萄酒品評師用來描述的方式。[172]品酒師常會形容他們的飲品是「照了光的」、「愚蠢的」、「放蕩的」。

橄欖油的品評也有超乎日常用語的說法，但不像葡萄酒那樣帶有氛圍感。橄欖油專家會形容最優質的橄欖油為「明亮且辛辣」，或帶有一絲新鮮割下的青草氣息，或青香蕉味，又或是果汁味或青草味等。橄欖油的風味也有很多變化，這些變化往往來自於天然添加物，例如檸檬（在某個版本中，檸檬和橄欖被同時壓碎來更好地融合其精華）、大蒜、辣椒或迷迭香等風味。

品油通常在比賽時進行，這些比賽強調的是品油過程中的享樂主義面向。參加者通常會在四小時內品嘗六十到八十種橄欖油。吉安喬瑞歐曾提到：「這非常多！這是工作，必須保持新鮮感、保持專注、保持活力，並讓你的味蕾接受你所品嘗的東西。但我非常感激，也不會抱怨每天需要做這麼多事。」[173]

針對像 IOC 和 OOCC 這類以認證為目的的橄欖油品評機構，會使用一份官方評分表，可以讓品油師針對三個「正面品質」來排名，而每個聽起來都頗為主觀：果香、苦味和辛辣——另外還有七個缺陷（陳腐的、霉臭的、醋味的、渾濁的、金屬的、酸敗的和「其他」——這七個缺陷可說是橄欖油的「七個小矮人」）。和葡萄酒一樣，橄欖油也會被「標記」，例如「偉大的」，或至少也有「良好的」。

品酒師通常會轉動酒杯、搖晃、漱口及吐出飲品來體驗其風味，而食用橄欖油的人卻有不同的身體反應。克勞德．韋勒（Claude Weiller）在加州橄欖牧場（California Olive Ranch）擔任銷售及行銷副總裁，提到科羅內基橄欖油（Koroneiki）時說：「我喜歡根據品油者吞下油後咳嗽的次數，來評價我們特級初榨橄欖油的辛辣味。我跟別人說，我們的科羅內基橄欖油可以『讓人咳兩或三次』。」[174]

這種科羅內基橄欖是最常見用於製油的橄欖，除了風味之外，它還具備其他特色。在所有的品種中，它最突出的地方便是對抗疾病的能力。[175]這個益處或許可以解釋為什麼所謂的「地中海飲食」如此成功——因為法國、西班牙、希臘及義大利那些特別健康的族群都採用地中海飲食。科羅內基是來自希臘的橄欖品種，非常適合在茂密的樹林中生長，能產出大量的橄欖和橄欖油。在希臘種植橄欖的土地面積中，科羅內基就占了一半以上。

我也曾和雅頓．克萊默（Arden Kremer）聊過，她是橄欖油生產商，也是加州橄欖油委員會（COOC）品油小組的資深成員——COOC 聽起來很像 OOCC，但 COOC 是貿易協會，並不是監管機構。

雅頓指出，若想成為橄欖油品油師，必須接受一系列感官和嗅覺測試，看你有沒有分辨不同風味的資質。感官測試不僅涵蓋味道和氣味，還有外觀及口感。雖然有機器可以測試成分，並測量酸度、甜度等特質，但人類的味覺和嗅覺敏感度卻是無可取代的。

如果你的嗅覺等同於「臉盲」的視覺，那你就出局了。即使是短期的障礙也會影響品油的表現，例如要上場時感冒了，或是有其他鼻竇症狀等等。「我們會做個小測試，把一顆紅色軟糖放入嘴裡，再摀住鼻子，這樣你就嚐不到軟糖的味道，然後放開鼻子，這時味覺才會真正發揮作用。」克萊默指出。

說到味覺，鼻子知道的往往比嘴巴更多。所有的品油過程都是盲測，油品會放入同樣的深藍色矮玻璃杯裡，品油師甚至無法辨識油的顏色。

橄欖油和葡萄酒一樣，都是歷史悠久、能滋養生命的液體，種類繁多且層次細膩，適量飲用對健康有益。喜愛這兩者都能給人帶來深度的滿足感，並且擁有無窮的探索可能。但是，這兩種液體的有效期限不一樣。歲月寬待葡萄酒，隨著年月流逝，葡萄酒就像是在歲月的擁抱中成長。然而，時間卻是橄欖油的頭號敵人。幾個月過去後，橄欖油就會開始氧化，產生對人體有害的自由基。

橄欖油在出廠後的幾週內最為新鮮，然後開始變質——速度非常緩慢，所以即使瓶子放在櫃子裡過了一段時間，也不容易發現明顯的氣味或味道異常。但過了大約十八個月左右，那就該丟掉了——新鮮的最好。有必要的話，你可以囤積葡萄酒，但除非你使用量很大，否則不要囤積橄欖油。

過去幾十年來，美國的橄欖油消費量大幅增長。一九八〇年，年度進口的總量僅有兩萬八千公噸；四十年後則逼近三十九萬公噸。儘管在產量方面，義大利及希臘位居領先，但消費量方面，美國位居世界第二，僅次於歐盟。油橄欖在美國本土的產量也很大。由於加州具備適當的生長氣候，那裡可生產數萬公噸的橄欖，占美國橄欖產量的百分之九十五。[176]

開始測試和分析之前，果實要從樹上經過一番「旅程」，才進入瓶子裡。種植橄欖的農民運用了各種手段，讓橄欖「放開」樹木。幾個世紀以來，工人都是手工採摘橄欖。後來，在自動化的方法出現之前，人們使用工具來輔助採收橄欖：採摘者拿起帶刺的工具在樹上轉動，將大量的橄欖打落到地上。

現在，這套摘果流程有了現代化的版本：帶有巨大擋板的自動裝載機開到樹旁，中間的插槽讓駕駛員可以把擋板向上推，圍住整棵樹。幾名工人拿著電動犁耙，像是機械版本的旋轉棒，來幫助樹上的果實脫落。

還有手持式搖動採收機可以抓住個別的樹枝。這種搖動的過程還有範圍更大的版本，使用配有巨型橡膠夾子的卡車。車輛駛到樹前，牢牢抓住樹幹，然後猛烈搖動整棵樹。橄欖掉落到一塊數十公尺長的布料上，這塊布放在多棵樹的底部，卡車再移到另一棵樹，工人們將網布聚集並將橄欖手工放入可堆疊的模組化箱子裡，這樣就能運走。

綠橄欖能榨出品質最好的油，但這些橄欖距離成熟還很遙遠，與橄欖樹枝間緊密依附，因此摘下橄欖的過程需要大量勞力。最好的橄欖油價格最貴，因為慢工出細活才能帶來品質更好的果實。

不過，這種精心摘取橄欖的方法，並不適合那些還要面對其他難題的大型農場。自動化程度越高，越容易出現「混獲」（bycatch）的情況（這個術語指在收成作業中無意間捕獲的生物）。

大型的橄欖作業使用真空技術從樹上摘下橄欖，通常在夜間進行，因為夜間涼爽的溫度有助於保存果實的芳香化合物。但在西班牙和葡萄牙，這些高度自動化的收割機每年會無意間吸走數百萬隻鳴禽——因商業壓榨所造成的「平民傷亡」。棲息的鳥類被聚光燈照得什麼都看不見，又被機器打暈，死在摘橄欖的過程裡。因此，慢速的工作不僅能生產出更好的橄欖油，也更適合自然界。[177]

用於製油的橄欖通常不會去核，加工商反而會用到整顆橄欖。他們將果實從葉子、莖條及其他雜質中分離，然後泡軟；農場的人會採用古老的技術，先用花崗岩將橄欖壓碎，再將壓出來的果泥進行壓榨，直到橄欖油從果核裡滲出，流入收集的器具裡。大型的工廠則使用更現代化的設備來壓碎果實。剩餘的橄欖肉會用錘式機械壓碎，搗成糊狀。這種橄欖糊經過離心後，可以從果渣中分離出更多橄欖油，並留下果皮、果肉、水分及果核。

科羅內基並不是唯一一種有益健康的橄欖油；有很多其他的橄欖品種也能製造出高品質且對健康有益的油。大量的臨床研究、流行病學及實驗資料證實，地中海飲食可以提供抗發炎和抗氧化的保護。

然而，研究人員必須歷經千辛萬苦，才能更全面了解哪些特定的橄欖化合物對人體有益。主要原因是橄欖中含有豐富的化合物。這些化合物數量如此龐大，以至於二〇一八年，兩位研究人員創建了一個名為橄欖網（OliveNet）的組織，專門用來辨識和記錄這些化合物。

這是座完善且精心策畫的資料庫，詳細列出橄欖果實中近七百種化合物。除了協助人們了解橄欖中有益化合物的組成及特性外，這項工作也帶來重要的發現。歐洲研究人員最近證實，橄欖中的一種主要化合物——油酸苷（oleacein）——或許能預防多種神經發炎疾病，包括多發性硬化症等。[178]

為了避免有人誤以為橄欖網的研究人員只關注橄欖化合物，該組織也出版了一份輕鬆有趣的每月通訊。最近一期介紹的「本月分子」是橙皮苷（hesperidin），這是一種賦予橄欖油風味的化學物，另外「本月食譜」則是小豬餐廳的橄欖油蛋糕。[179]

關於環境變遷對油橄欖的影響，我們還有很多有待進一步了解的地方，而且油橄欖對氣候條件的波動特別敏感：如同諺語中的「煤礦坑裡的金絲雀」（canarino in una miniera di carbone）。如今，地中海地區是氣候變遷的熱點區域。未來的氣候預測也指出，我們要小心日益嚴重的暖化及乾旱趨勢。[180]

油橄欖也能作為研究地中海盆地氣候演化的生物指標。近期有研究使用「孢粉學」（palynology）——也就是對古代花粉粒及其他孢子的研究——抽絲剝繭油橄欖在過去幾個世紀的分布變化。

在不同區域是否能找到油橄欖的花粉，揭示出這些地點是否原本就存在橄欖樹。化石紀錄中找到的油橄欖也證實它們開始栽培的時間和地點；並判斷哪些時期出現乾旱或酷寒，導致橄欖種植面積縮小；在橄欖樹無法生長的地方，人們改種更能抵抗寒冷氣候的葡萄樹。透過這種分析，油橄欖及其生長範圍可以作為氣候代用指標，就像刺果松一樣：指出該區在更深的時間內經歷了哪些氣候變遷。

但是，沒有一棵樹可以不用付出代價的，油橄欖也不例外。儘管油橄欖在世界各地繁茂生長，卻仍面臨威脅：油橄欖正面臨昆蟲和真菌的嚴重攻擊。然而，在某些地方，看似不利的條件（例如有限且破碎的生長空間），反而是種恩賜。

位於義大利靴形國土最南端的卡拉布里亞（Calabria）地區，儘管當地失業率高、經濟困難，卻生產了該國三分之一的橄欖油。卡拉布里亞的山坡陡峭，導致地塊支離破碎，比其他地中海地區更為明顯。義大利的橄欖油生產鏈涵蓋大約七十七萬六千塊土地，平均面積僅一點三公頃（略多於三英畝）相較之下，西班牙的橄欖農場平均面積是義大利的五倍多，而在美國，以農業相當活躍的華盛頓州為例，較小型的農場也占地約五十英畝（約二十公頃）。

顯然，土地碎片化對油橄欖樹帶來了重要的好處。義大利的小農場就是小，但事實證明「小就是好」。這些農場規模較小，利潤較低，表示擁有者和管理者都會成為當地自然資源的保育專家。他們保留較大比例的土地作為天然森林（其中部分土地無法用來種植農作物），為了提高資源的利用程度，土地管理者往往更善於照顧土壤，使用更少的肥料或農用化學品，以有機方式種出更多橄欖；使用現有農場運作產生的覆蓋物及堆肥；並採用其他對地球較溫和的整合做法。這種低強度的管理也有利於其他生物，例如以花粉為食的蜜蜂就因此受益。

在這些小規模環境中，橄欖栽培的其他方面也促進了生物多樣性。在地中海盆地南部多丘陵且不規則的地形中，油橄欖生長在不同的海拔高度，而不像大多數大型農場那樣，只有大片平坦的土地。

氣候對果實品質的衝擊影響可能非常劇烈，即使是剛入行的葡萄酒商也知道這一點。這個現象在法文中稱為「風土」（terroir），即某個區域獨有的自然條件對其產品所賦予的獨特風味。葡萄酒界常使用這個術語，但橄欖油也承襲這種概念，其品質受到土壤、水源、氣候和區域的影響。

與葡萄一樣，由於微氣候、累積日照時間、平均溫度及其他因素的變化，即使只隔了幾百碼的橄欖也會出現差異。這為橄欖果實及橄欖油提供細緻且更豐富的風味變化。口味的各種差異似乎與烹飪較有關聯，而非保護層面，但為橄欖油建立良好名聲，會增加這種油受珍視的程度及價值，如此一來，種植它的土壤就有可能在這個領域得到更多的照顧和關注。

卡拉布里亞及義大利其他地區的海拔差異，也可能促進遺傳多樣性的提升，因為即使是微小的海拔差異，也會吸引不同的昆蟲、真菌、鳥類和其他生物族群。這些海拔梯度強化了棲地多樣性及物種豐富度。

此外，在常見的陡坡（斜度介於十四至二十度之間）上，橄欖樹的根系也有助於控制侵蝕。研究顯示，傳統的橄欖林是世界上恢復力最強的農業系統，即使經歷了廢棄、復活及各種本地的選擇性耕作壓力，依然能夠倖存。

每一種生命形式都會透過選擇壓力與基因突變，轉化為新的外形及基因，其變化的速度細微到難以察覺，但在病毒身上卻能最清楚看到這種快速轉化，只要經過幾個星期，病毒就會突變成不同的形式，對疫苗就更具有抵抗性。

與加州相比，地中海地區的橄欖種植有一個優勢，那就是在這古老的地區上，橄欖樹經歷了幾個世紀的自然選擇。這是一種穩健性的體現：地方變種的異質性，加上長期以來影響油橄欖栽種以滿足樹木對水源、陽光和土壤需求的環境條件。這些更小型、更傳統的土地可能只不過是巨大橄欖生產地圖上的一個油斑而已，但成千上百座小型農場的影響力累積起來，也能夠對更廣泛的生態系統及景觀健康產生影響。181

有許多生物會攻擊油橄欖，而其中一些生物的生存又要仰賴油橄欖。橄欖果蠅（*Bactrocera oleae*）是近年來最具危害性的害蟲。這種蟲子早在幾個世紀前就被發現，在中世紀時期曾將西班牙及義大利的橄欖園夷為平地，現今仍是難以拔除的攻擊者，無論是人工種植或野生的油橄欖都是它們的攻擊對象。

儘管我們做了各種研究，但仍不太清楚果蠅的生活史及習性的某些面向。人類尚無法確定它的地理起源，不過有認為非洲可能是其發源地。從非洲到地中海的距離不遠，再從那裡傳播到其他地方。果蠅的幼蟲會吃掉果肉並定居下來，讓橄欖果實變得不適合食用，儘管如此，這些受損的橄欖仍可以榨油。

有害昆蟲透過兩種重要機制造成植物損害：一是吃掉足夠多的樹木或其部分，從而阻礙樹木的生產力、生長或存活；其二是攜帶其他具破壞性的載體，例如侵襲美國榆樹的微真菌。有時候，昆蟲身上攜帶的細菌也會造成破壞，其中包括一種破壞性特別強的傳染媒介——植物病原體葉緣焦枯菌（*Xylella fastidiosa*）。該菌於二〇一三年首度在義大利南部的普利亞（Puglia）地區被探測到，其攻擊葡萄藤的形式也被稱為葡萄皮爾斯病（Pierce's disease）。[182]長期以來，人們一直以為這種病原體是病毒，後來才證實是細菌，這項發現讓科學家進一步了解其中的攻擊及防禦機制。

數個吸食植物的昆蟲屬會傳播焦枯菌（fastidiosa）。牠們傳播的細菌會在植物微管束組織中繁殖，減緩樹液在樹木裡流動的速度，使樹木的末梢壞死。這些攻擊對橄欖樹尤其有害，因為樹梢是果實貼附的位置。

根據紀錄，這種細菌已經感染三百五十多種寄主植物，但在義大利南部的橄欖園中，這種感染展現出異常惡毒的破壞力，使得人們特別以橄欖命名這種疾病，稱之為「橄欖快速衰落綜合症」（OQDS，義大利文為Complesso del Disseccamento Rapido dell'Olivo）。在全球科學文獻中，它簡寫為CoDiRO，目前已對歐洲所有主要橄欖種植區及加州、阿根廷和巴西的橄欖樹構成威脅，影響橄欖油的產量。

二〇二〇年，也就是全球新冠肺炎（COVID-19）大流行、極其艱難的一年，一份模型預測，義大利在未來半個世紀因這種病害而承受的潛在經濟損失，可能介於二十億到將近六十億歐元之間。[183]

瑞士植物細菌學家布萊恩・達菲（Brian Duffy）指出，害蟲的毀滅力簡直難以置信。薩倫托半島（Salento peninsula）是世界橄欖生產的核心，他說在這塊土地上，「就像是一顆炸彈爆炸了。」半島上的植物病毒學家描述那個場景是「滿載子彈的昆蟲軍隊」。[184]看看Google街景，二〇一一年還生機盎然的樹林，四年後竟成了一片枯樹荒地，一定讓人覺得震驚。

但正如多個例子顯示，人類如今也成為演化角力的一部分，能夠介入問題，運用複雜的解決方案來減緩某些生物的擴張。其中一種有機會協助橄欖樹的方式是「生物防治」，透過引入另一種生物來對抗我們眼中的入侵者或害蟲。然而，這個做法引起了憂慮。生物防治效果通常很好，但需要控制的變數太多，有時候預測物種之間的互動意向可能會大錯特錯，幾近荒謬。

一八八三年，製糖業為了控制老鼠的數量，將貓鼬引進夏威夷。然而，目標老鼠是夜行性動物，而貓鼬是日行性動物。兩群動物根本遇不到，結果貓鼬轉而捕食當地的幼鳥及海龜蛋。另一個例子是，食蚊魚因其繁殖力強，被引入伊利諾伊州和印第安納州來吃蚊子幼蟲，但牠們反而寧可吃本地的魚類和青蛙。

一九三五年，澳洲為了控制灰背甘蔗甲蟲的問題而引入海蟾蜍，結果造成嚴重的災難。甲蟲通常棲息於高達四點六到六公尺的甘蔗莖頂端。但海蟾蜍既不懂攀爬也不懂飛行，甚至跳躍高度最多僅約六十公分。此外，甲蟲習慣白天活動，而海蟾蜍是夜行動物。在一般情況下，這兩種動物根本不會出現在同一個時空裡。結果，海蟾蜍什麼都吃，並且在覓食和繁殖資源上與原生物種競爭，甚至一次可產下高達三萬枚卵，一年還可能繁殖兩次，嚴重破壞原生生態系統。

生物防治有其風險——就像拔開瓶塞後，被釋放出的精靈無法再裝回原來的瓶子裡。因此，多年來毒性化學防治成為唯一能可靠地減少昆蟲數量、又不必擔心引進新掠食者的方法。然而，正如許多昆蟲常見的情況一樣，小小的果蠅早已演化出對殺蟲劑的抗性。從大約一九七〇年代開始，控制橄欖果蠅的方法主要是使用有機磷殺蟲劑，近年則轉向活性成分較少的藥劑。但這種傳統殺蟲劑不會區別昆蟲是「有害」還是「有益」，而且可能還會汙染橄欖油本身。

不過，在二〇二〇年以前，義大利科學家已經找到葉緣焦枯菌問題的解決辦法，不需要使用到生物或傳統殺蟲劑：他們開發了一種由鋅、銅和檸檬酸組成的生物複合物，並以 Dentamet 作為商標註冊。這種化合物雖然無法根治感染，但能有效緩解病情，目前已證實對三種菌株具有效果。此外，事實證明，Dentamet 也能有效對抗另一種國際害蟲——褐翅椿象（*Halyomorpha halys*）。

目前，這場鬥爭的結局是「平局」。根除這種細菌並不可行，理由很簡單，它能在許多不同的植物中自我繁殖。因此，較可行的策略是讓油橄欖提高感染後的恢復力。Dentamet 也可以噴在蟲卵上以殺死幼蟲。科學家指出，Dentamet 是整體策略的一環，允許植物與病原體「共存」，同時在未受細菌損害的某些區域仍能維護當地的景觀。這是一種微妙而令人不安的緩和狀態。

在保護及繁殖橄欖樹方面，也出現了更多自然的途徑。油橄欖的成功與生存能力提高，其中一個關鍵或許是提升授粉效率。油橄欖進行的自花授粉稱為風媒傳粉（anemophily，源自拉丁文，是「喜歡風」的意思）。植物學家將那些不依賴鳥類、蜜蜂、飛蛾、螞蟻、蚊子或其他昆蟲來授粉的植物，稱為「自交親和」（self-compatible）。

全球暖化導致天氣日益炎熱乾燥，也對授粉造成了干擾：高溫可能殺死花粉，並讓花朵的雌蕊變乾，急遽減慢或甚至阻斷授粉。在最熱、最乾燥的橄欖產區，人類協助的授粉可望提高樹木的果實產量。這種介入措施僅在小規模上進行測試，方法是使用裝置將花粉粒吹到花上。阿根廷及美國亞利桑那州的農民測試了這種方法，大幅提升產量，成效顯著。[185]

有趣的是，研究發現橄欖果蠅對黃色極為敏感，因此人們設計出黃色黏性誘捕器，用來捕捉並監控果蠅的數量。若在誘捕器中添加性費洛蒙，吸引效果則更加顯著。另一個解決果蠅問題的方法是招募一些天敵，例如某種寄生蜂——用「良性」昆蟲來對付會造成問題的昆蟲。但這樣又回到了生物防治的困境——難以控制或預測最終會有什麼效應。[186]

近期的實驗也開啟了更多調查途徑，例如「綠色殺蟲劑」的研究，它的毒性很低，其中幾種看起來頗具潛力；另一個做法則是利用其他害蟲來進行實驗，尋找阻止牠們繁殖的方法。其中一個策略是，飼養數千隻果蠅並透過輻射等多種方式將牠們絕育，再將牠們釋放到野外，與雌性果蠅交配，就不會產下後代。

另外，還有一項聰明的生物力學研究，著眼於果蠅附著在果實表面的能力：橄欖果實會產生名為「表皮蠟」的物質，研究的焦點則是果蠅附著在果實表面的能力有多強。不同品種的果實為果蠅提供不同程度的牽引力。這項研究主要證實果蠅在橄欖上降落和起飛的能力存在顯著差異。這是很有用的資訊，可以當作未來研究的基礎。

這些調查和介入措施將會持續積極推進，因為油橄欖的未來岌岌可危。我們為了保護這種樹所做的努力，證實了人類有多重視油橄欖及其產品。

橄欖不僅僅是一種果實，也是一首敘述故事的歌、一種生活方式，自古以來便是如此。橄欖是一種跨越文化、地理及社會經濟邊界的機能性食品。食物使我們彼此更加靠近，帶來歡樂，串連起各個世代，支撐及滋養我們，讓我們感到愉快。所有人都曾圍坐在餐桌旁，談天說地，將味覺、對話及橄欖醬一同交織在一塊兒。

如果說刺果松像一本書，那麼油橄欖就像一首歌，從世界上炎熱乾燥的地方吹來，透過橄欖及橄欖油的文化底蘊和感官愉悅，這首詠嘆調傳遍地球的各個角落。讓我們繼續努力，確保這首歌永遠充滿力量。

Ch 10｜巨大如象的：非洲猢猻木

Adansonia digitata

我向小王子說明，猢猻木並不是什麼小灌木，恰恰相反，它們是像城堡一樣巨大的樹；就算他帶著一整群大象同行，也吃不掉一棵猢猻木。

——安東尼．聖修伯里，《小王子》（*The Little Prince*）

非洲猢猻木（African Baobab）是非洲最具代表性的樹木，但在這塊大陸上已岌岌可危。某個東西正在害死這些最大、最古老的樹木，科學家想知道那是什麼、用什麼方式以及背後的原因。了解物種衰退的原因，可以反過來告訴我們物種生存的生命線。在這個脈絡中，這個故事會講述國際自然保育聯盟（IUCN）的工作，這是全球最大、最多元的環境網路，同時也是自然界保育的全球權威。

IUCN於一九四八年成立，致力於辨認有危機的物種及其面臨的挑戰；但與其他僅關注單一物種（例如支持大王松的組織）的保育組織不同，IUCN及其聯盟組織會調查廣闊景觀中的數千種不同生物，並提出相關報告。

決定哪些物種瀕臨滅絕以及瀕危程度，是項複雜、難以達到精確的任務。由於植物及動物不會遵守人為劃定的地緣政治邊界，且許多物種遍及全球，因此即使地方團體再怎麼努力，提供的瀕危資料往往無法超出地方窄小的權限範圍。

IUCN 接下了這項工作，提供物種瀕危狀態的排名。他們自一九六四年開始編纂「瀕危物種紅色名錄」（The IUCN Red List of Threatened Species），是世界上最完整的全球物種狀況紀錄。目前有超過一萬六千名志工專家及科學家，以及一千名全職有薪工作人員，分屬六個不同委員會，為 IUCN 的知識庫提供資訊，從事所需的工作以了解全球物種的生存狀態。

雖然規模龐大，IUCN 卻無法應對每一個威脅，因為編纂和了解物種的保育狀況，除了要判斷該物種的生存是否穩定，更要預測該物種未來的生存路線，而這項任務又只能仰賴不完整的資料。即使擁有數千名專家，但面對大約八百七十萬種物種——這是經科學家認定存在的物種數量，其中有許多種甚至尚未被我們發現——仍然力有未逮。

我不禁聯想到中國哲學家老子以及他隱喻中的「萬物」——這些人類專家雖然容易出錯，但依舊勤奮堅持，致力於地球的長期健康——並與老子所說的「無名」對應：自然界其餘的一切，看不見的、神祕的與未知的事物。這場鬥爭不僅是生存之戰，也是在收集有用的知識。

瓶狀的非洲猢猻木擁有粗大無比的樹幹，壽命很長，也被 IUCN 納入監督範圍，但非洲猢猻木受到的威脅仍缺乏完整的描述，每個地區面對的威脅也不一樣。猢猻木共有八種，都屬於猢猻木屬，非洲猢猻木是其中一種，也是唯一原生於非洲大陸的樹種。從演化上來看，它是最古老的猢猻木；其餘六種原產於馬達加斯加島，一種原產於澳洲。

儘管長期以來，關於它的祖先根源始終是個謎，但這種樹已經證明是唯一原產於非洲大陸的猢猻木。幾十年來，科學家一直認為這棵在非洲大陸的樹種可能是從馬達加斯加的樹分離出來，但或許事實是相反的：非洲大陸上的猢猻樹可能在很久以前就隨水漂移至馬達加斯加。[187]

長期以來，非洲猢猻木生長世界上最乾燥的幾個地區。這類植物稱為「瓶幹植物」（pachy-caul），亦即其樹幹的粗度與高度相比異常粗壯。這個分類名稱恰巧與厚皮動物（pachyderm）有語源上的關聯，其中一些厚皮動物對樹中儲存的水分非常感興趣——pachy 的意思是「粗壯的」，這一點對猢猻木和大象都很適用。

猢猻木的高度介於六至二十七公尺之間，通常單獨生長，不會聚集成林。非洲猢猻木與所有猢猻木一樣，是落葉植物，在旱季落葉，有超過半年的時間都是沒有葉子的。猢猻木不僅因其膨大的樹幹而著稱，更因古怪、彷彿顛倒的形狀而聞名。那些糾結如根的枝條，讓人聯想到這樣的民間傳說：它是「從天空中汲取力量的」。

以元素的角度來看，確實是這樣——它仰賴陽光和雨水而生。作家理查・馬比（Richard Mabey）稱這棵樹為「羅夏克樹」（Rorschach tree）[188]，因為它的特色是那如蜘蛛般的枝幹，看起來就像一大片巨大的墨跡投影在非洲湛藍的天空之下。[189]

許多樹木具備悠久而豐富的文化聯想。猢猻木製品會用於求雨典禮、生育儀式，以及當成獻給太陽的祭品。在塞內加爾，父母會將猢猻木的種子磨粉，用來為嬰兒洗澡，保護他們不受邪惡侵害。

關於這個屬的名字，來自十八世紀法國探險家兼植物學家米歇爾・阿丹森（Michel Adanson），他是第一位在塞內加爾觀察到這種樹的西方人，儘管在他之前已有其他西方人無意間發現了猢猻木。一棵巨大猢猻木的樹幹上帶有路過的水手留下的刻痕，年分分別是一四四四年和一五五五年。

在莫三比克的贊比西（Zambezi）河岸，有一棵巨大的非洲猢猻木被稱為「李文斯頓樹」（Livingstone tree）。傳奇的非洲探險家大衛・李文斯頓（David Livingstone）在一八五八年發現了這棵樹，他從一個狹窄的開口進入，把自己的名字刻在樹洞內壁上。李文斯頓說那個樹洞「自然形成一個大小合適的小屋」。內部空間直徑大約二點七公尺，高七點六公尺；裡面住了蝙蝠，而樹木頗具特色的內部樹皮結構則吸引了探險家和旁人的注意。[190]

在非洲的旅程中，李文斯頓十分喜歡自己口中那棵「魁梧的猢猻木」，一八六二年，他「勇敢、美好的英國妻子」在一趟旅行中死於瘧疾，被安葬在一棵巨大猢猻木的枝幹下。[191]

樹幹的空洞在古代會被用來作為埋葬屍體的空間，在塞內加爾和其他地方，會將這些空洞當作墳墓，無法入土的屍體可以製成木乃伊，以免汙染土地。而那些無法接受一般葬禮模式、最後必須放在樹洞裡的人，屬於傳唱者（griot）——這個社會等級包括詩人、音樂家、巫師、鼓手及丑角等。若能葬入樹洞，何嘗不是一種好運呢。[192]

從整個非洲大陸的分布圖來看，這些樹木正好環繞著巨大的剛果盆地，面積約涵蓋兩百萬平方公里，不過在盆地內卻不常見。猢猻木的分布廣泛且不規則，有些樹木之間的距離或許長達數公里。

整個猢猻木科共有八個物種，彼此之間有許多相似之處，但非洲猢猻木（*A. digitata*）因其葉形如人類手指而得名（digitata 是拉丁文，來自「digitus」，意思是「手指」），是這個分類群中地理分布最廣的一種。

猢猻木以不連貫的族群形式分布在非洲西部、南部和東部，在非洲約三十個國家都可見到野生的猢猻木。其分布範圍還延伸到非洲東海岸外的維德角（Cape Verde）群島。不過，跟許多其他樹木一樣，個體植物通常在幾世紀前已在其他地方扎根。

世界各地的熱帶和亞熱帶地區都有猢猻木，包括中國；而在印度，這些樹木的引入似乎沿著中世紀的阿拉伯貿易路線傳播。到了近期，非洲猢猻木也進入馬達加斯加。在馬達加斯加西海岸的姆巴巴灣（Moramba Bay），猢猻木在有些地方直接從水中生長而出——真是奇怪而美麗的生物，就像是從海裡升起的島嶼。有些樹木可能已經在水裡佇立了上千年。

但長壽並不能保證未來是充滿希望的。與大象共享棲地的非洲猢猻木正受到攻擊。在非洲南部，幾乎每棵猢猻木都蓋滿了大象襲擊後再癒合的傷疤。口渴的厚皮動物知道猢猻木猶如一大壺水，牠們會想辦法刺穿樹皮以獲取液體。

猢猻木的儲水量豐富；有些猢猻木品種不知為何，竟可以儲存多達十二萬公升的水。科學家還在研究猢猻木儲水的方式。他們不確定為什麼這種樹似乎會儲起超過自身所需的水量；若樹木儲水不是為了生存，那這種行為確實令人費解。雖然我們已越來越了解共生樹木的情況，但或許還有一些人類尚未辨別的「共享策略」。

大象從猢猻木取水的方法非常暴力，牠們會刺穿樹木，咀嚼至樹幹深處，從那富含水分的柔軟樹心中取得水分。牠們也會吃掉樹皮。光是挖鑿猢猻木，啃入樹木深處，就足以徹底殺死一棵樹了。

樹木受到的損害可以嚴重到讓樹木變成沙漏形，最終被自己的重量壓倒。較年輕的猢猻木柔軟且高度適中，特別能吸引大象，牠們在進食時也可能把樹推倒。地形較陡的地區樹木受影響較小，因為大型動物較難進入這類傾斜的地方，不過大象的活動範圍很廣。[193]

碰到乾旱時，大象幾乎完全靠猢猻木維生。一頭成年大象每日攝取的植物和水果就超過一百三十六公斤，牠們需要大量的能量，而猢猻木就是容易到口的美食：一眼就能看到、容易摘採，而且富含水分及營養。這些行為不一定會立即殺死樹木，樹上癒合的傷疤可以證明這一點。然而，大象進食的影響，仍會削弱非洲猢猻木整體的健康度。[194]

同時，非洲象也瀕臨滅絕的命運。氣候變遷代表大陸變得更熱、更乾燥，大象能取得的水分減少，因此牠們轉向猢猻木之類的營養來源——如果在更潮濕的環境中，水坑比較容易取水。

非洲草原象（*Loxodonta africana*）是主犯；非洲大陸僅有兩種大象，一種是非洲草原象，另一種偏好住在森林裡、體型較小的非洲森林象（*L. cyclotis*），處於極度瀕危的狀態。長期以來，這兩種象一直被認為是同一種，直到二〇二一年的基因證據出現後，IUCN才對其分類進行修訂。數個世紀以來，這兩種象都因為象牙而面臨盜獵的危機。目前非洲大陸的非洲象已不到五十萬隻，IUCN也將非洲草原象列為「瀕危」。

對於大象及猢猻木來說，有充分的紀錄顯示，大象越多，猢猻木的死亡率就越高；反之，大象數目減少時，猢猻木的數目就會增加。這種物種間的複雜狀況，重新塑造了我們對保育的敘事。物種之間的競爭需求在很久以前就已存在了，但只有透過更仔細的觀察和科學測試，我們才開始了解：瀕危物種可能在自保的同時傷害其他物種，也可能在自己受害的過程中幫助到其他物種。因此，我們需要新的計算方法來解釋這些同時出現的威脅——某種指標，可以量化每個物種對另一個物種施加的相對危險。

南非的克魯格國家公園（Kruger National Park）提出一項解決辦法，將大象和猢猻木分隔開來，把公園分割成六個管理區域。這種分區方式使大象無法從樹木得到水分和食物。但是，雖然這樣的安排能同時保護樹木和厚皮動物，但公園巡守員也需要提出新的管理方案，讓大象方便取水。

透過研究猢猻木的特異之處，我們找到了線索，了解它如何儲存水分，以及如何應對乾旱。但一直要到過去十年，科學家才開始研究猢猻木的生物力學。原來，這種樹並不像大多數樹木僅長出一根外部可見的主幹，它會在一根封閉的大圓柱裡長出許多莖條。這些莖條也常圍繞在假空腔之外。這就是最奇怪的地方：許多莖條竟然會生出樹皮，而這些樹皮在樹木內部，包裹在樹木厚實的塊狀外皮中。

這種結構很像一些奇怪的醫學實例，例如有些人生下來就有五組牙齒，或多了一雙手臂，或者其他使他們與眾不同的奇特構造等。但對猢猻木來說，這些「樹中樹」的結構不是異常，而是其正常的發育方式。

由於這些內部結構會不斷生長，隨著猢猻木老化後，結構也變得相當複雜。樹木內這些部分的生長速度不一，因此判斷個體的年齡變得困難，也是植物學家爭論不休的題目。猢猻木確實會生出微弱的年輪，但這些痕跡並不可靠，因為老樹內部不一定看得到年輪，而且樹木內寬闊的空間結構也會擾亂我們算出準確的年輪數目。

相反地，人們需要採用 AMS（加速器質譜儀）碳十四定年法來測定樹木的年齡，不過，在二〇一〇年以前，這個方法只能用在死掉的樹木上。二〇〇七年，樹木年代學家使用 AMS 技術，在納米比亞判定一棵巨大猢猻木的年齡，這棵樹已經倒了，有個很不錯的名字叫作 Grootboom，在南非荷蘭語意為「大樹」的意思。這棵倒下的龐然大物被判定為全世界最古老的被子（開花）植物，大約有一千兩百七十五歲。

雖然樹輪定年法能更準確判斷樹木的年紀（不論存活與否），但碳十四定年法仍是二十世紀最偉大的一項發現，能夠為來自生物的材料提供客觀的年齡估計值，而且這種方法也隨時間改進，重新校準後會變得更為精確。[195] 二〇一〇年，研究人員從老猢猻木內部的樹洞收集樣本，對活標本進行碳十四分析以判斷它的年代。[196]

死去的樹木也可以提供大量的資訊，但猢猻木的木材由同心纖維層組成——這又是它另一種特異的地方。猢猻木死去時，較小的樹木會迅速倒塌為一堆纖維，而不是像其他木頭那樣保持完好無損。死亡後的非洲猢猻木看起來就像一堆經過風吹雨打的骯髒羊毛。至今，我們仍不知道猢猻木的壽命上限。科學文獻對其壽命的估計值介於兩千至五千年之間，但支持這些估計數字的文件數目仍然有限。[197]

大多數樹木的結構是由中央的心材構成樹幹，顏色通常比周圍淺色的邊材更深。然而，猢猻木從外到內都是邊材，就像世界各地為數不多的邊材樹木一樣，具有自癒損傷的能力。

猢猻木的木材大多由薄壁組織構成：這是一種在樹幹深處能長期維持活性的組織。當樹木受傷時，會藉由形成癒合組織來進行修復，不僅能抵擋口渴的大象和牠們破壞力十足的象牙，還有抵禦反覆發生的火災。除了大象，人類也會攀上樹幹摘取果實，面對兩者的掠奪，這種癒合能力救了猢猻木。

但猢猻木並非堅不可摧，它們也會定期死亡。由於猢猻木所在的乾旱環境經常缺水，因此其根系比較淺，通常會在地表上蔓延，或是僅就在土壤的表面下。即使只下了一點點雨，也能滲透傳送到根部，為其提供水分。不過，這些淺根會危害猢猻木的長期生存，因為樹木可能會在強風中倒下，尤其樹木變老後，其彈性也會退化。氣候變遷可能會導致更強的風勢，尤其在沿海地區，而非洲西部和東南部沿海地區有很多猢猻木，很容易因此倒塌。[198]

通常在體型最大的猢猻木上，最能看到其樹木結構的複雜性，例如南非一座農場中巨大的桑蘭（Sunland）猢猻木。這棵樹大部分在二〇一六年和二〇一七年死於大火，實際上它原本是兩棵樹，基部融為一體，因此，從技術上來說，它是一棵擁有兩根樹幹的樹。

這棵猢猻木的內部空間開放，內部面積為六十五平方公尺，在已知的非洲猢猻木中具有最大的內部空間，相當於約二十坪，比東京或紐約的許多公寓還大。難怪有人可以把內部的樹洞改造成房間。桑蘭樹的其中一根樹幹，甚至曾開設過一間酒吧。由於一些巨大的猢猻木會在不同時期分段死亡、倒塌，因此形態十分混亂，測量巨大猢猻木周長的做法也不一致。[199]

幾個世紀以來，博物學家一直認為這些樹木傳奇般的儲水能力，能幫它們渡過極度乾旱的期間。儘管樹木的供水是生存的關鍵，但科學家最近才發現，水分對於猢猻木的結構穩定性也非常重要。

猢猻木的軟木質地並不適合當作木材，實在很難相信這種樹能長到超過二十七公尺高。如果失去大量水分，海綿狀的內部就會開始坍塌。但猢猻木會把液體抓得緊緊的。猢猻木科的所有成員，只有在旱季結束時才會掉落舊葉並長出新葉，那時也只消耗極少量的水來供給那些葉子。

儘管水生植物學家研究了各種方法，但要測量一棵樹可以儲存的水量（即全樹用水量）並不容易。要了解一棵樹的含水量，最簡單也最粗暴的方法就是砍倒這棵樹，切下一定比例的樣本，讓它自然乾燥後，觀察其重量減輕了多少。

這個方法可以得出水分在一棵樹的重量所佔的百分比。但砍倒瀕危樹木來稱重，顯然不是很好的保育策略。不過，由於猢猻木本身就會隨時間倒塌，我們知道剛倒下的猢猻木樹幹重量大約為每立方公尺八百五十公斤，且可能隨季節變化而有所不同。一旦乾燥後，每立方公尺的重量可能只有兩百公斤。因此，一棵樹每立方公尺可以儲存約六百五十公升的水，進而推論出，一棵樹有超過四分之三的重量來自水分。

我們知道人體有高達百分之六十是水分，因此可知猢猻木的水分確實很多。但相似之處僅止於此；猢猻木不會用噴湧的方式釋放水分。它的釋放緩慢而優雅，耐心地把水分拉上樹幹，滋養上層樹冠的葉子、果實和花朵。[200]

仔細研究猢猻木屬的成員後，科學家揭露了關於用水的一些線索。首先，透過研究樹液流動的資料，研究人員證實，猢猻木會以季節性而非每日的方式，使用其儲存的水分來補充樹冠的水供應。

另一個與其他樹種明顯的特徵是，猢猻木的樹幹直徑會隨著當前所含的水量不同而有顯著變化。因此，僅憑測量猢猻木的直徑，並無法幫我們了解一棵樹在一段時間內的生長情況，但在研究其他樹種時，這卻是相當可靠的指標。

人類也會利用猢猻木來儲存珍貴的雨水，因為雨水會擠在這種樹的各個孔洞裡，可作為靜止但具策略性運用的儲存容器。人們善用大多數猢猻木都具有的天然樹洞，在樹幹上挖出深井。這些孔洞在雨季時收集雨水，在乾旱時就可以派上用場。

不過，並非所有猢猻木都有相同類型的樹洞或相應的形狀，每棵樹木的細節因地域或遺傳差異而有不同。非洲猢猻木經常被人類移植到不同地區，這個過程也影響了它的基因流動。

大小和形狀差異的形態多樣性通常反映出遺傳上的變異，而這些變異也表現在樹的其他面向上。例如，在不同區域，果實味道不同，花的氣味也不一樣。非洲南部的果蝠鮮少為猢猻木授粉，但這種授粉機制在西部和北部就很常見。沿海地帶的樹木和內陸地區的樹木，也各有不同的用水方式、種子傳播、結果頻率及授粉策略。[201]

儘管區域間存在無數差異，但有一個面向始終不變：樹上的果實與水分之間的合作關係。全年將水分儲存在巨大、膨脹的樹幹裡有一個好處：當樹木結出那些營養豐富的果實，一定有水分可用。

結果的過程始於猢猻木的開花，這個過程是自然界中少數幾個真正的定律之一：所有的果實都來自花朵，沒有例外。另外，整個猢猻木屬開的花朵都奇形怪狀的。有些品種開花只需三十秒。花朵生長在樹幹嫩枝的末梢，通常每條嫩枝上只有一朵花。非洲猢猻木的花期大約在十一月到一月之間，花朵又大又美麗，長在下垂的花梗上。花朵的寬度和長度一樣，並散發出腐肉般的氣味來吸引蝙蝠，這也是植物界常見用來吸引動物協助授粉的策略。

據說這些花朵聞起來像發酸的西瓜、尿液、老鼠及腳汗的氣味。氣味如此多樣也很合理，因為蝙蝠的嗅覺優於視覺。但科學家（稱為翼手目動物學家）推測，這種氣味類似蝙蝠自己的味道，因此容易被牠們識別。

研究人員觀察到，一棵猢猻樹光是在一個晚上就開了多達兩百朵花，不過平均來說，一棵樹可能就開幾朵，最多五十朵。[202]除了開花速度快，它也只在黃昏時綻放，就像某種在夜幕降臨時受到召喚的神祕生物。[203]

一棵樹的花朵通常會在半小時內陸續綻放，像一首色彩和動作交織的慢動作交響曲，在滿月時特別清晰可見。這種斷斷續續的開花節奏能促使蝙蝠從一棵樹移動到另一棵樹，而不會長時間停留在同一棵樹上，進而促進異花授粉，提高遺傳多樣性。

飛蛾及幾種灌叢嬰猴（bush babies）也會幫非洲猢猻木授粉，而人類和大型哺乳動物（主要是大象和猴子）則是種子的主要傳播者，因為果實很大，不容易被較小的生物吃掉。有些植物開合速度比猢猻木還要快，例如知名的捕蠅草（*Venus flytrap*），或我小時候在夏威夷看到的希拉希拉草（含羞草），山茱萸則是植物速度之冠，在不到半毫秒的時間內就能開花並射出花粉。

不過，非洲猢猻木那個頭巨大的花朵帶有眾多的魔力。它是唯一一種花長在長花梗上的猢猻木品種，花梗非常結實，能讓蝙蝠在吸食花粉或花蜜時抓緊花瓣及雄蕊，而且在黑暗中也很容易攀上，不會讓那小小的哺乳動物被細枝或樹枝纏住。其他猢猻木品種的花朵則由鳥類和昆蟲授粉，而不是蝙蝠，因為它們生長在比較短的花梗上，筆直向上或水平伸出。

但演化並不在於追求完美，它只需要「足夠好」即可。果蝠也喜歡無花果（Ficus bussei）。無花果在運送過程中，可能會將種子掉落在猢猻木分叉的枝幹上，當它開始生長並纏繞這棵猢猻木時，最終會導致這棵樹死亡。

以不同區域來看，有多達三種蝙蝠以猢猻木的花蜜為食。[204]一種是非洲假吸血蝠（false vampire bat），牠們會成群棲息在猢猻木的樹洞裡，數量最多可達八十隻，幾乎整個晚上都在覓食，靠聽覺從地面捕捉獵物——甲蟲、蜈蚣、蠍子、蝗蟲、飛蛾和其他昆蟲——有時還會突然唱起歌來（是的，蝙蝠會唱歌，只是頻率極高，屬於完全不同的聲音領域）。

而牠們名字裡有一個「假」字，到底哪裡「假」了呢？這是源自長期以來的誤解，以為牠們真的就像某些蝙蝠一樣會吸血。分類學很有趣：它不僅描述了生物是什麼、做了什麼，也描述人類以為這種生物是什麼，但事實上卻並非如此；有時候則描述某個生物顯然不是什麼（例如，黃昏臘嘴雀？牠日落後早就睡了。瑞典常春藤？它既非來自瑞典，甚至也不是常春藤）。

不過，分類學家也會修正這些問題，假吸血蝠最近就更名為心鼻蝠（heart-nosed bat）。這些蝙蝠也會讓整棵猢猻木變成一種「會唱歌的樹」，白天鳥兒唱歌，晚上換蝙蝠唱歌。[205]心鼻蝠甚至有一首輕柔的歌和一首響亮的歌，可能像鳥類一樣，用唱歌來保衛自己的領域，並透過彼此辨認聲音來促進社交互動。

有了這些「演員」跟這些夜間活動，難怪這棵樹會對那些聚居在它周圍的人們產生深遠的影響。彼得．馬修森（Peter Matthiessen）在著作《人類誕生的樹》（*The Tree Where Man Was Born*）裡指出了這棵樹與人類的心靈關係：「對許多部落來說，猢猻木是靈魂的住所，有貓頭鷹、蝙蝠、灌叢嬰猴及鬼魂等夜行生物在此出沒。」[206]隨著時間推移，非洲語言賦予猢猻木許多不同的名稱。我最喜歡的是法文的「千年之樹」（arbre de mille ans），不僅暗示了樹的年齡，也象徵它在景觀中成功占有一席之地。[207]

蝙蝠授粉的花朵需要約莫五到六個月才能結出果實，果實是一個體積如小椰子般大小的莢果，外殼堅硬。猢猻木的奇特之處也延伸到果實身上，有人說這些果實看起來像用尾巴掛在樹上的死老鼠。果實掉落後通常會裂開，白蟻會吃掉果肉，讓種子離開肉質的外殼。猴子（有時是狒狒）則會把種子帶至別的地方，因此這能解釋為什麼山頂或裸露的岩石上，會看到一棵猢猻木高高站立著。[208]

猢猻木在旱季結出的果實外表覆蓋一層絨毛，營養豐富，為分布範圍內的村落提供了營養。撒哈拉以南的非洲飽受飢荒所苦，是世界上兒童營養不良程度最高的地方。幾個世紀以來，猢猻木的果實不僅使當地的飲食更加多樣化，也支撐著地方經濟。此外，它也是世界各地消費產品的關鍵成分，包括果昔、果汁、冰淇淋、穀物棒等等。

將果實對切開來，模樣可能會讓你嚇一跳——就像人類的牙齒，對著你做鬼臉。它是一種高纖維、營養豐富的食物，直接吃的話味道酸甜，會覺得滿嘴粉粉的。它富含維生素A與C、鐵、鈣、氨基酸和脂肪酸，以及抗氧化劑。它也被應用在非食品類產品中，例如鼓、燈罩和珠寶盒等。[209]

在飽受糧食短缺困擾的地區，這種果實提供了許多優點。果肉用途廣泛，以自然乾燥的形式可以安全存放數月，然後溶解在水或牛奶中當成飲料、食物醬汁或釀造的發酵劑。由於果肉含有高濃度的酒石酸，常在烘焙時用來取代塔塔粉（cream of tartar），因此很多人稱這棵樹是「塔塔粉樹」。你在自家廚房裡用來烘焙的東西也是類似的原理，因為也來自水果：葡萄轉變成葡萄酒這個發酵過程的副產品。

猢猻木果實的商業化碰到了跟非洲烏木相同的難題：多年來，貪汙讓價值鏈本末倒置，因此在產品最終售出後，採收果實的人只拿到銷售收入極微小的比例。彌迦基金會（Micaia Foundation）是莫三比克的非政府組織，致力於減輕貧困及建立永續生計。基金會以馬尼卡省為中心，當地約有一百三十萬居民，使用高度本土化的方法，為省內的十萬多人提供財務及後勤支援。[210]這家企業以緩解了非洲的糧食短缺問題而獲得高度評價，[211]他們也改善了莫三比克社會中性別角色的不平衡。女性通常會負責採收猢猻木的果實，但從摘採到銷售的過程中，她們對樹木及果實幾乎沒有控制權。在彌迦基金會設立前，馬尼卡省的猢猻木果實只賣給一群貿易商，他們盛行賄賂，使得勞力的投資報酬率很低。

猢猻木快速且無人控制的砍伐，嚴重影響從業女性勞工的生計，反映出當地缺乏有效的土地治理及自然資源管理。彌迦基金會開始運作後，買進大量的果肉和種子，如今已成為非洲數一數二高品質猢猻木粉的主要生產商，並為果實的採收、準備和銷售制定規範，很像泰勒吉他在喀麥隆的做法。

彌迦基金會的成功有一部分可以歸功於他們打進傳統的男性社會結構，提高眾人對猢猻木價值的認同，同時保護女性也能獲得資源。基金會也移除中間商來簡化供應鏈，為女性勞工和摘採者提供更高比例的利潤分配，為當地的猢猻木採收者創造利潤豐厚且包容性高的市場。

因此，這棵樹的生存和潛在擴展可以連結到女性的權利及影響力。在一項調查中，將近一半的女性受訪者表示，她們對家庭和社區事務的影響力有所提升，這在男性主導的文化中可不是微不足道的小事。[212]

猢猻木的產品也用於原住民的住房、服裝和藥品，並提供農業、狩獵及捕魚所需的材料。當地人會利用猢猻木的葉子、樹根、塊莖及幾乎所有其他的部分。它厚厚的樹皮上有長條的纖維，特別實用，可以製成繩索。

猢猻木的復原力很強，但也有人以維生的理由，對其施加其他的虐待。為了取得樹木上方的果實，村民經常將木樁敲入樹的側邊，爬上沒有分枝的下方樹幹以摘取果實。即使木樁腐爛後過了多年，留下的洞也仍被人們作為攀爬的立足點。

面對人類的苦難，猢猻木提供無數的好處，因此，除了樹木自身生存的權利之外，還有更多需要做的決定。目前，樹木的數量已不足以滿足人類的需求，許多猢猻木林都遭到嚴重的過度開發。社群嘗試種植猢猻木，努力確保樹木享有安全的未來。猢猻木的種子也已經放入世界各地的種子庫，保存其遺傳物質。

但問題不僅僅是單純保護這棵樹而已，另一個要素是「評估」。若無法掌握猢猻木在廣大區域內的衰退速率，就幾乎無法歸納出這種樹生存的機率。關於現存的猢猻木有多少棵，無論保育組織是大是小，連最籠統的估計值都不願意提供。

要決定一個物種的瀕危程度，以及應不應該將其視為瀕危物種，可能既複雜又令人困惑，且涉及到現實因素、立法及政策等面向。對個別樹木的狀況及分布座標、所在的氣候與附近的人類族群，現在應該要進行大規模的調查。地理學家、植物學家和統計學家有許多任務需要處理：決定誰來負責彙整現存的資料、釐清不一致的地方，以及進行新的研究。未來，已然來臨。

有些全球性的保育組織成效顯著；有些則效率低落，甚至適得其反；有些則根據不同的準則，在有效跟無效之間擺盪，例如當前的支持程度、政府利益、組織內外的政策變化，以及人類支持保育的意願高低等。

有些保育機構會買下大片土地進行保護，例如自然保育協會。也有一些機構可能會專注於處理土地、水源及物種保護的法律工作，例如地球正義（Earth Justice）。另一些機構則肩負廣泛的任務，例如世界自然基金會（World Wildlife Fund），它們致力於保育大自然，減少對生物多樣性最緊迫的威脅。還有更多的團體致力於關注特定種類的動植物，或是特定的保育策略。

然而 IUCN 卻自成一格。他們對數千個物種所面臨的威脅做出具體的評估，不僅積極參與保育事務，也十分關心人類對這些事務的參與。雖然已有部分學者對這個龐大且重要的國際組織進行研究，但遠遠不夠。正如環保先驅麥斯・尼克遜（Max Nicholson）在一九九九年提到 IUCN 時所說：「這個組織的特點、微妙之處及複雜度，有時令人費解。」[213]

我是 IUCN 物種存續委員會（Species Survival Commission）的委員，也是鳥類紅色名錄權威小組（Bird Red List Authority）的成員。因此有機會近距離目睹保育科學、政治、法律及文化之間的糾葛。保育工作一定會碰到抗拒：衰退與生存之間，始終存在緊張的狀態。

過去兩百年來的物種滅絕事件，皆由人類造成。有些損失來自惡意或欠缺考慮的忽視、貪婪或經濟動機。我們根除了曾被視為害蟲的物種，也採取了其他糟糕的行動——前面的章節已經羅列了這些理由。人類與地球上其他居民之間的衝突，從一開始就充滿緊張，這意味著拯救物種所需的諸多策略本質上是一場長期且時常令人沮喪的戰爭，而 IUCN 是這場戰鬥中最前線的矛頭。

讀完這些關於猢猻木受到威脅的詳細資訊後，你可能沒想到，IUCN 給非洲猢猻木的評級竟是「無危」（Least Concern），屬於最鬆散的類別。IUCN的科學人員面臨的一項挑戰是，他們被迫依賴現存的研究，而這些資料大多是區域性和專業化的範疇，且往往已經過時，有時甚至是道聽塗說。一旦牽涉到其他分類群，要清楚了解威脅的全貌，會碰到更多的障礙。

光是追蹤大象對猢猻木威脅的資料就有難度，資料的品質及精確度容易有落差，也有可能因為眾多國家所提出的經驗差異甚大。一九六〇年，一名公園巡守員在當時的羅德西亞（Rhodesia）寫下了一篇鮮為人知的報告，他檢查了巨大的萬基國家公園（Hwange National Park）裡的一處野生動物保護區，在兩個星期內，巡查員發現三十八棵猢猻木中只有兩棵沒有被大象留下疤痕。巡守員指出，這是他第一次在該處山谷裡觀察到這種行為。

二〇一三年一篇關於大象對辛巴威馬納波爾斯國家公園（Mana Pools National Park）中猢猻木影響的碩士論文，提供了有用但僅限當地適用的資料；另外，同年還有一篇文章，探討大象對貝南（Benin）樹木造成的樹皮傷害；也有一項研究則是針對莫三比克林波波國家公園（Limpopo National Park）中的大象對樹木造成的危險進行分析。

如果很難用一個區域的情況去概括推論整個大陸的情形，那麼想要透過取得個別樹木的真相來評估整個分布範圍，就更不可能了。要在分布範圍內全面尋找樹木，就像在廣闊的海洋中，從直升機上尋找失蹤的泳者，只能知道大致的位置。

猢猻木的分布廣闊，意味著研究幾乎必然會以區域為焦點：納米比亞、肯亞、馬利、蘇丹、衣索比亞、南非和其他地方等。這種樹因其豐富的遺傳多樣性而受到偏愛，但要了解這些差異究竟會成為樹木生存的助力或阻力，則是持續進行的任務。

你可以將非洲猢猻木的各個族群比喻成口音和方言，就更能看清這種樹難以歸類的變異。在非洲大陸，有大約兩千種不同的語言，以及八千多種方言。而每個語言的口音中，又有許多中間層次的變異，發音及語調也因地而異。區別變得模糊，再加上個人特質及成長背景不同，也使得我們更難以精確識別不同的音調變化。

完整的紅色名錄評估既費時且代價高昂。整個物種的保育問題往往橫跨極大的地理區域，因此會跨越好幾個國家。IUCN 在評估時，常常必須讓一個區域的一組資料和其他地區的資料保持一致、協調語言差異及規範我們測量和計數物種的方式。

文化差異也會影響瀕危的資料。真正的物種瀕危估計中，即使出現很小的漏洞，也有可能導致一連串的錯誤，而這些決定帶來的影響不可小覷。物種威脅的錯誤分類，可能導致至關重要的資源被降級或轉移到其他地方。這彷彿是一項極度棘手的任務。[214]

以 IUCN 的立場來說，他們無法根據物種的位置提供不同的威脅等級。研究資源即使不算拮据，也仍有上限，只能根據物種和其所處的世界區域給出一個普遍性的排名。但科學是建立在具體細節上的，其結果是一個又一個的個案研究，進而從這些案例來推論。科學研究並非涵蓋整個主題的毛毯，比較像是在寬闊的地景中鑽出一系列的井，尋找證據、線索和資料。

樹木有自己的節奏，生長速度通常很慢，要了解一棵樹木，甚至要花上更長的時間。當樹木開始消失，而我們卻不明所以，不知道該如何是好時，這種節奏最終只能以悲劇收場。

我們學到了很多猢猻木的知識，但我們知道的仍然太少。關於這種樹的授粉量化資料相對來說極少，再加上授粉者的生態系統策略，很難判斷這些授粉行為的成功程度。我們也不知道這棵樹要花多久的時間才能自然再生。年輕的猢猻木與其他樹種長得很像，即使近距離觀察，微小的樹苗也很難與附近其他一般長相的樹苗區分；年輕的樹木並沒有掌狀複葉和粗厚的樹幹。215

IUCN 要為猢猻木評定威脅等級的路徑相當艱難，不只是因為區域變異，也因為這個排名所帶來的影響。IUCN 的九個評級類別，從「最令人憂心」到「最有希望」依序是：滅絕（Extinct）、野外滅絕（Extinct in the Wild）、極危（Critically Endangered）、瀕危（Endangered）、易危（Vulnerable）、近危（Near Threatened）、無危（Least Concern）、數據缺乏（Data Deficient）及未評估（Not Evaluated）。樹木歸入某個特定類別後，可能對出口政策、當地法律、樹木副產品的使用、甚至是進一步細查樹木的資金等，都會引發一連串影響。

紅色名錄廣為人知，已出現在世界各地雜誌無數熱門的保育文章中，但作為世界主要的保育政策及程序系統，它的歷史演變及其他工作相關面向，卻得不到那麼多認可。IUCN 在一九六〇年代制定了紅色名錄，早期的版本多半根據常識和專家經驗，而非明確的標準。後來發現，單靠權威的簡單評估已不夠，於是 IUCN 在一九九〇年代初期引入新的準則。

今日，從原始資料到列入紅色名錄的過程，需要全球夥伴的參與、尋找專業顧問、舉辦研討會和進行一致性檢查，並經歷漫長且複雜的程序。這個過程可能需要好幾年，而在這段時間內，當地的保育狀態可能早已出現變化。因此，我們可以理解猢猻木的狀態為什麼仍維持舊有的評級。不過，這仍是個早該完成的任務。

物種的生存早已不是唯一能打開保育大鎖的鑰匙。生態系統不只是支持單一物種，而是很多個，而生態系統的保育在二〇一三年變成 IUCN 的工作，當時他們擬出 IUCN 的生態系統紅色名錄（Red List of Ecosystems, RLE），為全球提供一套架構，用來記錄世界各地生態系統的狀態。在五年內，RLE 的協定已被用於評估一百個國家、各種地理範圍內的兩千八百二十一個生態系統——這些協定皆致力於評估生態系統崩潰的風險。

或許你有一棵健康的樹、一片健康的森林，甚至是一個豐富的物種，但如果棲息地面臨衰退，那這些樹就有危險。拯救生態系統往往是拯救物種最強效的方法，因為在任何一個生態系統中都存在著豐富的物種——從常見的，到靠著前踋節苦苦堅持的都有。[216]

儘管面對威脅，非洲猢猻木仍擁有自身的優勢。這種樹很容易移植和生長。物種的復育或許取決於保育策略，例如在撒哈拉以南的廣大地區到處種植幼苗。但至少現在，它還活著。

在未來漫長而黑暗的路上，猢猻木的生存機率具有不少優勢：分布廣闊、基因多樣、數目眾多、且因為它不適合當木材而免於被砍伐的威脅。當然，它也有很多劣勢：口渴的大象、根系淺、對其果實的強烈消費需求，以及地球暖化的危險。

與本書中的每一棵樹一樣，猢猻木的存亡與人類綁在一起。但是，猢猻木從深刻而餘韻悠長的過去裡存活了下來。正如彼得・馬修森（Peter Matthiessen）書裡所寫：「當下是狂野亂炸的光芒、是太陽、是一隻鳥、是孤高卓立的猢猻木——宛如那棵人類誕生之樹。」[217]

Ch 11｜浸水的奇蹟：落羽松及濕地

Taxodium distichum

愛上沼澤……就是愛上那些沉默和最邊緣的東西，那些存在陰影之中，從泥濘裡奮力而出，並沿著世人最常稱頌之物的潮濕邊緣急行的東西。沼澤及泥沼是變遷和野性生長的地方……想像力能夠在此突變與結合。

——芭芭拉・赫德（Barbara Hurd），《攪泥》（*Stirring the Mud*）

南佛羅里達的大柏樹國家保護區（Big Cypress National Preserve）是一片與當前世界毫無關聯的土地。當你慢慢涉水走過深及臀部的黑暗水域時，你的眼睛只會注意到周圍的動物和植物上，看不到其他人類的身影。在沼澤中行走，你很容易成為任何時代中的孤獨旅人。

遠處傳來鳥鳴聲，身邊懸浮著昆蟲，斑駁的陽光翩翩起舞。公園面積約有三千平方公里，你得走很久，才會見到任何文明的痕跡。然而，在整趟旅程中，一直都有優秀的旅伴：高大的落羽松，它們像哨兵一樣矗立在旁，筆直地從水中冒出來。

這樣的場景在美國東南部的其他地區仍能見到，例如維吉尼亞州及北卡羅來納州龐大的大陰鬱沼澤國家野生動物保護區（Great Dismal Swamp National Wildlife Refuge）、南卡羅來納州的四洞沼澤（Four Hole Swamp）、路易斯安那州的阿查法拉亞盆地（Atchafalaya Basin）、及美國南部無數的小型水域和死水區等。

樹木需要水，這是無庸置疑的。但少數樹木已經適應了異常潮濕的環境，落羽松正是其中之一，其樹幹和根系即使大多浸泡在水中，也依然能茁壯成長。落羽松是落葉針葉樹，英文名直譯為「禿頭的柏樹」（bald cypress），與那些常年翠綠的鄰居們——如火炬松、南方櫟樹及大王松等——相比，落羽松在初秋時便會落下棕褐色、肉桂色和豔橘色的葉子。

落羽松是濕地的居民，而濕地是地球上最有價值、最重要的生態系統之一。常有人把它的英文名寫成一個簡短的三音節字詞「baldcypress」。落羽松的學名是*Taxodium distichum*，在史前時期，落羽松曾覆蓋美國東南部約十七萬平方公里的土地，現在則減少到大約十二萬平方公里。

落羽松橫跨大西洋沿岸平原分布，從紐約南部一直延伸到德州東部，因其鍾愛水域的特性，在密西西比河岸的分布密度更高，並往南延伸到佛羅里達州的末端。墨西哥也有一種基因幾乎完全相同的版本：墨西哥落羽松，又名蒙特祖瑪柏樹（*T. mucronatum*），它在落羽松的生存故事裡也會上場。[218]

落羽松擁有好幾種對世界來說極為有利的特質。它是一種頑強的植物，對靜水或洪水的適應良好，其根系深入地底，能抵抗強風。落羽松已經在當前的棲息地生長了很長一段時間，但也能適應其他氣候較乾燥的地方。即使環境因人類及惡劣天氣而出現改變，它的壽命和適應能力對它而言仍然是有利的。此外，這種樹也為墨西哥灣沿岸提供了抵抗風暴的關鍵緩衝區。但是，儘管落羽松耐鹽的能力不算太差，但由於氣候變遷導致的暴風雨及漲潮，海平面上升導致鹽分有可能入侵，是它面臨最重大的威脅之一。目前科學家正在進行無數的研究，尋找提高樹木耐鹽性的方法。

除了穩定性，落羽松也與其它植物完美融合，這也讓它能繼續在地球上持續存在和繁榮。它是一棵看似前途一切光明的樹——儘管這當中仍有一些重要的警訊要留意。

我們能從化石紀錄及樹木年代學中獲得知識，但還有其他方法可以將樹木的大量資訊從古代中挽救出來。潛水員最近在距離美國阿拉巴馬州海岸外幾公里處的墨西哥灣，發現了一片七萬多歲的落羽松林，位於十八公尺的水下。雖然這些樹木已經死亡，但它們仍然留在原地，排列成森林的模樣，有些直立著，有些則平躺，直到它們被沉積物掩埋。這片森林或許是被二〇〇五年的卡崔娜颶風揭露出來，成為人工魚礁，吸引了無數物種聚集，生氣勃勃。

這些原木極為巨大。有些樹樁的直徑接近兩公尺，在死亡前可能已經存活了好幾千年。這些巨木的樣本定年在更新世（Pleistocene）的末期，但它仍然是木質，沒有石化成石頭；它們被帶上水面後切割，馬上釋放出樹脂及新鮮落羽松的氣味。

這些樹木載滿了數千年前的有機成分，包括木質素、纖維素、戊聚醣、苯、乙醚和其他成分。

這些樣本有助於我們了解當時氣候和環境對木材的影響，以及樹木這七萬年來關於自身演化的資料。還有一個額外的好處是，樣本的年輪對研究樹木年代學的各個面向都至關重要。[219]

幾十年前，落羽松以其它充滿浸水感的俗名而聞名：沼澤柏樹及潮水柏樹。它已經適應了擁有異常長的根系，有助於將樹木固定在泥濘、濕透的土壤中，從而提供支撐。此外，落羽松也具有一種液態的傳播種子方法，這個過程稱為「水傳播」（hydrochory），也就是透過水來散布種子，而不是依靠比較常見的方式，例如被動物吃掉並隨著排泄物傳播，或隨風飄散等。

落羽松的木材也能抵抗蟲子和腐爛，這種適應能力讓它們能在潮濕的地方茁壯成長。在成熟落羽松的心材中，可以發現「絲柏油烯」（cypressene），這是一種天然防腐劑，賦予木材特有的抗蟲能力，不過這種油的形成過程及其具體作用仍未完全了解。絲柏油烯是黃綠色、黏稠、幾乎無味的物質，它需要幾十年的時間才能在木材中積累，因此成熟的落羽松比年輕的樹木更能抵抗腐爛。

在氣候變遷的影響下，未來的海平面上升從一種「可能性」變成「科學上的確定性」，而鹽水將考驗低窪地區的落羽松和其他樹木的生存能力。在這方面，科學家正在進行許多充滿希望的工作。

水文學家指出，有些樹叢在被海水入侵的地區依然生存得相當好，而另一些則過得不太好。這些耐鹽性的變化表示物種內部產生一定程度的自然變異，以適應高鹽分的環境。如果植物學家能夠利用選擇性育種或基因操作來改良這些樹木，或許能創造出一種全新的防禦機制，來應對海平面上升。過高的鹽度本來就是植物會碰到的問題，儘管植物學家了解其中的許多生化交互作用，但有些機制仍難以捉摸。

培育落羽松的耐鹽性也有助於保護其他易受海平面上升而受到影響的沿海樹木。落羽松本就在沿岸地區擔任哨兵的角色——抵禦湧起的暴風雨、過濾水源、吸收汙染物，並為形形色色的生命提供庇護。隨著上升的海水侵入落羽松的棲息地，科學家提出了多種方法來解決鹽度問題。

近年來，其中一項很有希望的方法是，使用耐鹽內生菌（真菌和細菌）幫樹木接種，從而提高它們的耐鹽性。生態學家希望這些接種能讓內生菌長期停駐在根系裡。另一個潛在的方法是在水中使用水楊酸，樹木吸收適當濃度的水楊酸後，可以獲得顯著的益處：改善枝芽及根系的長度、增加葉綠素的數量，以及其他代表樹木生長良好的細微跡象。

研究人員正抽絲剝繭揭開樹木機制的奧祕，例如對水通道蛋白（Aquaporin）的研究，這是一種所有生物體內都可以找到的蛋白質，能夠穿過細胞膜運輸水分。水通道蛋白的活性對植物水分移動的影響仍待闡明，但新近研究已為植物水力學提供了機制及功能的新見解。[220]

許多作家曾談到落羽松在潮濕的環境中依然保持挺立的能力，半個世紀前，美國自然作家盧瑟福・H・普拉特（Rutherford H. Platt）和其他人一樣，用反問句來表達：「樹根在不穩定、幾乎無底的泥巴中摸索著，一棵樹怎麼能把樹幹豎立到超過三十公尺甚至更高的空中？」

落羽松的木材很沉重，剛砍下來的原木會沉入水中。笨重的樹幹似乎只要稍微晃動一下，就可以把樹根從泥裡整個拉扯出來，然後倒塌。但落羽松卻成功完成了一項卓越的工程壯舉。樹幹的底部在水面上展開。在乾旱或排水導致落羽松沼澤水位下降時，可以看到它球狀的底部，並向水面下延伸一點二到一點五公尺。

落羽松的形狀像一個瓶頸很長的巨大瓶子，這有助於樹木保持在垂直的位置，普拉特描述這種樹變成「加了重量的玩具小丑，永遠推不倒」。[221]但普拉特指出，關鍵的問題是，樹木怎麼將氧氣送到根部？長期以來，人們認為樹木的「膝蓋」就是答案：這些像高蹺一樣的突出物，出現在水面上方至少三十公分，能為樹木提供穩定性。

生物學家原本認為這些「膝蓋」是根部的助手，能將氧氣傳輸到水下，就像根部的呼吸通氣管一樣。然而，最近的研究證實，根部和膝蓋之間並不會交換氧氣或二氧化碳，儘管過去的一百八十年來，植物學零零星星的研究不斷，但根部如何存活仍然是個謎。[222]落羽松與水的關係究竟如何，只有它自己知道。

在自然界中，求生是一場激戰：生物會回應不斷變化的環境條件，以及來自其他生物的威脅，而其他生物也會演化，以進一步利用其周圍的環境。落羽松自然演化出的防水能力，結合育種干預的可能性，或許預示了未來會出現更強健的時代。要支持樹木的生存，最好的時機是在它數量最豐富的時候，而不是在衰退的時候，我們從「豐富」中要學的東西，比從「損失」中要學的更多。

但也別高枕無憂。從豐富逐漸走向衰退，是一份漫長、痛苦而乏味的清單。以庸鰈（Atlantic halibut）為例，這種大比目魚如今已被國際自然保護聯盟（IUCN）列為瀕危物種，由於過度捕撈，其現存數量只是歷史高峰時期的一小部分。一八七九年，在新英格蘭的格洛斯特港（Gloucester Harbor），就曾捕撈並販售了一千一百多萬噸的大比目魚，其中大多是來自五十艘左右的漁船船隊從深海捕獲送來。若將這一港口的捕撈量乘上大西洋沿岸眾多的漁港數目，每年大比目魚捕撈的數量可增加到數億噸。

一八八四年，美國政府的一份漁業報告如此記載：「一艘漁船在一個上午，就能卸下、過磅、包裝並裝車運出三十四公噸比目魚，隔日清晨，這些魚就能在紐約和費城上市販售，這並不罕見。」[223]

落羽松一旦消失，世界將會變得更加貧乏，因為它不再是蟾蜍、青蛙、短吻鱷和其他動物的兩棲類育嬰場所，也不再以種子的形式為鳥類和小型哺乳動物提供寶貴的食物來源。這種樹對水鳥來說更是助力，因為其所在的淺沼澤富含海岸線植被、甲殼類動物和昆蟲，這些都是鵜和鴨的食物。

若我們將鏡頭拉近，你會發現在落羽松之中與四周存在一整個世界。沒有一棵樹只是地面上毫無生氣的木頭柱子；每一棵樹都是長時間生長、光合作用、呼吸作用、氧化作用、吸收作用及相互作用的奇蹟。

它的種子哺育了沙丘鶴和大藍鷺，那些披蓋在樹上常見的西班牙苔蘚則是鳥兒的食物。小昆蟲啃食它的葉子；美國白蛾（Fall webworm）、香冠柏介殼蟲（Monterey cypress scale）、小蠹蟲（bark beetles）都逐漸將這棵樹納入它們的飲食中，並依賴它所提供的食物。無論是個體還是集體，落羽松都承載著生態的重擔；若將它從景觀中移除，它所乘載的生物多樣性就會消失——在地球上又留下另一個傷痕。

有一種鳥也與落羽松的歷史緊密相連：象牙嘴啄木鳥（Ivory-billed woodpecker）。這種啄木鳥由於體型龐大，被稱為「主啊神鳥」（Lord God Bird），因為人們第一次見到它時總會發出這樣的驚嘆。象牙嘴啄木鳥已經絕跡，牠們的故事發生在最深的沼澤及落羽松密林之中。一名作家稱牠為「幽靈鳥」，因為「這種獵物是一種如幽靈般的鳥，一種既存在又不存在的生物」。[224]

牠的存活與否長久以來爭議不斷，至今仍未休止。過去兩個世紀以來，這種鳥類的生活史告訴我們，牠的主要棲息地是落羽松，尤其在佛羅里達州，因為這些樹曾徹底主宰了這一片景觀。

雖然象牙嘴啄木鳥的故事，是一個關於生與可能死亡的故事，但落羽松也透過自身的死亡，為啄木鳥的存續做出貢獻。象牙嘴啄木鳥需要從枯木樹幹上採集幼蟲和其他昆蟲。這些幼蟲正是牠們最喜愛的食物。由於象牙嘴啄木鳥的鳥嘴比其他鳥類更大，也更強壯（至少在落羽松廣布的偏遠地區是如此），透過這獨特的優勢，牠們能撬開原木上殘留的樹皮，覓得棲息於樹皮與邊材之間、樹木柔軟外層中的美味幼蟲。

這些小生物包括數種甲蟲，其中有寶石甲蟲，還有一類極為貪婪的甲蟲：小蠹蟲，它們因為習慣棲身於樹皮下方而被稱為「樹皮甲蟲」（scolytids）。這些小蠹蟲極度適應溫暖潮濕的氣候，已對森林系統、農作物、城市景觀及苗圃造成無數危害。但對象牙嘴啄木鳥來說，小蠹蟲的幼蟲就是美味佳餚。

這些樹木不僅提供食物，也提供庇護；由於巨大的樹洞適合築巢，是理想的棲息地。若這隻鳥仍以某種難以置信的方式存活著，那麼牠很可能倖存在落羽松沼澤的試煉之地中。但若這些樹未能在象牙嘴啄木鳥數量日益減少的區域存活下來，那麼毫無疑問，這種鳥早就在很久以前就徹底滅絕了。

除了具代表性的啄木鳥和那些甲蟲外，還有許多物種已經演化出特定的方式來利用落羽松。落羽松錐蟲蛾（*Dioryctria pygmaeella*）是一種口吻蛾，得名於其嘴部上方延伸出的鼻狀部位。錐蟲蛾是一種嚴重的害蟲，會吃落羽松的毬果，這些毬果包含有樹木的生殖部位。

這種樹也容易受到掠食者攻擊，例如沼澤兔（*Sylvilagus Aquaticus*），是一種奇特的生物，以落羽松的根部為食，然後把食物排出；其他的兔子會吃掉這些排泄物，再次消化後排出。沼澤兔這個名字是否聽起來很耳熟呢？也許你記得當年吉米・卡特（Jimmy Carter）任職總統時發生的「殺手兔」攻擊事件（Jimmy Carter rabbit incident）；他當時獨自搭船外出，結果在途中似乎被一隻沼澤兔衝撞。[225]

樹木也能與天空對話，透過從高空研究它們的工具，搭配衛星與其他更靠近地球的裝置設備，這些來自高處的工具能夠感測濕地環境的運作機制。大衛・湯普森（David Thompson）是美國南加州 NASA 噴射推進實驗室（JPL）的儀器科學家，他告訴我，要我把樹木想像成是「光學機器」。他觀察到「它們透過向天空展示行光合作用的表面來維持生存。」而它們這麼做是出自多種演化策略，加上相關的化學和結構上的變異，會導致同樣多樣化的光學「指紋」，可以從空中或軌道上看到。

從數學上來看，樹木顏色的多樣性涵蓋了我們肉眼看不見的波長，而且其變化程度遠遠超過我們能辨識的範圍，甚至遠超出我們神經結構所能感知的極限。光譜學能測量這種多樣性，並讓我們用數學去量化那些直覺無法處理的部分。[226]

JPL 碳循環及生態系統小組的成員凱瑞・考斯-尼克遜（Kerry Cawse-Nicholson），提供了一份具有啟發性的清單，列出了遙測技術可用來研究樹木所處更大環境的其他方法：感測器能測量地面或土壤表面濕度的能力；地表溫度在一天內、不同季節以及長期時間尺度上的變化；大氣和雲層在該生態系統中的表現；以及樹木吸收或排放的二氧化碳量。[227]

濕地目前已是世界各地保育工作的重點。濕地可以作為供水的水庫、在河口三角洲系統中捕捉並累積沉積物、緩衝天氣和風暴的影響，還可以延緩湧入的水流速度，使其有足夠的時間讓沉積物沉澱。落羽松沼澤可以積累厚達一公尺的有機物，這些有機物就像墊子，有助於蓄水。

如果你聽過「慢暴力」——指的是環境退化所造成的慢性災難——那麼沼澤就是「慢和平」：濕地所帶來的平靜與有益健康的效應。

落羽松不僅是北美洲的現象；其他國家也關心這種樹的成敗。中國擁有全球第四大的濕地總面積，該國的科學家也正在為防止濕地流失與惡化而奮戰。落羽松的穩定性和它對沼澤地帶的熱愛，使其成為當地種植新苗的理想候選樹種，尤其中國的濕地氣候與美國南部十分相似。中國植物學家已經開始將落羽松與其他近緣物種雜交，期望發揮它們濕地中的適應能力。

這種雜交的方法涉及將落羽松與墨西哥落羽松進行培育：本質上是同一種樹的兩種地理變異。這些努力旨在結合兩者的優點：墨西哥落羽松能適應中國濕地常見的鹼性土壤，而落羽松即使浸水也能保持穩定。

考斯-尼克遜也觀指出，相較其他生態系統，濕地往往更難研究，只因為濕地介於水域及陸地的模糊界線上。從古至今，研究水體和陸地的科學社群一直是各自分開工作。為陸地遠距研究所設計的演算法不一定適合濕地，而為水域所設計的演算法也同樣如此。

相對來說，濕地相對也較缺乏田野資料，因為與其想辦法涉過淺水，穿越陸地的速度比較快，也比較容易。那些能夠提供更好空間解析度、繪圖頻率及資料可用性的技術，通常最適合用於大面積的陸地，因為這些陸地能提供更多的研究區域，以及更大的多樣性和細節。

從十九世紀到二十世紀間，落羽松不斷衰退，意味著可供研究的區域愈來愈少。關於落羽松原木產量，最早的統計資料直到一八六九年才首次出現，當時的產量約為兩百七十萬立方公尺。根據二十世紀初期的報告指出，未被砍倒的落羽松（在當時的行話中稱為「可銷售的」樹木）的數量達到三十一億立方公尺。

落羽松所生產的木材在一九一三年達到最高點，約為一億立方公尺，然後以穩定的速度逐漸減少。落羽松最新的木材統計資料來自一九五四年，當時這種樹的砍伐量依然很高。儘管那一年的生產量僅有兩千兩百六十萬立方公尺，那依然是一大堆木材，大約可以建造出一萬九千棟、每棟約為五十六坪的房屋。

木材貿易仍然以落羽松為中心。但產業界目前對木材的興趣大多在於落羽松的「水下生命」。沉水落羽松（sinker cypress）是來自十九世紀初砍伐的古老落羽松原木，而後淹沒在美國南部的沼澤、海灣及河水裡；尤其是帶有孔洞的沉水落羽松（pecky sinker cypress），這是一種特殊等級的沉木，樹木在還活著時就被落羽松勞氏菌（*Laurilliella taxodii*）侵入，真菌在木質中形成管狀孔洞，使木材帶有工藝品般的外觀。

這種木材可能不適合做成餐桌，因為你需要不斷從桌上吸出小孩留下的鬆餅碎屑，還得想辦法吸乾流進那些管狀孔洞的液體。不過，雖然這些孔洞提供的獨特美感深受建築師及工匠青睞，但真菌會損害活樹，通常會從樹冠開始，經由樹幹向下蔓延。這是一場寫在木材上的戰鬥。

在美國東南部，尋找沉水落羽松的位置及復育為許多小型產業提供了大生意。紋理緊密的老落羽松用途廣泛，水下伐木的商人則是尋找並回收這些罕見的老木材。每一棵從幽暗河流中打撈上來的樹，都代表著一棵不必為了供應市場需求而被砍伐的樹。

幾十年來，伐木工人砍倒了許多這些巨大、泡在水裡的樹，但並未將它們收回利用；有些砍斷後綁在木筏上，準備漂流到下游的加工廠，卻在中途鬆脫並沉入水裡；還有一些可能在河岸邊老死後沉入水中。潛水員把大吊環固定到原木上，然後一根一根將它們拉上來。這些老舊木材一旦售出，其價格可以高達新木材的十倍。

收成的浸水木材有個極高價值的潛在用途，便是用於高級小提琴和其他樂器的製作。史特拉第瓦里（Stradivarius）在製作與他同名的小提琴時，會將木材浸入水中，去除樹脂和膠質。為樂器找到剛好合適的沉水木材——有些甚至已經沉睡數百年——是一項難以預測的事業；在數千根各式各樣的原木中，可能連一根都達不到所需的品質要求。

人們總能以無窮的巧思利用木材，但沒有哪一種樹能滿足所有人的需求。第一次世界大戰期間，木製飛機才剛剛飛上天，英國政府為航空用途而購買了大量落羽松。但政府官員發現這種木材並不適合，導致一位專家口中「令人遺憾的結果」。

不過，一般來說，落羽松的木材相當耐用。軟度適中又十分耐久，因此幾個世紀以來廣受歡迎，這種樹是美國南部的一項重要資源，被用於鐵路枕木、柱子、屋頂板及一般建築用途的原木上。

不過，對昆蟲與寄生蟲具高度免疫力，或許是落羽松最具商業利益的特性。隨著城市和城鎮不斷發展，人們使用落羽松木材建造大型儲水槽、木桶以及其他容易受水、天氣或高濕度影響的建築結構。

這種木材也很適合當成釀造烈酒的酒桶，因為它沒有令人不快的風味，味道也不會轉移到儲存的烈酒中。由於落羽松原木夠長且具一定密度，造船工人也會使用它來製作船體和甲板，美洲原住民也會用落羽松的樹幹打造出可容納三十人的獨木舟。

這種樹也經常培育成日本盆栽的形式。迷你化改變了樹木的命名方式。盆栽愛好者會將落羽松斜伸的根稱為「槽狀根」（fluted），而不是「板根」（buttressed）。這樣的命名轉變是合理的，因為「槽狀」一詞暗示著一種細緻感，不適用於生長在美國南部沼澤中那種完整尺寸的原木版本。

這種袖珍的樹木能夠在南加州內陸等炎熱乾燥的地中海型氣候中成功生長，這意味著落羽松的微型型態能夠適應一些大型同類所無法接受的變化。在發展根系的過程中，它們脫離多水的環境，轉向更乾燥的生活型態。盆景愛好者通常會在冬天收集它們，如果你也想尋找，可能得走在路易斯安那州深及小腿的水中，周圍是高達八到九公尺的樹木。當你找到一棵槽根型態良好的小樹，就可以彎下腰，在水面下最寬的地方將它切下。樹的頂部也會被切斷。基本上盆栽大師只會拿到剩下來的一根原木。

然後，這棵樹會從兩端重新生長，一邊生根一邊發芽，成為一個袖珍的綠色希望。它是大樹的縮影，代表著更大、更古老的祖先，將自己的植物學特性刻進了更小的形式裡。盆栽跟它們較大的版本一樣，也可以活上數千年。

在中國進行雜交育種的墨西哥品種，也像其在美國東南部的同類一樣，大多生長在水邊。在納瓦特語（Nahuatl）中，落羽松的名字是「āhuēhuētl」，意思是「水中的直立鼓」，也指「水中的老人」。與美國版本相比，這棵樹在墨西哥文化中有著更深遠的影響。自一九一〇年墨西哥革命爆發以來，落羽松一直是墨西哥的國樹，無數的原住民群體都視它為聖樹。在薩波特克（Zapotec）及阿茲特克（Aztec）史前文化中，墨西哥落羽松都扮演著重要的角色；「āhuēhuētl」

及「pōchōtl」（吉貝木棉，*Ceiba pentandra*）的共同樹蔭代表了統治者的權威。

墨西哥的建築商和美國的同行一樣，經常使用墨西哥落羽松，但墨西哥人還發現了更多的用途：數個世紀以來，落羽松的樹脂被用來治療痛風、潰瘍、傷口和牙痛，來自木材的柏油則是支氣管炎的舒緩劑。

樹木會對無數種刺激做出反應，其中有許多我們尚未能分類，甚至超出我們的理解範圍。因此，即使墨西哥落羽松的基因與北方的「同胞」幾乎完全相同，但透過演化形塑後的差異卻很驚人：它們沒有瘤狀的膝部，而是變得更加粗壯——真的很粗壯。尤其在墨西哥的高地，其中一棵位於瓦哈卡（Oaxaca）的樹木（El Árbol del Tule）是目前已知最寬的樹木，直徑超過十一公尺。這意味著這棵樹的周長有三十六公尺，超越最大的海岸紅杉，樹圍也勝過能大量儲水的巨大猢猻木。

當墨西哥落羽松變「圓潤」的同時，美國的落羽松卻變「老」了。在它們同類之中，有一棵名列全世界最古老的十棵樹之一（被命名為BLK227），位於北卡羅來納州黑河（Black River）上的三姊妹沼澤（Three Sisters Swamp）；黑河流經十分古老的森林濕地。這棵特別的落羽松已經有兩千六百二十九歲，是北美洲東部最古老的活樹。也就是說，這棵樹是在公元前六百零五年發芽的。它所生長的河灣裡還有與它年齡相近的其他樹木，將美國東南部的古氣候紀錄又往前推了九百年。

這就是樹木年代學獨特的魅力所在：可以精確判斷樹木的生長年分，甚至是一年當中的某個特定時期。對於樹木年代學的分析來說，這片濕地中的水質也非常理想——清淨、無汙染，沒有有毒元素。

古老的落羽松和窪地闊葉樹能夠存活至今，只因為它們的生長地勢太低，常常碰到洪水，因此不適合砍伐。研究這些古老樹木的科學家使用樹木年代學和碳十四定年法來確定日期，並記錄了黑河樹木的驚人長壽。儘管這些定年工具提供了有關年齡及環境的細節，但人們仍然可以用肉眼觀察落羽松以及其他樹木，來估算它們年齡。雖然這種方法不一定可靠，但它能讓人快速瀏覽許多樹木，從中得出大致的結論。

光看樹幹的體積或高度不一定可靠。但了解物種特質的「樹語者」可以透過更細微的線索來判別年齡：樹木扭曲的方式、樹幹或樹枝上的樹瘤或畸形、沉重的主枝，及通常位於樹木基部的中空空隙等。隨著樹木愈來愈老，樹木會積累出一層層凹凸不平、滿是皺紋的證據，記錄著它們的生命歷程——所經歷的艱難困苦、成長與存活、以及身體形態的改變。

如今大家都在談論二氧化碳，及其在地球衰退中的作用，但這些討論大多集中在「綠碳」——也就是碳在陸地上的封存或釋放。然而，沿海地區及其植物在關於碳的議題中，也是舉足輕重的角色，它們儲存的是所謂的「藍碳」（blue carbon）——這一術語首次出現在二〇〇九年，指的是封存在沿海與淺海生態系統中的碳。

含有落羽松的潮汐沼澤森林，同時參與了二氧化碳的排放與封存。這些碳儲存在植物體和沉積物中，而沿海棲息地約占海洋沉積物中碳封存量的一半。成立於二〇一五年的「藍碳倡議」（Blue Carbon Initiative）是很重要的科學行動之一，目的是管理水域中的碳挑戰。這項倡議可說是IUCN的初期版本：透過保育行動來減緩氣候變遷的全球計畫——而倡議的重點則是修復沿海及海洋生態系統。[228]

濕地的復育會運用到多種技術，包括種植原生植物、移除外來種，並以當地有較長演化歷史的植物取代外來種。利用潮汐作用讓水流動也是另一項策略，這樣可以減少沉積物，促進原生植物生長，進而排擠入侵物種，並減少蚊子滋生。

鹽水與淡水的交換也有助於降低甲烷的排放——這是一種目前尚未成為熱門話題的溫室氣體。當有機物在缺氧的環境中分解，會產生甲烷，這個過程稱為「厭氧分解」。濕地特別容易產生甲烷，因為這裡通常是厭氧環境。

甲烷不像二氧化碳那麼常上新聞頭條，因為在所有溫室氣體的排放量中，甲烷所占的比例小多了。但甲烷卻是造成全球暖化的關鍵來源，平均而言，今日的暖化至少有四分之一來自人類產生的甲烷（在美國比較少，其他國家相對比較多）。甲烷在進入大氣後的前二十年內，其升溫能力是二氧化碳的八十倍以上。之後它的效應會減弱，而數量更多、持續時間更長的二氧化碳，其影響會延續得更久。

因此，你父親開的那台奧茲摩比（Oldsmobile）汽車排放的二氧化碳，至今仍可能留在大氣中，讓地球持續變暖。甚至，你曾祖父搭的那台蒸汽火車燃燒的煤炭所排放出的二氧化碳，可能仍有不少留在大氣中。但今日及未來幾十年的氣候變遷壓力，其實有更多是來自甲烷。

與此同時，沿海的藍碳生態系統也是地球上最受嚴重威脅的生態系統之一，估計每年會消失三十四萬到九十八萬公頃。這是非常糟糕的趨勢。濕地不僅難以研究，要在裡面工作也很困難，不易從中提取資源，在講求進步與效率的現代，濕地通常是個麻煩。因此，我們經常排掉濕地的水，疏浚後填滿整平，或以其他方式改造為最適合平坦乾燥土地的其他用途。

在這些濕地改造的過程中，移除能夠封存碳的植物與沉積物，會將溫室氣體釋放到大氣中，讓問題更加嚴重。這些改造不僅移除濕地未來降低碳排放的效益（也移除了濕地的娛樂性及保護沿海地區等方面的作用），也會將長久吸存的碳和甲烷重新釋放回大氣中。

我們難以控制那些排放至空中的有害氣體，儘管各界嘗試控制這些排放，但這類議題在政治上充滿爭議，不過，努力解決溫室氣體問題的科學家，則採取了一種繞過排放源的方法，改將焦點放在「轉換」的角度上。最有效的做法之一，就是大規模的濕地復育：把已經失去的效益找回來。這項工作很難，有時在經濟、法律或後勤面上都難以實踐。但小規模的努力已經看到它的效果，而且積少成多。

以路易斯安那州為例，這個州既不富裕也不進步，基礎設施是美國排名第四十七、財政穩定排第四十二、自然環境推廣更是排在第四十九；然而在這裡，一些合作計畫已經復育了適合落羽松生長的潮汐沼澤。

二〇一三年，一個由私人復育團體資助的計畫在路易斯安那沼澤進行，恢復了潮汐灌木叢棲地，清除入侵的外來種「鵜草」，重新種植了兩萬八千棵原生樹木和灌木，並拆除防洪堤，讓潮水可以每天流入沼澤兩次，恢復了該地的自然水文循環。

人們常將聯邦政府視為阻礙進步的官僚機構，但對於環境計畫來說，情況可能恰恰相反，聯邦政府可以提供資金及工程資源、時程規畫及勞力，而這些在貧困社區中往往特別缺乏。

二〇二二年，美國國家海洋及大氣總署（NOAA）在路易斯安那州的巴拉塔瑞亞盆地（Barataria Basin）開始一項大型計畫，將打造一片一千兩百英畝的濕地，為各種魚類及野生動物族群創造棲地，減少侵蝕並降低風暴的衝擊。為此，NOAA 將從附近的密西西比州挖出相當於兩個超級巨蛋體育場的沉積物，並以管線運送十一公里以填滿目標區域。透過這樣一個又一個的沼澤計劃，類似的專案規模不斷擴大，就能開始鬆動氣候變遷這顆已經生鏽的螺絲，使它朝著正確的方向轉動。229

關於鹹水濕地問題，其實還有另一種轉折：雖然較高的鹽度會讓落羽松面臨風險，但鹽分增加後，卻為氣候提供強烈的冷卻作用。濕地的潮汐愈多，愈能有效減少甲烷和二氧化碳的排放。目前，沿海濕地跟海水的連通早已支離破碎，過去因水產養殖、稻米生產及水禽管理等多種原因而淡化土地，使得如今濕地是由不同鹽度的小塊土地拼湊而成。

將愈來愈多的濕地與海洋重新連通，將會增加鹽度。但這個做法可能對落羽松來說並不理想。因此，增加樹木的鹽度或許不可避免，但我們可以加倍努力，尋找讓落羽松「接納鹽分」的解決方案。230

如今，我們已經意識到，那些在一個世紀前我們根本不了解的自然系統的複雜性，以及這些系統此刻所面臨的危險。而在所有的小徑與靜水之間，人類的情感始終是一條貫穿保育的主線。當我們談論衛星、遺傳學及光學儀器時，別忘了落羽松的家是呼喚著我們的美麗土地，滿溢著喧鬧的生命。

科學與情感，最終得出了類似的結論：這些樹和它們的家園值得被拯救。熱愛黑暗及野性之地的作家亨利·梭羅，早已了解這些地方不可侵犯的神聖本質，他寫道：「我走進沼澤，就像進入一座聖殿——至聖之所。在那裡，蘊含來自大自然的力量與精華。」231

Ch 12｜高聳的故事：雄偉的木棉樹

Ceiba pentandra

樹向大地學到了什麼，才能與天空對話？

——巴布羅·聶魯達（Pablo Neruda）

《疑問集》（*The Book of Questions*）

九月十一日，紐約市雙子星大樓倒塌已過二十年，我來到我能離文明世界最遠的地方，在秘魯亞馬遜雨林的馬德雷德迪奧斯河（Madre de Dios River）上，乘著一艘小摩托艇向北前進。儘管今天是沉重的日子，但我的情感及肉體都在另一個世界。此刻，我一心只想復活我自己的「塔樓」——也就是那些巨大的熱帶樹木。我們即將進入馬努生物圈保護區（Manú Biosphere Reserve）所謂的入口處，這裡也稱為馬努國家公園（Manú National Park）。

來到這裡需要極強的推動力，因為無數在家鄉的責任都要重新安排、延後、重新調整。此刻的我興奮不已，甚至開始在筆記本上自由聯想：入門藥物、通往荒野之地的出入口、天堂的門戶——最後那個還是劃掉吧。沒有天堂，只有這片大地上的生命。但這並不意味著大地上沒有天堂的空間。此刻已近傍晚，太陽低垂在西方空中，像個溫暖圓潤的芒果，遠方則是潘帝亞科亞（Pantiacolla）山脈的輪廓。

這一天過去了。在這趟為期兩週的旅途中，我們幾乎都在凌晨四點十五分起床，四點半在黑暗中吃早餐，然後在五點前準時上船。在河上的每個清晨，幾乎都會伴隨火焰般的日出，零散的雲朵被照出片片光亮，直到陽光灑下，滑過地平線，為天空染上難以言喻的美麗色調。

我們是同乘一條船的六個愛鳥人。陽光十分和煦；我們航行在樹冠的陰影中，船的前行帶來微風徐徐。我們用雙筒望遠鏡觀察樹梢，尋找鳥類的蹤跡。這趟旅程是普雷斯頓邀請我們的。普雷斯頓的婚期即將到來，他想發動一次前往秘魯的遠征，當作自己的告別單身派對——尋找角鵰（*Harpia harpyja*）的巢穴，這是世界上體型最大、性格最凶猛的鳥類之一。去年《國家地理頻道》的一部紀錄片以他為主角，講述了他十多年前發起的一項計畫——西維納科查湖集水區計畫（Sibinacocha Watershed Project），地點就在秘魯安地斯山脈海拔將近五千公尺的地方。

我跟普雷斯頓認識快四十年了。他比我小十歲，我們初次認識時，可以感覺到他的個性稜角分明，如今的他見識非凡，令人讚歎，既是環保主義者，又是攝影師、登山者及冒險愛好者。普雷斯頓曾前往安地斯山西維納科查湖考古遺址十次左右，他的研究促成了當地新的動植物物種的發現。

我們位在赤道以南，雖然距離赤道並不算太遠，但天氣並不像人們對熱帶地區的刻板印象那般炎熱。河岸上的植被高聳立起，在這個陽光明媚的日子，視野非常遼闊，滿眼綠意。馬達推動著我們逆流而上，有時通過崎嶇的河道，河水會濺到船上，有時則平穩寧靜。在整趟過程中，綠棕色的馬德雷德迪奧斯河蜿蜒著從我們身邊流過。

隨著摩托艇前行，翠鳥、橫紋蒼鷺、雨燕、燕子、鸚鵡和其他鳥類都相繼現身了。除了追逐角鵰，我也想尋找吉貝木棉（*Ceiba pentandra*）這種雄偉的樹木，它高聳於亞馬遜樹冠層之上，是這片大陸最高的生命形式。木棉對許多當地的原住民族群來說都具有神聖意義，綠色的圓錐形粗刺宛若盔甲，樹冠如巨傘般展開，如同所有樹木一樣，它連接著更廣泛、複雜的生態群落。

米格爾是我們這個小團體為期兩週的全職導遊，他的耳力非凡，跟其他研究鳥類的優秀田野博物學家一樣。聽覺通常是縮小範圍找到鳥兒的第一步，因為我們會先聽見聲音，然後才會看到鳥，有時甚至只聽得到叫聲，而不見其影。

今天，我們還有另一位當地嚮導，專門負責帶我們找到角鵰的巢穴。他說他叫以賽亞，應該是取自舊約聖經中那位先知的名字，他是古代耶路撒冷的權威人物，這位希伯來先知最出名的事蹟，便是在基督教紀元開始前大約七個世紀就預言了耶穌的降臨。我們的這位以賽亞也是先知：他對我們今天早上的路線充滿信心，他聲稱，這個地點至今尚未有像我們這樣的白人外來者到訪過。

我們在上午抵達了老鷹築巢的地點，巢中有一隻幼雛。稱一隻九十公分高的鳥為「幼雛」感覺很奇怪，但從鳥類學的角度來說確實如此。這個鳥巢極為巨大，築在一棵大約四十六公尺高的參天大樹上，可惜並不是木棉。但大自然並不會配合我們的敘事運作，而是按自己的時間表和計畫運轉。不過，以統計結果來說，木棉是成年角鵰最常築巢的樹種。這種樹木的中心部位通常寬闊而平坦，可能像寬敞的一房一廳公寓那麼大，為世界上最大的一種猛禽提供築巢的完美平台。

這隻幼雛是雌性的；牠對我們怒目而視，頭頂有大簇的灰色羽毛，深色的眼睛彷彿能看穿一切。牠極為珍貴，因為在地球上的一萬一千種禽鳥中，已知角鵰的繁殖週期最長，每三十到三十六個月才會孕育出一隻雛鳥。

有時，雛鳥會過重，因此角鵰母親會採取一種演化策略，停止餵食幼雛數天，讓牠減輕體重，這樣當牠離巢時才飛得起來。為了等母鳥回到樹上，我們等了好幾個小時，但牠始終沒有出現。我們覺得擔心了，也感到疑惑，等了又等，在泥濘的山坡上耗了半天，單筒望遠鏡、雙筒望遠鏡和相機始終瞄準樹冠，眼睛眨也不眨。

雖然沒看到親代，但能看到小角鵰還是太棒了，我們拍了幾百張照片，還錄下了聲音及影片。角鵰的築巢地點並無詳細記錄，我們很高興能為已知的現存地點新增一筆資料，因為往後另一隻角鵰可能會在同一個地方築巢。米格爾認同以賽亞的想法，他說我們可能是第一批拜訪這棵森林深處大樹的白人。

黃昏降臨，我們離開了那棵樹，當地人和我們一起轉身說「Takichi watopo」，這是原住民亞馬遜語中的「謝謝」，感謝鳥兒讓我們通過。回到船上，這艘船貼切地被命名為「Aguila Arpia」——西班牙文中的「角鵰」，儘管這只是個巧合而已。

回程路上，我們看到了幾隻麝雉（hoatzin），這是一種外表看似史前動物的奇特鳥類，似乎很怕自己的影子。然後還有一隻紅頂蠟嘴雀（redcapped cardinal）、一隻群棲短嘴霸鶲（social flycatcher）及一隻藍頭鸚鵡（blue-headed parrot）。

我們六個截然不同的男人在水面上待了好幾天，有時在泥濘的地上，偶爾在中流的岩石平地上，尋找鳥類及其他生物。我向整個團隊灌輸我想看到在自然環境中的吉貝木棉，這讓事情變得更容易。每個人沿著河邊不斷指認這些樹。雖然這些樹可以長得如此巨大，但至少對我來說，哪些樹是木棉卻不是那麼明顯。木棉的分布密度相對較低，因此通常相隔數公里遠——當然，年輕的木棉樹不像老樹那麼巨大，因此在綿延不絕的綠景中更難找到它們的蹤影。

白翅燕子在船邊飛舞，船速以每小時三十多公里的速度悠閒前進，動力來自老舊的山葉船外機。水鳥隨處可見：各種白鷺和蒼鷺，還有許多在高空中飛行的鳥類，猛禽特別值得注意——王鷲、蝠隼以及不同尺寸的老鷹，都在提醒著我們：叢林中的大自然充滿了血腥與掠食。這些陳腔濫調是真的：這是一個充滿危險的地方。不過，只要保持警惕就沒事了，除非運氣特別壞。

人類的健康幸福和樹木一樣：某一天還是生機勃勃，下一刻可能就因為意外或突發事故而倒下。沒有什麼是確定不變的。

我們船上幾個人彼此並不熟識，只是因為我們共同的朋友普雷斯頓而聚在一起。但在整趟旅程中，大家都相處得非常融洽。其中有我的室友史蒂芬，來自科羅拉多州，是一家科技公司的執行長。他的體格像一棟房子，極為和藹又風趣，總是不停地自言自語。他還帶了一台衛星電話，讓我發了幾封報平安的訊息給家人。

還有強，一名超級馬拉松運動員，他是我見過最健壯、最具運動天賦的人之一，他擁有溫柔的靈魂，總能迅速說出幽默又帶點諷刺的話。三十八歲的羅伯特是我們這群人中最年輕的一員，在美國西岸過著漂泊的生活，擔任電影與電視的攝影指導助理，並在世界各地工作，這很適合他那種游牧生活方式。

第一次見到羅伯特時，我嚇了一跳，他簡直像是我已故兄弟吉恩的電影替身。他們有著同樣溫柔、帶著疑問的藍色眼睛，同樣高瘦的身材，同樣紮在腦後的金色長髮。他跟吉恩一樣溫和，但擁有吉恩所缺乏的堅定。

羅伯特擁有豐富的自然史經驗；他在玻利維亞的一家復健中心，與大型貓科動物一起工作了五年。我很想纏著他，打聽他在閒談間提到的那些被咬傷的疤痕，但這樣似乎太過奇怪，所以我打消了念頭。他也曾在納米比亞帶過野生動物探險團，他也是在那裡得到自己的第一本圖鑑，並開始對鳥類產生興趣。

他在這趟旅程中最想看的是秘魯的鳥類。他對鳥類的了解，幾乎跟我們的導遊米格爾一樣豐富。雖然有天晚上跟強一起出去找貓頭鷹時，我無意間聽到他喃喃自語說：「如果米格爾不在，我就只是個B級鳥類觀察者。」他也是我們這群人之中，除了米格爾和我們的廚師之外，唯一能說流利西班牙語的人。

羅伯特也很懂木棉樹，或許是因為在玻利維亞待過幾年。當船隻逆流而上的多數時間裡，我都坐在他旁邊。當我在叢林裡，努力建造對木棉樹的視覺詞彙時，他已經指出了一些樹木。羅伯特的傷疤在外面，但吉恩的傷痕是在內心裡面，他曾想結束生命，最後也做到了。

羅伯特截然不同，他想讓生命充滿活力。「沒有人會後悔看到日出。」有一天早上，他在船上開口了，不是特別對著某個人說。跟他一起消磨時間，我深感滿足。對地球上的每個物種來說，生命都在停滯的同時向前發展。

這條河——綠色、棕色或亮黑色，每天都隨著天氣及所攜帶的沉積物含量而變化，但總是緩慢而穩定地流動——我能感覺到，這條河對每個人來說都是一種深刻的滋養。它是消解我們家中日常生活裡一切複雜性及挑戰的解毒劑。

這個地方的「無時間感」，也改變了我對自己在地球上定位的理解。我們在旅途中穿越的兩條河（馬努河及馬德雷德迪奧斯河），人類航行其上至少有上萬年的時間。能成為這片共享生命的一小部分，成為無數曾沿著這些令人驚歎的水道前行的旅人之一，我感到十分榮幸。

我們的第六位成員是凱爾：溫暖、善良、溫和、有趣、聰明，是個徹底的嬉皮，也是普雷斯頓最老的朋友；他們從七年級就認識了，曾經一起環遊世界數個月。

我們每個人在某種程度上都是鳥類專家，但凱爾卻是一名出色的綜合型專家。他對鳥類並不是那麼感興趣，但卻時時留心。他是我們的耳目，並以某種無法言喻的方式體現了整座森林。他會在路上停下來拍攝真菌、植物及小動物。他對森林有一種全面的視野：關注森林的情緒、主題，以及森林中各種事物的來去。

我們幾乎一天二十四小時都沉醉於賞鳥，身處地球上最具鳥類多樣性的區域之一，令人興奮不已。傍晚到來時，我們會在黑暗中戴著頭燈，圍坐在桌子旁或營地裡，翻閱圖鑑，回顧當天的鳥類觀察；我們聆聽手機裡的鳥叫聲和歌聲；我們邊笑邊喝著蘇格蘭威士忌及葡萄酒，爭論著看到了哪些鳥。

由於全球疫情的緣故，我們常在各個鄉村小屋紮營，這裡就只有我們這群人而已；在少數情況下，我們造訪的地方甚至已經好幾個月沒有人來過了。許多建築物和小徑已破舊不堪、生鏽或雜草叢生，顯然已經荒廢許久。但我們依舊士氣高昂。

事實證明，我們確實很享受「見不到其他人」的感覺。而米格爾一有機會，甚至比我們更熱衷於鳥類觀察。他堅持每天晚餐後要帶我們出去，用燈和頭燈四處尋找貓頭鷹與夜鷹。每天早上，他都會用同一句蹩腳的英語來結束早餐：「該去做鳥類觀察了！」（Time to make birding!）我們聽了都會微笑，我也喜歡這句話的動態性：「做」鳥類觀察，表示我們正在努力投入，讓鳥類觀察變得更有趣、更充滿活力。

由於大家的注意力都集中在鳥類上，我忍不住擔心自己沒有機會近距離觀賞木棉樹，於是我把我的苦惱告訴米格爾。我完全沒想到他會有什麼安排。

有一天，我們跟平常一樣，跋涉過森林，前往某個特定的生態系統尋找新的鳥類物種。我們停下來吃午餐，米格爾和廚師為我們搭起露營用的小桌椅。有人喊了我的名字，我轉過身四處打量，它就在那，就在我身後不到九公尺的地方，聳立著一棵我有生以來看過最大的樹——一棵宏偉壯觀的木棉樹，它龐大的板根向四面八方延伸開來。

我靜默了一秒，隨即表現出我興奮時的習慣，脫口說出一連串的讚歎詞。雖然照片無法展現這棵樹的巨大，但我還是拍了數十張。

它的樹幹粗壯無比，使得樹冠下的所有植物都顯得渺小。雖然它的高度不及海岸紅杉，但周圍沒有任何東西推擠它，也沒能遮擋從樹根到樹梢的整個視野，讓我可以注視它那光滑且未受破壞的樹幹。絞殺榕只是象徵性地纏繞在樹幹的部分地方，但與這棵樹難以置信的龐大體積相比，它們就像細絲一般。

木棉樹的上層樹冠伸展開來，就像一朵巨大的蘑菇；也像是森林裡一場無聲的綠色核爆。角鴞的體重在鳥類中數一數二，你應該能馬上看出為什麼木棉樹的上層樹冠十分適合角鴞及其後代棲息。我輕觸粗糙的樹皮，繞著樹幹走了一圈、與它交流，攀爬到它的枝枒間，想將它的世界融入我的世界裡——創造一個完全屬於我的「高聳故事」。

在這片森林裡，以及這些故事中，一定都有痛苦的存在。人類無法阻止自己對非人類生命做出錯事。米格爾和另一位導遊述說了一個故事，這棵木棉樹從二〇〇六年起就是角鴞築巢的地方，直到有個人射殺了成鳥。最後，牠的幼雛從樹上掉落，但存活了下來；公園巡守員救了牠，送到某處的復健中心，但小鴞最終的命運就不得而知了。我忍不住納悶，目前住在這棵樹上的鳥，或曾經中途停留的其他鳥兒，是否能感受到那場事件的創傷？現場是否仍殘留角鴞的血跡？待在那裡是否會讓牠們覺得痛苦？不過，家就是家，而生存的需求驅使生物選擇棲息地。

另一方面，米格爾打破大家對來自庫斯科且沒有大學學歷的秘魯鄉村人的各種刻板印象。在疫情期間，他特意學習了許多秘魯鳥名中的希臘文和拉丁文詞源，這些名稱來自它們的學名。因此，他能夠相當權威地討論這些拉丁文名稱的古代語言詞源，並計畫出版一本關於這些詞源的書籍。

米格爾出生並成長於秘魯南部高山叢林裡的基亞班巴（Quillabamba）。他的父親是位農夫，種植咖啡、古柯和稻米。稻田會引來吃種子的鳥兒覓食，他十三歲時，父親要他帶著一副塑膠製的小望遠鏡到稻田裡，檢查農田，看看有哪些小鳥在吃稻子。他試著射彈弓來趕走它們，但有一次，一對閃亮的黑白花色鳥兒吸引了他的注意，牠們看起來和其它鳥類不同。他決定只殺掉那些常出現的鳥，並讓黑白鳥兒活下去。過了幾天，他看到那兩隻鳥在交配，確定一隻是雄性，一隻是雌性。

大約在同一時間，一位在該地進行研究的法國鳥類學家來到這偏遠的村莊，詢問是否能進入米格爾家族土地尋找鳥類。他們邀請這位鳥類學家住下來，第二天一大早，這位鳥類學家就出門去看鳥。這引起了米格爾的注意；當他走近時，看到了那個人的圖鑑。他在書中認出了一些自己見過的常見鳥類，並向能說流利西班牙語的鳥類學家指出這些鳥的蹤跡。

於是兩人便一同出發前往叢林；法國人借給米格爾更好的雙筒望遠鏡，米格爾則協助鳥類學家賞鳥。他們「做了鳥類觀察」十五天。後來，米格爾努力前往庫斯科念高中，心中充滿了對鳥類的熱愛和渴望。

有一天，我們在森林深處某個無名的深色池塘中游泳，靠近一個小瀑布。深色的池水來自腐爛植物中的單寧。這裡沒有會吃人的東西。巨大的古老桃花心木樹俯瞰著池塘。我們高興地脫掉發臭的衣服，在冷水中沖洗身體，舒緩發癢的肌膚。我們已經變成昆蟲叮咬的指南；只要看看有多少種會飛的害蟲在我們身上吸血，就可以繪製出該地的昆蟲生物多樣性。

九月十二日悄然結束。那是我與現任妻子第一次約會的二十二週年紀念日。即便是極其短暫的時間框架，依然有其意義，並嵌進了歷史紀錄中：那些小事件塞進了跨越數代、數億萬年的巨大敘事裡。時間有許多層面。日常生活很重要——畢竟，所謂的「億萬年」，不過是一個個日子的巨大集合罷了。

在另一次出行時，我們爬上了古老但堅如磐石的觀測塔，爬升了約莫六十公尺，塔頂超出了樹冠層。這裡是觀賞猴子、鳥類和落日的最佳地點。視野中沒有木棉的蹤影。這種樹對我來說似乎並不常見，連在叢林深處也難以見到。

關於這座塔的高度，我們有一場冗長而乏味的爭論。誰在乎呢？一個金色的下午，我們抵達一家有著礦泉的小旅館，可以浸泡在泉水中，放鬆疲憊的身體。

這真是個理想的地方，但這不代表叢林中一點危險都沒有。這裡有毒性或會造成劇痛的蛇、青蛙、植物、真菌和魚類。在叢林中行走時，有一個共識：，不要倚靠或抓住任何樹木或樹枝，以免昆蟲或爬蟲類爬上你的手臂或滑下你的腿。

普雷斯頓在最初的電子郵件就用大寫字母標示：「不保證安全！」（SAFETY NOT GUARANTEED！）曾有一名潛水員在一次前往西維納科查湖遺址的行程中喪生。米格爾講過一個故事，說他曾經被幾隻子彈蟻咬傷，導致手臂癱瘓了幾個小時。據說這是所有昆蟲咬傷中最疼痛的。這趟旅途中，我們僥倖只長了幾顆水泡，留下幾個很常見的昆蟲叮咬——假設熱帶雨林深處就像你家的花園一樣「普通」的話。

這也是一座擁擠的花園。南美洲森林裡的樹木種類令人眼花撩亂，擁有超過三萬一千種不同物種。有的地方植物生長得密密麻麻，只有嚙齒動物能夠通過。叢林炎熱、潮濕、密閉，處處充滿生機。就連凋落在樹木底部的樹葉和樹枝，有時也無法通行。

這些植物和動物就像是一張大自然的拼布，彼此合作又彼此對抗。種類繁多的鳥兒鳴唱一整天，直至夜幕降臨。昆蟲無處不在。從地面到樹冠，生物們在樹木間掠過、飛行、爬行、滑行、擺盪和撞擊。有時也很安靜。但是，無論是動態或靜止，整座森林都與交織的生命共鳴。

絞殺榕初生時，通常是一顆位於樹冠某處的黏性種子，然後往下扎根到地面，它無處不在，一心想弄倒樹木。它的西班牙文名字是「matapalos」，意思是「樹木殺手」，它們像蟒蛇一樣，纏住更粗大的樹木讓它們窒息，偷走大樹的生命和養分，直到它們自己成為一棵獨立的樹，而它們獵物的中空外殼就這樣從它們中間穿過。

南美洲的亞馬遜盆地是一個多水的奇觀。亞馬遜河平均每秒向海洋排放超過二十萬立方公尺的水，占全世界流入海洋水量的五分之一。每一天，近三千九百萬億棵樹木從地面和周圍空氣中抽吸水分。亞馬遜地區的水量及其重要性意味著乾旱對樹木的影響特別巨大。

二〇〇五年和二〇一〇年發生了幾次嚴重的乾旱，馬德雷德迪奧斯區便是衝擊最嚴重的地方，這兩個年度的極端氣候事件影響了該地區的生計。許多亞馬遜流域的農村社區依賴當地的季節性水循環，因此容易受到氣候變化的影響。

極端乾旱也讓火災變得更加難以預測。在整個馬德雷德迪奧斯區，大大小小的火災都可以當成一種工具，用來清除不需要的植被和害蟲，最終用灰燼為土地施肥——農民通常買不起商業肥料或施肥的機械，因此火災有其必要性，在文化上也符合農民的生活型態。

但土地變乾燥後，則提高了火勢失控的風險，當農民在乾季最為乾燥的時刻開始進行他們的季節性燒除作業時，就更有可能失控。燒除行為已經從傳統農業實踐的助力，變成了氣候變遷的乾旱效應下的一項威脅，因為失控的火焰可能摧毀資本及資源，蔓延到附近的牧場和鄰近的森林地區。[232]

那麼，一棵樹要做什麼才能生存下來呢？來看看樹木特有的天賦吧！有時腫脹、宛如懷孕的外形，以及它那突出的存在感，讓許多秘魯人稱木棉為「huimba」或「lupuna」，視木棉為森林之母。

已知最高的木棉樣本可達七十七公尺，比大多數成熟的海岸紅杉更高。超過樹冠的高度意味著木棉樹那富含油質、可食用的種子能被風吹得很遠，散布整片森林。木棉一旦成熟後，就很容易結實，一次最多可以產出四千顆果實，每個果實中含有多達兩百顆種子。成熟後的木棉樹還有其他優勢：在亞馬遜盆地，較高的樹比較不容易受到乾旱影響。木棉樹生長速度也極為驚人，有時一年可以增加四公尺的高度。[233]

除了木棉本身的高度及其種子的高繁殖性與散播力，為它在熱帶森林環境中帶來天然優勢之外，它也具備極高的穩定性，不容易被撞倒、吹倒或傾倒。在木棉的成長過程中，板根帶給樹木的支撐力愈來愈強。木棉的根部形狀與落羽松不同，能非常有效地分散機械應力，在潮濕的區域通常發展得更加發達。根據一項在婆羅洲（Borneo）的實驗中，當樹木被去掉板根後，很快就倒下了。

國際自然保護聯盟（IUCN）將木棉的保育狀態列為「無危」。然而，與猢猻木之類的樹種不同，木棉的木材具有高度價值且用途廣泛。IUCN在一份二〇一七年的評估中指出，其族群變化趨勢尚不明朗——在某些地區可能已經衰退，而在其他地區還算穩定。然而，木棉僅原生於中美洲及南美洲，從演化的角度來說，那裡是它誕生並成長的地方，無論是比喻上或字面上的意義皆是如此。

然而，生物紀錄為我們提供大量的警訊：某個物種可能會從數量眾多一下子跌落到完全消失。洛磯山黑蝗在十九世紀末極為普遍，根據一八七五年知名的目擊紀錄中，一名目擊者估計蝗蟲的覆蓋範圍達到五十多萬平方公里——共有十二兆五千億隻昆蟲，約兩千七百五十萬噸的生物量。

這些蝗蟲數量之多，在田裡工作的人衣服都被吃掉了。被壓碎的蝗蟲屍體所流出的油脂，導致火車上坡時打滑無法前進。不過到了一九〇二年，這種蝗蟲就滅絕了，消失得極為迅速，原因至今仍無法完全釐清，只有少數標本活下來。沒有人想過要把這種蟲子送進博物館收藏，因為當時大家都沒想過牠們有可能滅絕。

當然，木棉不會吃掉你的衣服，但它確實分布廣泛。除了木材用途之外，木棉的主要經濟價值來自它蓬鬆的種子纖維，也就是所謂的「木棉」（不過至少還有其他兩種樹也被稱為同樣的俗名）。

木棉可以被用作泰迪熊、枕頭、家飾及其他柔軟家居用品的填充物。第二次世界大戰時，它也曾用在救生衣上，但如果外部覆蓋的塑膠被刺穿或破裂，救生衣就無法保持浮力了，因為木棉很快就會吸飽了水，從原本的求生工具變成拖累的重擔。

沒有哪棵樹是座孤島。若要更深入了解角鵰，就得更深入了解這種樹，因為兩者分別是這片生態系統中動物和植物的巨人——就像舞會上最大個頭的那兩位，天生一對。角鵰體型巨大，是頂級的掠食者。它的跗骨（也就是小腿）幾乎和人類的手腕一樣粗。老鷹獵殺時會用到雙腳，喙則主要用來撕開死去的獵物。

當人們看到角鵰的照片，旁邊如果有像人類這樣作為比例尺的東西，常常不敢相信那真的是一隻鳥，因為怎麼看都很像一個扮裝成鳥的人。翼展通常是大型鳥類常被引用衡量的標誌，但角鵰的翼展並不特別引人注目，那是因為牠們已經演化到能生活在相當擁擠的熱帶森林中，而不是在開闊的林地。粗短的翅膀讓角鵰能快速穿梭在狹窄的空間中。和木棉樹一樣，角鵰也只原生於美洲。在亞馬遜森林樹冠中最高的樹上築巢及生活，以築巢地點、瞭望台和起飛點來說，這都帶給角鵰極佳的優勢。

角鵰喜愛食用的對象包括樹懶、猴子、豪豬、食蟻獸，甚至也包含蜜熊、長鼻浣熊及狐鼬。我們知道角鵰至少會吃掉六十九種不同的動物，這種雜食行為有助於物種在面對干擾時仍能維持生存能力。角鵰的飲食愛好會影響這些動物的族群密度，進而擴散影響牠們對種子散布和其他活動所產生的連鎖效應。

目前角鵰的數量約有數千隻，但我們得不到更準確的普查數據，因為它們偏遠的築巢地點散布在南美洲四十萬公頃的廣闊土地及眾多國家內，難以前往。但隨著棲息地日漸消失，鳥兒肯定也會消失。經過數千年的演化，鳥類傾向於在特定樹木上留下築巢的痕跡。例如，紅頂啄木鳥與大王松綁定在一起；北美星鴉則與刺果松緊密相依。植物和動物都努力適應周遭的鄰居。這是它們的生存之道。人類在這方面完全沒有優勢：我們的大腦體積很大，使我們變得頑固，抗拒自然的壓力。我們的習性讓我們停滯不前。自我讓我們與自然界脫節，並讓我們成為自然界的威脅。

威脅老鷹的不光是白人。美洲印第安人也普遍熱愛角鵰的爪子和羽毛，常把這些部位用在箭羽和頭飾上。有時候，鳥兒也會被原住民活捉及飼養，以取得它們的羽毛。[234]像角鵰這樣的大型猛禽，也需要依靠大樹過活，但大樹往往是木材採伐的首要目標。當大樹被砍倒了，雛鳥也常一併喪命——殺死幼鳥的同時也消滅了成鳥的棲息地。儘管木棉樹面對氣候變遷、環境汙染及其他威脅，依然表現良好，但美洲大陸上對棲地的大規模破壞仍在持續，仍將木棉樹置於風險之中，而這也連帶危及所有與它相關的物種，包括角鵰在內。

如同垃圾人樂團（Trashmen）在一九六三年的歌曲裡唱到「一個字『鳥』」（Bird is the word），但若毀了鳥兒的棲地，生命也會急遽惡化。每個人都需要可供生存的地方。

但還有其他警鐘正在響起。我們繼續順流而下，經過馬爾多納多港（Puerto Maldonado）附近時，看到岸邊的淺水裡豎立著幾十根木棍，周圍是礦渣——這些成堆的泥土是開採金礦的證據，也是各地拓荒者共有的鑄幣。但那只是愚人金（fool's gold），也是愚人的差事。從秘魯返家後，我看到一篇研究指出，這些小規模採礦場正逐漸形成嚴峻且令人擔憂的情況。

在分離黃金及周圍的沉積物時會使用汞，然後把汞燒掉以顯露出貴金屬。將汞燒除時，會將不同形式的汞釋放到大氣中，包括甲基汞（methylmercury），這是一種有毒物質，當細菌與水、土壤或植物中的汞發生反應時會形成這種物質。在描述甲基汞及其對人類和其他動物的影響時，所用到的術語都是相當可怕的：神經毒素、認知衰退、神經退化等。

最糟糕的是，汞會在食物鏈中累積，隨著食物鏈往上移動，濃度愈來愈高。沉積物燒除後的灰塵會在空氣中飄蕩，落在樹冠中最高的木棉樹和其他樹木上，最終進入鳥類及其他森林動物居民的體內，從地面到達樹頂。

研究顯示，汞已經透過食物鏈轉移到鳥類體內，牠們的汞含量比遠離採礦活動區域內的鳥兒，高出二到十二倍。被研究的三種鳥類，其體內的汞含量已經升高，包括白脅蟻鶇、黑點裸眼雀及斑尾侏儒鳥，我在這趟路途中也有觀察到牠們。這項研究的主要作者是生物地球化學家賈桂琳．葛森（Jacqueline Gerson），她告訴《紐約時報》：「我們所發現的模式比我們預期的更加明顯，也更具破壞性。」[235]

所以，這又是另一個令人困惑的問題。當眾人正在努力保護土地，抵抗來自地面的威脅（包括濫伐者、盜獵者、捕獵者、伐木工及其他想透過森林獲利的人），同時密切注意氣候變遷的影響時，卻很容易錯過來自空中的其他威脅，例如從高處飄來的汙染物。

光是在馬努國家公園就有超過一千種鳥類，比整個美國的鳥類物種還多。其中許多秘魯的鳥類正面臨汞的威脅。這對任何樹木都非常不利，因為有些地方的樹木密度高到像是地質層一樣。這麼多樹木面臨的各種威脅，也會對生物多樣性帶來風險。

一九八八年一項關於亞馬遜流域樹木的知名研究指出，在調查樹木多樣性時，兩個相對較小的地點中，總共記錄到超過三百種樹木，遠超過世界上其他面積相同地點的樹木密度。[236]

也曾有人提議將木棉樹作為生物燃料的來源，它在這方面顯示出一定的潛力。但這是個非常糟糕的主意。全世界都在努力轉向使用可再生資源，例如風能、海浪及太陽能。若將數量豐富的樹木種子榨油，以供全球規模的燃料來源，很有可能會引發資源劇烈波動與耗損的情形，這類情況在許多類似的嘗試中早已有跡可循。問題數也數不清。

一旦將某個東西變成商品（尤其是大規模的商品），商業化的野心就會像腫瘤一樣迅速增長。為了讓這一類的生產順利運作，需要劃出特定區域專門用於生物能源的生產——也就是種植樹木的農場。

這種單一栽培的做法會降低一個地區的生物多樣性，因為當你試圖最大化燃油的產量與利潤時，就無法保有那些在未受管控的生態系統中伴隨樹木而來的各種複雜但自然的附屬物。

大多數生物燃料確實比化石燃料減少大約百分之三十的排放量，世界各國的政府將其視為減緩氣候變遷的奇蹟。然而，考慮到創造和提取生物燃料所需的資源，你會發現生物燃料有將近一半的整體環境成本比化石燃料高出許多。

這取決於具體的生物燃料種類。這是一個十分重要的區別，因為有些生物燃料的確不錯。例如，藻類對淡水資源的影響最小，具有高燃點，可以使用鹽水和廢水生產。在西班牙使用廢棄植物油為公車提供動力？這是一項值得一試的事業，因為它利用已經為人類消費所生產出的東西。

但我無法想像，採收木棉種子以大量提取生物燃油，對森林的健康造成多大影響。如果在農場上種植木棉，就必須開墾新的土地來容納這些林場，這似乎很有問題，因為你必須清出更多的土地，才能滿足你試圖創造的需求。

我們這支小隊準備解散了。我們離開河邊，搭上兩輛四輪傳動車，前往通往機場的大路，再從那裡搭機前往下一個機場，再前往下一個，最後回到家。但我們的冒險尚未結束，差點變成一場嚴重的事故。

司機會開四十五分鐘的車，帶我們與下一輛車會合。他是一位年輕、自負又非常危險的人，在未鋪設的分隔式高速公路上一次又一次地冒險超車，速度飛快。史蒂芬和我大喊，要他開慢點；他卻轉過頭對我們咧嘴一笑。

途中，我們超過一輛藍色的大卡車，車後有一句手繪標語：「VIVE TU VIDA, NO LA MIA」——過你的人生，而不是過我的。想想這句話，我覺得好多了。我們度過了非常美好的時光，而我還活著，就像那成千上萬棵木棉樹一樣。我感到一絲平靜的喜樂湧上心頭：想像一下，情況本來有可能會糟到什麼地步。

人類就像生物群落一樣；我們聚集在一起，交換二氧化碳、氧氣和渴望，我們需要彼此。

「具有象徵性意義」對物種的生存來說十分重要。真相無情而冷酷：我們無法平等地愛著所有萬物。但是，如果我們希望物種存活下去，不論用什麼方式，都需要關心更多的物種；我們需要提升物種的地位，吸引其他人的關注。我們喜歡有魅力的東西，希望大家同意這不是廢話。有魅力的瀕危物種若能得到媒體報導，就可以讓更多人認識它，促進募款及激發政治行動。

在我看來，在拉丁美洲所有的樹木中，最壯觀的就是木棉。它高聳分枝的姿態足以主宰一整片風景；奇特的粗刺、盤根錯節的板根、樹冠高處如洞穴般寬闊的空間，雄偉如大教堂般的外型——再再證明它的壯麗與魅力。

有機會近距離觀察雄偉的木棉，是這次非凡冒險的一部分。我們這個小團隊提供了一個關於樹木及其未來的美好縮影。你可以聽從專家的指示，但也要親眼看看。盡可能廣泛地理解這個生命蓬勃的世界。

通常，附近會有一條河，提供進出森林的路徑，因為大多數人不可能永遠住在樹林裡；我們需要回到我們的家以及常去的地方，從事那些能提高地球生存策略的工作。保持警惕，預測來自四面八方的危險，但也不要沉迷其中。你對自然世界的欣賞應該伴隨著喜樂。

〈後記〉對記錄、報告及記憶的頌揚

「然後，樹葉深處宛若呼嘯風聲的聲音說：我要告訴你一個關於種子的故事。」

——瑪麗・奧利佛（Mary Oliver），〈榕樹〉，《詩歌》（*Poetry*）雜誌，一九八五年

一九五八年，在夏威夷大島的茂納凱亞山（Mauna Kea）山頂上，環境化學家查爾斯・大衛・基林（Charles David Keeling）開始記錄大氣中累積的二氧化碳。當這些資料被繪製成圖表時，曲線呈現出一條清晰的軌跡，往上及往右，猶如階梯般上升，為世人提供大氣中二氧化碳增加的第一項重要證據。他發現了地球的呼吸週期。

基林選擇茂納凱亞山，是因為這裡遠離大陸，附近沒有會汙染讀數的植被或灰塵。他堅持這項記錄工作。當他在一九六〇年代中期資金耗盡時，便將記錄工作轉移到島上的另一座大山——茂納羅亞山（Mauna Loa）。

基林曲線的紀錄一直持續至今。由於基林的研究，美國國家海洋暨大氣總署（NOAA）開始關注二氧化碳的排放，並監測全球各地的二氧化碳。現在有很多偏遠地點已經監測溫室氣體多年，

證實基林的發現，這項觀察也從理論問題變成無可否認的事實。

我們之所以記錄，是為了能夠牢記、計畫、行動和紀念。沒有證據，我們會忘記自己的成功、失敗以及剛萌芽的想法。科學是一種集體記憶的形式，但並非靜止不動，因為收集知識會推動科學前進。本書中提到的幾十位人物，正是透過留下紀錄來了解樹木的過去、現在和未來。

口述傳統充滿優雅，可以提供久遠以前的重要紀錄，但書面記錄則不同。玩過「圍著營火輕聲傳話」的遊戲嗎？你會聽到簡短的句子，然後輕輕對著旁邊那個人的耳朵低語，他再往下傳，直到傳給圈圈裡的最後一個人。最終的結果常常變得難以理解。但寫在紙上的文件及現在的電子版本則提供了穩固的依據。它們能容納細微的差別，同時也支持精確的表述和反思，並能回顧和重新思考一個想法。

科幻小說作家奧塔薇亞·巴特勒（Octavia Butler）在她的《地球之籽：播種者寓言》（*Parable of the Sower*）中，提出了她對於「做紀錄」的想法。在書中，她的角色蘿倫·歐拉米那有持續寫日誌的習慣，並用它來發展一套關於地球脆弱性的全新想法，並寫下思考這個星球及其精神面貌的新方式。

巴特勒深刻且本能地理解保存紀錄的重要性。她的七千封信件、筆記和日記都存放在漢庭頓圖書館，其中一些被保存在她所謂的「摘錄筆記」（commonplace book）裡——這是一個可愛且古老的稱呼，向早期世紀的記錄方式致敬。

她隨手寫下了購物清單、電話號碼、故事草圖、日常任務及她書中的重要想法。這些筆記是她通往出版成書的路徑。她了解，留下紀錄最有意義之處在於產生連結：她與她的寫作，以及與宇宙之間的聯繫。「種子到樹，樹到森林；雨入河，河入海；幼蟲到蜜蜂，蜜蜂到蜂群。從一而多；從多而一；永遠聯結、成長、溶解。」她在書裡這樣寫道。

紀錄將我們連在一起，但也使我們承擔責任。紀錄的內容有不同的種類，也有形形色色的記錄者。記憶是一個狡猾的傢伙，證據往往難以獲得。法庭有速記員，學生會得到成績，而臥底探員戴著耳機，這些都有原因。

成為一個留下紀錄的人吧！寫大綱、書寫、寫草稿、畫圖及組織。記錄這個世界的進展。地球的故事是由許多人口中的片段所構成。為未來留下紀錄，就像祖先為我們所做的那樣。正是保存了這些紀錄，才讓我們來到今日之所在。

樹木在戶外的合作夥伴——包括田野博物學家、採樣者、登山者和計數者——他們所從事的工作，與另一類合作互相呼應，這些合作涉及大量、常遭忽視的文字勞動：閱讀大量的文本資料、從事學術研究，並最終發表出版。

若少了書面紀錄，將無從得知科學中的變化；沒有新的發現、沒有新的主張。我們要讚揚那些審查同儕論文的寫作者、撰寫期刊文章的作者、出版學術專書的學者及為大眾媒體撰稿的人。雖然這個說法聽起來矛盾，且讓我們稱他們為「室內的樹人」吧。

光是在過去的四年裡，科學家等人就已為這十二種樹木撰寫了超過六萬篇學術文章及數十本書籍，而且沒有趨緩的跡象。要了解及詮釋這些樹木和它們在不同國家的各種生命樣貌，需要仰賴如村落般的學術社群共同投入，跨越不同的文化及語言來合作，卻都以科學術語為共同語言。常見的情況是，室內工作亦由室外工作的人完成，他們讓研究歷程從野外延伸到註腳。

田野工作是自然科學中一門混亂卻必要、且常令人振奮的學科，而寫作則將這項工作推向了公共領域。但是，自然史工作還有另一個相關的面向需要我們付出努力：那就是在圖書館和自然史博物館的研究蒐藏中所進行的工作，以驗證、補充、支持或推翻田野調查的結果。

藏品工作可說是記錄及報告的近親。你也可以在這些室內場所擔任志工，加入一群被十九世紀觀察家稱為「壁櫥裡的博物學家」（closet naturalists）的人們；這個說法不是沒有好感的。其中很多任務牽涉到收集、組織及描述，然後進行比對研究：保存標本，然後查看桌上排列的樣本，以揭露差異及相似之處。若要在實體上真正理解一個物種，就必須知道它在生物學上的親緣關係是什麼。

藏品管理員是生物科學的無名英雄，因為他們保存著「可能性」的檔案。除了在野外，在博物館收藏中也可能有新的發現，我們可以重新審視標本（有些已經有幾十年的歷史），揭示新的真相，準備在我們對演化與生存的理解體系中找到它們所處的位置。

最後，記錄和研究不僅僅是為科學提供資訊。透過學習像是「身分」和「情誼」這類更廣泛概念中的細微差別，能為我們提供背景脈絡。不斷學習新技巧，造訪新的場景，能讓人感到滿足。進行調查，尋求更深入的了解。前往最遠的地方，提出你的主張。「Carpamus diem」——讓我們一起把握今天。

在每一種情境中，關係都很重要。我們需要為樹木做的各種集體工作，一開始都始於如親屬般的態度行動。最好、最有用的樹木工作，都是建立在夥伴關係上的。如果我們彼此無法建立良好關係，我們就無法建立最強大的網絡來拯救樹木。

合作，而不要爭鬥。把競爭留給自然界吧，因為在不帶價值判斷、惡意或其他人類弱點時所進行的演化行動，才是拯救樹木的關鍵基礎。它們，生來就是要走向成功。

致謝辭

在南加州的漢庭頓圖書館、美術館及植物園工作多年，我得以展開令人著迷的事業生涯，在那裡也可以接觸到地球上最棒的幾位植物學家，其中不少人閱讀過本書的部分內容，與我討論相關問題、協助我糾正錯誤及誤解等等。

感謝植物園的前任主任吉姆・福爾瑟姆（Jim Folsom）、現任主任妮可・卡文德（Nicole Cavender）、植物蒐藏及保育經理西恩・拉邁爾（Sean Lahmeyer）、資深系統及保育植物學家布萊恩・多西（Brian Dorsey）、冷凍保存植物學家拉貴爾・福爾加多（Raquel Folgado）、活物蒐藏策展人凱西・穆夏兒（Kathy Musial）、盆栽蒐藏策展人泰德・馬特森（Ted Matson），及圖書館的善本書策展人史蒂夫・塔博（Steve Tabor）。同時，也要感謝我最了不起的老闆、圖書館館長珊德拉・布魯克・高登（Sandra Brooke Gordon），謝謝她的熱忱、和藹可親及超乎尋常的支持——除了我，也支持所有十四位圖書館策展人。

在漢庭頓工作，意味著周圍都是傑出的研究人員、學者及館藏資源。艾德・拉森（Ed Larson）給我許多有用的建議；艾倫・馬可斯（Alan Marcus）讀過整篇手稿。許多日常生活中會碰到的人為我提出建議，問了實用的問題，或在無數次的午餐與咖啡對話中陪我討論問題。克莉絲汀．布勞內爾（Kristen Brownell）替我進行這本書的初期研究，她在某一天所提出的建議成了這項計畫的核心。

謝謝所有出現在本書中做為題材或在幕後提供協助的人（不論程度高低）：傑瑞．貝拉內克（Jerry Beranek），攀爬古代海岸紅杉的先鋒；大衛．波提耶（Dave Bottjer），南加州大學的古生物學家；孢粉學家史蒂芬．布拉克莫爾（Stephen Blackmore），蘇格蘭的皇家植物學家；喬．伯奈特（Joe Burnett），文塔納野生動物學會的加州神鷲復育專案經理；曾任職蓋蒂研究所的法雅．考西（Faya Causey）；喀麥隆剛果盆地研究所的文森．德布洛夫（Vincent Deblauwe）；馬德英特的維達爾．德．特雷沙（Vidal de Teresa）；秘魯神奇叢林（Perú Amazing Jungle）的米格爾．賈西亞（Miguel Garcia）；美國魚類及野生動物管理局的蘇珊．米勒（Susan Miller）；泰勒吉他的自然資源永續發展總監史考特．保羅（Scott Paul）在整個計畫執行的期間大方分享了他對森林保育的深厚知識；威廉斯學院（Williams College）的傑．帕薩喬夫（Jay Pasachoff），我們很懷念已經過世的他；美國國家科學基金會極地方案辦公室（Office of Polar Programs）的泰瑞．艾迪倫（Terri Edillon）；智利維涅馬爾國家植物園的海梅．艾斯佩何（Jaime Espejo）；NASA 噴射推進實驗室（位於帕薩迪納）的氣候科學家凱瑞．考斯-尼克遜（Kerry Cawse-Nicholson）及大衛．湯普森（David Thompson）；橄欖品嘗權威奧瑞塔．吉安喬瑞歐（Orietta Gianjorio）；橄欖生產商雅頓．克萊默（Arden Kremer）；瑞典哥德堡植物園的比約恩．阿爾登（Björn Aldén）及艾薩．

克魯格（Åsa Krüger）；氣候變遷記者尤金・林登（Eugene Linden）；劍橋保育計畫的麥克・蒙德（Mike Maunder）；馬里奧・莫利納醫生（Mario Molina）；南極麥克默多站的餐飲經理湯姆・森提（Tom Senty）；北卡羅來納州沙丘控管燒除協會的傑斯・溫布利（Jesse Wimberley）；我的好友比爾・惠頓（Bill Wheaton），他是地理空間資料專家，為本書提供了一些關鍵訊息。

特別感謝亞利桑那州土桑樹木年輪研究實驗室那些卓越的科學家，在我為期兩天的造訪中，主任大衛・法蘭克（David Frank）慷慨付出不少時間來陪我，也感謝研究科學家麥特・薩爾徹（Matt Salzer）、康妮・伍德豪斯（Connie Woodhouse）及麥坎・修斯（Malcolm Hughes）；還有LTRR科學家薇樂莉・特魯特（Valerie Trouet），她的工作及寫作給我非常有用的幫助。

我也想感謝鮑伯・巴特爾斯（Rob Bartels），他讀過並評論整篇手稿；秘魯的男孩們，在本書最後一章占了不少篇幅；才華洋溢又具高度合作精神的藝術家艾瑞克・奈奎斯特（Eric Nyquist），負責本書的插圖；我的經紀人溫蒂・史卓曼（Wendy Strothman），嚴謹的編輯能力及鼓勵提供恰到好處的色彩，幫我在本書構思階段塑造出這本書的外型；狂熱讀者出版社（Avid Reader Press）的卡洛琳・凱利（Carolyn Kelly）；以及班・羅恩（Ben Loehnen），我在狂熱讀者的編輯。連我都還不知道這本書需要什麼的時候，班就知道了，他為我的寫作能力帶來永恆的改變，幫我在每個轉折點打造出更好看的故事。

最後，感謝我的妻子潘蜜，她住在我心裡最深的地方，一直是我所認識的人中最聰明、最好玩、最有奉獻精神的；也感謝我們怪裡怪氣、令人驚訝的孩子帕克斯頓與凱爾索，他們應該已經聽膩了關於樹木的事情。

註釋

1. 這段文字寫在約翰・繆爾所擁有的《The Prose Works of Ralph Waldo Emerson》（Boston: Fields, Osgood & Co., 1870）書中，該書收藏於 Beinecke Rare Book and Manuscript Library，館藏號為 Za Em34 C869。繆爾用鉛筆寫在這本書的書末扉頁上。
2. Dorothy Wickenden, "Wendell Berry's Advice for a Cataclysmic Age," New Yorker, February 28, 2022.
3. Roberto Cazzolla Gatti et al., "The Number of Tree Species on Earth," Proceedings of the National Academy of Sciences 119, no. 6 (2022): e2115329119.
4. 史蒂夫・塔博，與作者的私人通信，2020 年 10 月及 11 月。
5. Ronald M. Lanner, "Living a Long Life," chap. 3 in The Bristlecone Pine Book (Missoula, MT: Mountain Press Publishing, 2007)。本文嘗試以個人方式表達 Lanner 精采的細節描寫。
6. Matthew W. Salzer, Malcolm K. Hughes, Andrew G. Bunn, and Kurt F. Kipfmueller, "Recent Unprecedented Tree-Ring Growth in Bristlecone Pine at the Highest Elevations and Possible Causes," Proceedings of the National Academy of Sciences 106, no. 48 (2009): 20348－53.
7. 感謝 Ronald Lanner 在其著作《Bristlecone Pine Book》第 23 頁中提出的摩天大樓比喻。
8. Ronald M. Lanner, "Dependence of Great Basin Bristlecone Pine on Clark's Nutcracker for Regeneration at High Elevations," Arctic and Alpine Research 20, no. 3 (1988): 358－62. "Stem clumping of pines in the subalpine zone is known to result from the activities of nutcrackers, and not known to result from the activities of other species."
9. 一本關於鳥類智力精采且必讀的著作為 Jennifer Ackerman 所著《The Genius of Birds》（New York: Penguin, 2016）。
10. Robert M. Lanner, Made for Each Other: A Symbiosis of Birds and Pines (New York: Oxford University Press, 1996).
11. R. Croston et al., "Individual Variation in Spatial Memory Performance in Wild Mountain Chickadees from Different Elevations," Animal Behaviour 111 (2016): 225－34.
12. 來自 LTRR 的一位科學家近期出版了一本生動且權威的年輪著作：Valerie Trouet, Tree Story: The History of the World Written in Rings (Baltimore: Johns Hopkins University Press, 2020)。她的著作為本章提供或強化了一些關鍵細節。
13. Andrew Ellicott Douglass, "The Secret of the Southwest Solved by Talkative Tree Rings," National Geographic 56, no. 6 (1929): 737－70.
14. Douglass, 763.
15. David Frank, interview, May 5, 2022.
16. Natalie Breidenbach, Oliver Gailing, and Konstantin V. Krutovsky, "Genetic Structure of Coast Redwood (Sequoia sempervirens [D. Don] Endl.) Populations in and outside of the Natural Distribution Range Based on Nuclear and Chloroplast Microsatellite Markers," PLOS ONE 15, no. 12 (2020): e0243556.

17. 關鍵參考文獻為：Reed F. Noss, ed., The Redwood Forest: History, Ecology, and Conservation of the Coast Redwoods (Washington, DC: Island Press, 1999).

18. Statue of Liberty weight from the National Park Service: https://www.nps.gov/stli/learn/historyculture/statue-statistics.htm.

19. Gerald Beranek, Coast Redwood: Tree of Dreams and Fortune (Fort Bragg, CA: Beranek Publications, 2013), 245, 247。據說，一位林業研究生理查德・維西（Richard Vasey），是首位（至少是第一位白人）攀爬紅杉並達到一定高度的人，他於 1965 年完成此壯舉。

20. 傑瑞・貝拉內克，與作者的私人通信，2020 年 9 月 3 日。

21. 傑瑞・貝拉內克，與作者的私人通信，2020 年 9 月 2 日。

22. Michael A. Camann, Karen L. Lamoncha, and Clinton B. Jones, "Old-Growth Redwood Forest Canopy Arthropod Prey Base for Arboreal Wandering Salamanders: A Report Prepared for the Save-the- Redwoods League" (Arcata, CA: Humboldt State University, 2000); and Christian E. Brown et al., "Gliding and Parachuting by Arboreal Salamanders," Current Biology 32, no. 10 (2022): R453 – 54, https://doi.org/10.1016 /j.cub.2022.04.033.

23. Mika Bendiksby, Rikke Reese Næsborg, and Einar Timdal, "Xylopsora canopeorum (Umbilicariaceae), a New Lichen Species from the Canopy of Sequoia sempervirens," MycoKeys 30 (2018): 1.

24. Scott L. Stephens and Danny L. Fry, "Fire History in Coast Redwood Stands in the Northeastern Santa Cruz Mountains, California," Fire Ecology 1, no. 1 (2005): 2 – 19; Robin Wall Kimmerer and Frank Kanawha Lake, "The Role of Indigenous Burning in Land Management," Journal of Forestry 99, no. 11 (2001): 36 – 41.

25. Humboldt Redwoods Project: https://hsuredwoodsproject.omeka.net/exhibits/show/redwoodobject/native-use-of-redwood, retrieved May 12, 2021.

26. Deborah H. Carver, Native Stories of Earthquake and Tsunamis, Redwood National Park, California (Crescent City, CA: National Park Service, Redwood National and State Parks, 1998), 1.

27. Gordon C. Jacoby, Daniel E. Bunker, and Boyd E. Benson, "Tree-Ring Evidence for an AD 1700 Cascadia Earthquake in Washington and Northern Oregon," Geology 25, no. 11 (1997): 999 – 1002. For burl details and photo, see Peter Del Tredici, "Redwood Burls: Immortality Underground," Arnoldia 59, no. 3 (1999): 14 – 22.

28. Mojgan Mahdizadeh and Will Russell, "Initial Floristic Response to High Severity Wildfire in an Old-Growth Coast Redwood (Sequoia sempervirens [D. Don] Endl.) Forest," Forests 12, no. 8 (2021): 1135, https://doi.org/10.3390/f12081135.

29. Joe Quirk et al., "Increased Susceptibility to Drought-Induced Mortality in Sequoia sempervirens (Cupressaceae) Trees under Cenozoic Atmospheric 7P_Lewis_TwelveTrees_38671.indd 247 12/14/23 2:22 PM 248 Notes Carbon Dioxide Starvation," American Journal of Botany 100, no. 3 (2013): 582 – 91, https://doi.org/10.3732/ajb.1200435.

30. Christa M. Dagley et al., "Adaptation to Climate Change? Moving Coast Redwood Seedlings Northward and Inland," Proceedings of the Coast Redwood Science Symposium—2016 (US Department of Agriculture, Forest Service, Pacific Southwest Research Station, 2017): 219 - 27, 258. See also Amanda R. De La Torre et al., "Genome-Wide Association Identifies Candidate Genes for Drought Tolerance in Coast Redwood and Giant Sequoia," Plant Journal 109, no. 1 (2022): 7 - 22, https://doi.org/10.1111/tpj.15592.

31. Richard Preston, "Climbing the Redwoods," New Yorker, February 14 and 21, 2005, 222.

32. 迄今為止，關於產孢生物最具啟發性且實用的書籍為Merlin Sheldrake所著的《Entangled Life》（New York: Random House, 2020）。

33. Anne Lamott, Small Victories: Spotting Improbable Moments of Grace (New York: Riverhead Books, 2014), 3.

34. 關於植物與揮發性有機化合物（VOCs）專業且優質的概述，請見：Dušan Materic', Dan Bruhn, Claire Turner, Geraint Morgan, Nigel Mason, and Vincent Gauci, "Methods in Plant Foliar Volatile Organic Compounds Research," Applications in Plant Sciences 3, no. 12 (2015): 1500044, https://doi.org/10.3732/apps.1500044。

35. Caroll Hermann, "Report on Self-Management of Mental Wellbeing Using Bonsai as an Ecotherapeutic Art Tool," Preprints (2020), https://doi.org/10.20944/preprints202008.0190.v1.

36. Ted Matson, in "What Bonsai Can Teach Us about Patience," May 4, 2021, https://soundcloud.com/thehuntington/what-bonsai-can-teach-us-about-patience.

37. Matson, https://soundcloud.com/thehuntington/what-bonsai-can-teach-us-about-patience.

38. Matson, https://soundcloud.com/thehuntington/what-bonsai-can-teach-us-about-patience.

39. Christopher Stone, "Should Trees Have Standing? Toward Legal Rights for Natural Objects," Southern California Law Review 45, no. 2 (Spring 1972): 450 - 501. Elizabeth Kolbert most recently brought this issue into national public view in a 2022 article, "A Lake in Florida Suing to Protect Itself," New Yorker, April 11, 2022.

40. Robin Wall Kimmerer, "Learning the Grammar of Animacy," in Braiding Sweetgrass (Minneapolis: Milkweed Editions, 2013), 48 - 59.

41. Paco Calvo, Monica Gagliano, Gustavo M. Souza, and Anthony Trewavas, "Plants Are Intelligent, Here's How," Annals of Botany 125, no. 1 (2020): 11 - 28.

42. Ricardo Gutiérrez Aguilar, ed., Empathy: Emotional, Ethical and Epistemological Narratives (Leiden, Netherlands: Brill, 2019).

43. 麥克．蒙德曾廣泛撰寫有關托羅密羅樹的文章，例如麥克．蒙德等人所發表〈Conservation of the Toromiro Tree: Case Study in the Management of a Plant Extinct in the Wild〉（Conservation Biology 14, no. 5 (2000): 1341 - 50）。

44. Mauricio Lima, E. M. Gayo, C. Latorre, C. M. Santoro, S. A. Estay, Núria Cañellas-Boltà, Olga Margalef et al., "Ecology of the Collapse of Rapa Nui Society," Proceedings of the Royal Society B 287, no. 1929 (May 2020): 20200662, https://dx.doi.org/10.1098/rspb.2020.0662.

45. Z. Zhongming et al., Binghamton University, “Resilience, Not Collapse: What the Easter Island Myth Gets Wrong,” Science Daily, July 13, 2021, https://phys.org/news/2021-07-resilience-collapse-easter-island-myth.html.

46. V. Rull, N. Cañellas-Boltà, A. Sáez, S. Giralt, S. Pla, and O. Margalef, “Paleoecology of Easter Island: Evidence and Uncertainties,” Earth-Science Reviews 99, no. 1－2 (2010): 50－60, https://doi.org/10.1016/j.earscirev.2010.02.003.

47. Steven Roger Fischer, Island at the End of the World: The Turbulent History of Easter Island (London: Reaktion Books, 2005), 44.

48. 比約恩・阿爾登，與作者的私人通信，2020 年 7 月 3 日。

49. Sheldrake, Entangled Life, 149.

50. 海梅・艾斯佩何，與作者的私人通信，2020 年 7 月 28 日。

51. Robert J. Cabin, Restoring Paradise: Rethinking and Rebuilding Nature in Hawai ‘i (Honolulu: University of Hawai ‘i Press, 2013).

52. George Pararas-Carayannis and P. J. Calebaugh, Catalog of Tsunamis in Hawaii, Revised and Updated (Boulder, CO: World Data Center A for Solid Earth Geophysics, NOAA, March 1977).

53. Olga Margalef et al., “Revisiting the Role of High-Energy Pacific Events in the Environmental and Cultural History of Easter Island (Rapa Nui),” Geographical Journal 184, no. 3 (2018): 310－22, https://doi.org/10.1111/geoj.12253.

54. Kathryn A. Hurr, Peter J. Lockhart, Peter B. Heenan, and David Penny, “Evidence for the Recent Dispersal of Sophora (Leguminosae) around the Southern Oceans: Molecular Data,” Journal of Biogeography 26, no. 3 (1999): 565－77.

55. 海梅・艾斯佩何與作者在 2021 年及 2022 年間多次通信。

56. 如同幾乎所有的化石樹木一樣，H. protera 並沒有俗名。這並非出於任何嚴格的生物學原因。學名是普遍且必要的識別方式，而俗名則因語言而異，本質上屬於日常用語。俗名具有親和力，它們指涉的是我們可以看見、觸碰、拿起或靠近的完整生物。然而，化石樹木完全不同於它們生前時的樣貌，占據著不同的分類學領域：它們值得擁有學術上的命名標識，但卻不太適合使用俗名。

57. Bob Goldstein and Mark Blaxter, “Tardigrades,” Current Biology 12, no. 14 (2002): R475.

58. G. O. Poinar, “Hymenaea protera sp.n. (Leguminosae, Caesalpinioideae) from Dominican Amber Has African Affinities,” Experientia 47 (1991): 1075－82, https://doi.org/10.1007/BF01923347.

59. J. H. Langenheim, “How Is Resin Fossilized and When Is It Amber?,” in Plant Resins: Chemistry, Evolution, Ecology and Ethnobotany (Portland, OR: Timber Press, 2004), 144－47.

60. 在許多科學領域中，對於「化石」的定義仍存在著分歧。許多科學家認為琥珀中的內容物也是化石，但實際上被石化的是琥珀本身，而非其中的內容物。我採用的是最常見且傳統的定義。

61. H. N. Poinar, R. R. Melzer, and G. O. Poinar, "Ultrastructure of 30–40 Million Year Old Leaflets from Dominican Amber (Hymenaea protera, Fabaceae: Angiospermae)," Experientia 52 (1996): 387–90, https:// doi .org

62. Katharine Gammon, "The Human Cost of Amber," Atlantic, August 2, 2019.

63. Langenheim, Plant Resins.

64. David Grimaldi, Amber: Window to the Past (New York: Abrams, 1996), 87.

65. Claire Thomas, "Saving a Venomous Ghost," Science 325, no. 5940 (2009): 531, https://doi.org/10.1126/science.325531。忘記對昆蟲的恐懼吧！你可能更不想遇到溝齒鼩（Solenodon paradoxus），這是一種瀕臨滅絕、像鼩鼱一樣的海地溝齒鼩（Hispaniolan Solenodon）。它是世界上少數有毒的哺乳動物之一，其毒液通過唾液傳遞，唾液從唾腺流向其兩顆牙齒的溝槽中。

66. See, for example, David Peris et al., "DNA from Resin-Embedded Organisms: Past, Present and Future," PLOS ONE 15, no. 9 (2020): e0239521, https:// doi .org /10 .1371 /journal .pone .0239521; and Alessandra Modi et al., "Successful Extraction of Insect DNA from Recent Copal Inclusions: Limits and Perspectives," Scientific Reports 11, no. 1 (2021), https://doi.org/10.1038/s41598-021-86058-9.

67. Joshua Sokol, "Troubled Treasure," Science, May 23, 2019; G. O. Poinar and R. Hess, "Ultrastructure of 40-Million-Year-Old Insect Tissue," Science 215, no. 4537 (1982): 1241–42, https://doi.org/10.1126/science.215.4537.1241.

68. G. Poinar Jr., "A New Genus of Fleas with Associated Microorganisms in Dominican Amber," Journal of Medical Entomology 52, no. 6 (November 2015): 1234–40.

69. 編註：結構色是一種由物體表面微觀結構對光的干涉、衍射和散射所產生的顏色。

70. David Penney, ed., "Dominican Amber," chap. 2 in Biodiversity of Fossils in Amber from the Major World Deposits (Manchester, UK: Siri Scientific Press, 2010), 22–39.

71. Gammon, "The Human Cost of Amber"; Faya Causey, Amber and the Ancient World (Los Angeles: Getty Publications, 2011); Penney, ed., Biodiversity of Fossils in Amber.

72. Carl Folke, Steve Carpenter, Brian Walker, Marten Scheffer, Thomas Elmqvist, Lance Gunderson, and C. S. Holling, "Regime Shifts, Resilience, and Biodiversity in Ecosystem Management," Annual Review of Ecology, Evolution, and Systematics 35, no. 1 (2004): 557–81, https://doi.org/10.1146/annurev.ecolsys.35.021103.105711; and Craig Moritz and Rosa Agudo, "The Future of Species under Climate Change: Resilience or Decline?," Science 341, no . 6145 (2013): 504–8.

73. David Printiss, TNC North Florida Conservation Manager, in https://www.nature.org/en-us/about-us/where-we-work/united-states/florida/stories-in-florida/longleaf/.

74. "Longleaf Pine: A Tree for Our Time," The Nature Conservancy, October 25, 2022, https://www.nature.org/en-us/what-we-do/our-priorities/protect-water-and-land/land-and-water-stories/longleaf-pine-restoration/

75. 2020 年 3 月 6 日於北卡羅來納州派恩赫斯特（Pinehurst）的 Bowman Road 地區，與北卡羅來納州的沙丘控管燒除協會合作，參與控管燒除活動；另見，傑斯．溫布利，與作者的私人通信，2020 年 8 月 4 日。

76. Nicole Barys, “Recovering the Florida Bog Frog,” Longleaf Leader 13, no. 2 (Summer 2020): 8 – 9, https://issuu.com/thelongleafleader/docs/longleaf-leader-summer-2020-final/10.

77. Den Latham, Painting the Landscape with Fire: Longleaf Pines and Fire Ecology (Columbia: University of South Carolina Press, 2013), 172.

78. 傑斯・溫布利，與作者的私人通信，2021 年 6 月 29 日與 11 月 26 日。

79. Bill Finch et al., Longleaf, Far as the Eye Can See (Chapel Hill: University of North Carolina Press, 2012), 15.

80. Cynthia Fowler and Evelyn Konopik, “The History of Fire in the United States,” Human Ecology Review 14, no. 2 (Winter 2007): 166, 169.

81. Lawrence S. Earley, Looking for Longleaf: The Fall and Rise of an American Forest (Chapel Hill: University of North Carolina Press, 2004), 54 – 70.

82. David N. Bass, “Woodpecker Stirs Up Brunswick County,” Carolina Journal, March 6, 2007; Allen G. Breed, “N.C. Landowners’ Theory: No Wood, No Woodpeckers,” Washington Post, September 24, 2006.

83. Associated Press, “Rare Woodpecker Sends a Town Running for Its Chain Saws,” New York Times, September 24, 2006.

84. 蘇珊・米勒，與作者的私人通信，2020 年 9 月 2 日。政策詳細資訊請參閱：https://www.fws.gov/rcwrecovery/files/RecoveryPlan/privatelandsguidelines.pdf。

85. 請參見：https://www.fws.gov/raleigh/pdfs/BSL/ltr_to_mayor2.22.2006.pdf。

86. 傑克・凱魯亞克（Jack Kerouac），未命名詩作，摘自 1957 年 1 月 28 日寫給 Edie Kerouac-Parker 的信，收錄於《Jack Kerouac: Selected Letters, 1957 – 1969》(New York: Viking, 1999)。

87. Suresh Ramanan, Alex K. George, S. B. Chavan, Sudhir Kumar, and S. Jayasubha, “Progress and Future Research Trends on Santalum album: A Bibliometric and Science Mapping Approach,” Industrial Crops and Products 158 (2020): 112972.

88. Dhanya Bhaskar, Syam Viswanath, and Seema Purushothaman, “Sandal (Santalum album L.) Conservation in Southern India: A Review of Policies and Their Impacts,” Journal of Tropical Agriculture 48, no. 2 (2010): 1 – 10.

89. Bhaskar et al., 2.

90. Thammineni Pullaiah et al., eds., Sandalwood: Silviculture, Conservation and Applications (Singapore: Springer Singapore, 2021)。檀香木在印度最古老的史詩之一《羅摩衍那》（Ramayana）中也有提及。另見 “Why Sandalwood Is So Expensive,” Insider Business, 2022, https://www.youtube.com/watch?v=QPRpWgwU0A.

91. Krishnaraj Iyengar, “Sandalwood in Indian Culture,” in A. N. Arunkumar, G. Joshi, R. R. Warrier, and N. N. Karaba, eds., Indian Sandalwood. Materials Horizons: From Nature to Nanomaterials (Singapore: Springer Singapore, 2022), 45 – 58, https://doi.org/10.1007/978-981-16-6565-33.

92. 有關檀香木在夏威夷的歷史，可參考：Harold St. John, “The History, Present Distribution, and Abundance of Sandalwood on Oahu, Hawaiian Islands,” Hawaiian Plant Studies 14 (1947)。另可參考經標註的植物標本，如1961年於歐胡島科奧勞嶺（Ko‘olau Range）東北坡採集到的標本：https://s.idigbio.org/idigbio-images-prod-webview/2f17e006c5c16e3e8a003a4103033eb8.jpg。

93. Pamela Statham, “The Sandalwood Industry in Australia: A History,” in Lawrence Hamilton and C. Eugene Conrad, technical coordinators, Proceedings of the Symposium on Sandalwood in the Pacific; April 9–11, 1990, Honolulu, Hawaii (Berkeley, CA: USDA Forest Service, Pacific Southwest Research Station, General Technical Report PSW-122, 1990), 26–38. 甘地火葬的細節參見：North Queensland Register, September 22, 1979.

94. Sebastian Pole, Ayurvedic Medicine: The Principles of Traditional Practice (Edinburgh: Churchill Livingstone Elsevier, 2006), 262–63.

95. V. S. Venkatesha Gowda, K. B. Patil, and D. S. Ashwath, “Manufacturing of Sandalwood Oil, Market Potential Demand and Use,” Journal of Essential Oil Bearing Plants 7, no. 3 (2004): 293–97.

96. Delphy Rocha and A. V. Santhoshkumar, “Host Plant Influence on Haustorial Growth and Development of Indian Sandalwood (Santalum album),” in A. N. Arunkumar et al., eds., Indian Sandalwood, 229–44, https:// doi.org /10 .1007 /978 -981 -16 -6565 -3 15.

97. S. K. Dash and J. C. R. Hunt, “Variability of Climate Change in India,” Current Science 93, no. 6 (2007): 782–88.

98. Shaheen Lakhan et al., “The Effectiveness of Aromatherapy in Reducing Pain: A Systematic Review and Meta-Analysis,” Pain Research and Treatment 2016, https://dx.doi.org/10.1155/2016/8158693.

99. Rachel S. Herz, James Eliassen, Sophia Beland, and Timothy Souza, “Neuroimaging Evidence for the Emotional Potency of Odor-Evoked Memory,” Neuropsychologia 42, no. 3 (2004): 371–78, https://doi.org/10.1016/j.neuropsychologia.2003.08.009.

100. Mark Plotkin, “Could the Amazon Save Your Life?” New York Times, October 2, 2020, https://www.nytimes.com/2020/10/02/opinion/amazon-novel-species-medicine.html.

101. Darrell Posey, “Intellectual Property Rights and Just Compensation for Indigenous Knowledge,” Anthropology Today 6, no. 4 (1990): 13–16. On pharmacognosy, see Haidan Yuan, Qianqian Ma, Li Ye, and Guangchun Piao, “Traditional Medicine and Modern Medicine from Natural Products,” Molecules 21, no. 5 (2016): 559, https://doi.org/10.3390/molecules21050559.

102. 馬里奧・莫利納，與作者訪談，2020年10月7日。

103. “Cannabis Strains: How Many Different Kinds Are There?,” Medwell Health and Wellness Center, https://www.medwellhealth.net/cannabis-strains-different-kinds/, retrieved May 28, 2021.

104. Sreevidya Santha and Chandradhar Dwivedi, “Anticancer Effects of Sandalwood (Santalum album),” Anticancer Research 35, no. 6 (2015): 3137–45.

105. P. Balasubramanian, R. Aruna, C. Anbarasu, and E. Santhoshkumar, "Avian Frugivory and Seed Dispersal of Indian Sandalwood Santalum album in Tamil Nadu, India," Journal of Threatened Taxa 3, no. 5 (2011), https://doi.org/10.11609/jott.o2552.1775-7.

106. 密蘇里植物園的烏木與紅木專家 Peter Lowry 將馬達加斯加的烏木貿易稱為「如同非洲血鑽石」，引自：Eric Felten, "Guitar Frets: Environmental Enforcement Leaves Musicians in Fear," Wall Street Journal, August 26, 2011.

107. Yoshikazu Yazaki, "Wood Colors and Their Coloring Matters: A Review," Natural Product Communications 10, no. 3 (2015): 1934578X1501000332; see also Vincent Deblauwe, "Life History, Uses, Trade and Management of Diospyros crassiflora Hiern, the Ebony Tree of the Central African Forests: A State of Knowledge," Forest Ecology and Management 481 (2021) 1186551: 1.

108. 本章多數內容參考自文森・德布洛夫的綜合性文章〈Life History〉，以及他與筆者的多次私人通信。

109. Deblauwe 亦引用該相關法條全文。關於衣索比亞的植樹行動，見 "Ethiopia Says It Planted over 350 Million Trees in a Day, a Record," New York Times, July 30, 2019；另見 "A Future for Ebony in Cameroon," Food and Agriculture Organization of the United Nations, n.d., https://www.fao.org/forestry/47166-0a49139515d4dc5e80fd 2154cd20ac7f3.pdf。關於胸徑（DBH）測量，參見 Yasha A. S. Magarik, Lara A. Roman, and Jason G. Henning, "How Should We Measure the DBH of Multi-Stemmed Urban Trees?," Urban Forestry & Urban Greening 47 (2020): 126481。

110. Deblauwe, "Life History," 1.

111. Calvin W. Myint et al., "Fiddler's Neck: A Review," Ear, Nose & Throat Journal, 96, no. 2 (February 2017): 76–79；關於 pool cue 的細節，見 Deblauwe's Supplementary Material, S3；其他資料來源多樣，包括 William A. Lincoln, World Woods in Colour (London: Stobart & Son, 1986), 91。關於 neck hickeys，可參見 T. Gambichler, S. Boms, and M. Freitag, "Contact Dermatitis and Other Skin Conditions in Instrumental Musicians," BMC Dermatology 4, no. 3 (2004), https://doi.org/10.1186/1471-5945-4-3；以及 Scott C. Rackett and Kathryn A. Zug, "Contact Dermatitis to Multiple Exotic Woods," American Journal of Contact Dermatitis 8, no. 2: 114–17, https://doi.org/10.1016/S1046-199X(97)90004-X；此外亦可見於多種通俗文獻中之相關討論。

112. "Persimmon Production in 2018; Crops/World Regions/Production Quantity (from Pick Lists)," Food and Agriculture Organization of the United Nations: Division of Statistics (FAOSTAT), 2019.

113. Preferred by Nature, "Timber Legality Risk Assessment: Cameroon," https://sourcinghub.preferredbynature.org/country-risk-profiles/.

114. Julie C. Aleman, Marta A. Jarzyna, and A. Carla Staver, "Forest Extent and Deforestation in Tropical Africa Since 1900," Nature Ecology & Evolution 2, no. 1 (2018): 26–33, https://doi.org/10.1038/s41559-017-0406-1.

115. D. Foundjem-Tita, L. A. Duguma, S. Speelman, and S. M. Piabuo, "Viability of Community Forests as Social Enterprises: A Cameroon Case Study," Ecology and Society 23 (2018), https://doi.org/10.5751/es-10651-230450.

116. "International Illegal Logging: Background and Issues," Congressional Research Service, February 26, 2019, https://fas.org/sgp/crs/misc/IF11114.pdf.

117. 如 Glenn Hurowitz, "Guitar Antihero 1: How Gibson Guitars Made Illegal Logging a Cause Célèbre," Grist, September 28, 2011, https://grist.org/politics/2011-09-27-guitar-antihero/.

118. 統計資料來源：Bradley C. Bennett, "The Sound of Trees: Wood Selection in Guitars and Other Chordophones," Economic Botany 70, no. 1 (2016): 49–63。以及泰勒吉他的自然資源永續發展部主任史考特．保羅與作者的 Zoom 訪談，2020 年 12 月 7 日。

119. P. Etoungou, "Decentralization Viewed from Inside: The Implementation of Community Forests in East Cameroon," Environmental Governance in Africa Working Paper Series (WRI), no. 12 (Washington, DC: World Resources Institute, 2003).

120. Li-Wen Lin, "Mandatory Corporate Social Responsibility Legislation around the World: Emergent Varieties and National Experiences," University of Pennsylvania Journal of Business Law 23, no. 2 (2020): 429–69.

121. "U.S. Lacey Act," Forest Legality Initiative website, https://forestlegality.org/policy/us-lacey-act; see also Jeffrey P. Prestemon, "The Impacts of the Lacey Act Amendment of 2008 on US Hardwood Lumber and Hardwood Plywood Imports," Forest Policy and Economics 50 (2015): 31–44.

122. "Why Ebony Matters: How Taylor Got into the Ebony Business," Chapter 1, https://www.taylorguitars.com/ebonyproject/why-ebony-matters/.

123. 多項資料來源，包括史考特．保羅於 2020 年 12 月 7 日與作者的個人訪談，以及 Timber Trade Portal 網站上關於喀麥隆的產業概況：https://www.timbertradeportal.com/countries/cameroon/。

124. World Bank, "Silent and Lethal: How Quiet Corruption Undermines Africa's Development Efforts," in Africa Development Indicators 2010 (Washington, DC: World Bank, 2010), 15 (Table 4).

125. Guiseppe Topa et al., The Rainforests of Cameroon: Experience and Evidence from a Decade of Reform (Washington, DC: World Bank, 2009).

126. 維達爾．德．特雷沙口述歷史訪談，訪談日期 2020 年 2 月 11 日，於美國國家音樂製造商協會展覽會（NAMM），網址：https://www.namm.org/library/oral-history/vidal-de-teresa。

127. Cheryl Palm, Stephen A. Vosti, Pedro A. Sanchez, and Polly J. Ericksen, eds., Slash-and-Burn Agriculture: The Search for Alternatives (New York: Columbia University Press, 2005).

128. Nadia Rabesahala Horning, The Politics of Deforestation in Africa: Madagascar, Tanzania, and Uganda (Cham, Switzerland: Palgrave Macmillan, 2018). See also Mark Omorovie Ikeke, "The Forest in African Traditional Thought and Practice: An Ecophilosophical Discourse," Open Journal of Philosophy 3, no. 2 (2013): 345 - 50, https://doi.org/10.4236/ojpp.2013.32052.

129. 德布洛夫，與作者的私人通信，2023 年 1 月 19 日。

130. Yoshikazu Yazaki, "Wood Colors and Their Coloring Matters: A Review," Natural Product Communications 10, no. 3 (2015): 1934578X1501000332.

131. W. E. Hillis and P. Soenardi, "Formation of Ebony and Streaked Woods," IAWA Journal 15, no. 4 (1994): 425 - 37.

132. 德布洛夫，與作者的私人通信，2020 年 12 月 20 日。

133. G. E. Schatz et al., Diospyros crassiflora. The IUCN Red List of Threatened Species (2019): e.T33048A2831968. https://dx.doi.org/10.2305/IUCN .UK.2019-1.RLTS.T33048A2831968.en; IUCN Diospyros assessments: E. Beech et al., Global Survey of Ex situ Ebony Collections (Richmond, Surrey, UK: Botanic Gardens Conservation International, 2016).

134. 「加州人……洗劫全世界……」一語出自 Garden and Forest, October 22, 1890, 508 - 509。「如果你與藍膠尤加利和其他有關係的超大尤加利樹同住……」這句話來自 Peter Coates, American Perceptions of Immigrant and Invasive Species: Strangers on the Land (Berkeley: University of California Press, 2007), 136。

135. Alieta Eyles, Elizabeth A. Pinkard, Anthony P. O'Grady, Dale Worledge, and Charles R. Warren, "Role of Corticular Photosynthesis Following Defoliation in Eucalyptus globulus," Plant, Cell & Environment 32, no. 8 (2009): 1004 - 14, https://doi.org/10.1111/j.1365-3040.2009.01984.x.

136. Robin W. Doughty, The Eucalyptus: A Natural and Commercial History of the Gum Tree (Baltimore: Johns Hopkins University Press, 2000), 4.

137. Coates, American Perceptions of Immigrant and Invasive Species, 125.

138. Euc deaths: Los Angeles Sentinel, May 15, 1947, 1; and Los Angeles Times, "With Beauty Comes Danger," September 26, 1983.

139. Brian Palmer, "7 Billion Carbon Sinks: How Much Does Breathing Contribute to Climate Change?" Slate, August 13, 2009.

140. National Geographic video, "Human Footprint," 2008, https://youtu.be/B8Iw0TH2czQ.

141. Daniel Quinn, Ishmael (New York: Bantam Doubleday Dell, 1995), 37.

142. Alfred James McClatchie, Eucalypts Cultivated in the United States (Washington, DC: Government Printing Office, 1902), 14.

143. Erin Blakemore, "This Is What Happened When an Australian City Gave Trees Email Addresses," Smithsonian, July 8, 2015.

144. Harry M. Butte and Judith M. Taylor, Tangible Memories: Californians and Their Gardens 1800 - 1950 (Xlibris, 2003), 90.

145. Abbott Kinney, Eucalyptus (Los Angeles: P. R. Baumgardt, 1895), i.

146. Jared Farmer, Trees in Paradise: A California History (New York: W. W. Norton, 2013), 117。然而，像哥倫比亞（Colombia）的波哥大（Bogotá）等城市曾廣泛使用尤加利樹作為城市電車系統的樹種，最終導致災難。

147. Los Angeles Evening Citizen News (Hollywood), April 15, 1970, 24; and Los Angeles Times, April 11, 1970.

148. Los Angeles City Directory, 1910, 1743; Gordon Grant, "Eucalyptus: The Beloved Failure," Los Angeles Times, October 13, 1974, OC1; on euc as fuel: David Smollar, "Eucalyptus as Cash Crop? Excitement, Caution in California," Los Angeles Times, November 24, 1981, SD-CB.

149. San Francisco Examiner, October 21, 1991, 12.

150. Los Angeles Times, October 22, 1991, A6.

151. Modesto Bee (Sacramento, CA), October 24, 1991, 12.

152. Tom Treanor, "The Home Front," Los Angeles Times, January 27, 1942, A2.

153. Zach St. George, "The Burning Question in the East Bay Hills: Eucalyptus Is Flammable Compared to What?" Bay Nature, October–December 2016, https://baynature.org/article/burning-question-east-bay-hills-eucalyptus-flammable-compared/.

154. USDA Forest Service Gypsy Moth Digest (USDA Forest Service Gypsy Moth Digest 2.0.04 released on 11/10/2020), https://www.fs.usda.gov/naspf/programs/forest-health-protection/gypsy-moth-digest.

155. Henry David Thoreau, Writings of Henry David Thoreau, vol. 10 (Boston: Houghton Mifflin & Co., 1906), 89.

156. Alieta Eyles, Pierluigi Bonello, Rebecca Ganley, and Caroline Mohammed, "Induced Resistance to Pests and Pathogens in Trees," New Phytologist 185, no. 4 (2010): 893–908, https://doi.org/10.1111/j.1469-8137.2009.03127.x.

157. J. O'Reilly-Wapstra, Z. Holmes, and B. Potts, "The Genetics of Flammability in the Eucalypt Landscape," Proceedings of the 2012 Ecological Society of Australia Meeting, 3–6 December 2012 (Melbourne, Australia, 2012), 1.

158. Lawrence Clark Powell, quoting Scottish author Norman Douglas, "Eucalyptus Trees & Lost Manuscripts," California Librarian 17, no. 1 (January 1956): 32。鮑威爾（Powell）本人是尤加利的熱愛者。

159. McClatchie, Eucalypts Cultivated in the United States.

160. 關於柯本氣候分類系統研究的最佳概述（事實上，這些是唯一的概述）見：J. M. Lewis, "Winds over the World Sea: Maury and Köppen," Bulletin of the American Meteorological Society 77, no. 5 (1996): 935–52, https://journals.ametsoc.org/view/journals/bams/77/5/1520-0477_1996_077_0935_wotwsm_2_0_co_2.xml; and more recently, R. B. Wille, "Colonizing the Free Atmosphere: Wladimir Köppen's 'Aerology,' the German Maritime Observatory, and the Emergence of a Trans-Imperial Network of Weather Balloons and Kites, McClatchie, Eucalypts Cultivated in the United States.1873–1906," History of Meteorology 8 (2017): 95–123。

161. 關於昆蟲與草甘膦（glyphosate）的研究：Daniel F. Q. Smith, Emma Camacho, Raviraj Thakur, Alexander J. Barron, Yuemei Dong, George Dimopoulos, Nichole A. Broderick, and Arturo Casadevall, "Glyphosate Inhibits Melanization and Increases Susceptibility to Infection in Insects," PLOS Biology 19, no. 5 (2021): e3001182, https://doi.org/10.1371/journal.pbio.3001182.

162. Travis Longcore, Catherine Rich, and Stuart B. Weiss, "Nearly All California Monarch Overwintering Groves Require Non-Native Trees," California Fish and Wildlife 106, no. 3 (2020): 220 – 25.

163. Bob Taylor, https://woodandsteel.taylorguitars.com/issue/2020-issue-3/ask-bob/ask-bob-eucalyptus-fretboards/.

164. "How a Didgeridoo Is Made—Myths and Facts," https://www.didjshop.com/shop1/HowDidgeridooIsMade-MythAndFacts.html.

165. Christopher B. Boyko, "The Endemic Marine Invertebrates of Easter Island: How Many Species and for How Long?," chap. 9 in J. Loret and J. T. Tanacredi, eds., Easter Island (Boston: Springer, 2003), 155 – 75, https://doi.org/10.1007/978-1-4615-0183-110.

166. 藍膠尤加利的出口國名單見：Brad M. Potts, René E. Vaillancourt, G. J. Jordan, G. W. Dutkowski, J. Da Costa e Silva, G. E. McKinnon, Dorothy A. Steane et al., "Exploration of the Eucalyptus globulus Gene Pool," in N. Borralho et al., Eucalyptus in a Changing World (Proceedings of IUFRO Conference, Aveiro, Portugal, October 11 – 15, 2004).

167. 此句為傑弗遜於 1786 年 8 月 13 日寫給他的朋友兼導師喬治·威斯（George Wythe），信中提及當時他在蒙蒂塞洛（Monticello）種植橄欖樹的計劃。

168. 湯姆·森提，麥克默多站廚房經理，與作者的私人通信，2021 年 1 月 29 日，透過特里·艾迪隆（Terri Edillon），美國國家科學基金會極地通訊辦公室。

169. Pacific Commercial Advertiser (Honolulu, HI), March 6, 1880, 3；茂宜島（Maui）樹木結實紀錄見於 Hawaiian Gazette (Honolulu, HI), December 22, 1896, 3；鴕鳥蛋農場的樹木見於 Honolulu Advertiser, November 19, 1891。

170. Fabrizia Lanza, Olive: A Global History (London: Reaktion Books, 2012), 18. Half million liters: Tom Mueller, Extra Virginity: The Sublime and Scandalous World of Olive Oil (New York: W. W. Norton, 2011), 62.

171. 這些細節來自 Nancy Harmon Jenkins, Virgin Territory: Exploring the World of Olive Oil (New York: Houghton Mifflin Harcourt, 2015)。

172. Wine Advocate, July 23, 2020, https://www.wine.com/product/massolino-barolo-2016/638379#.

173. 奧瑞塔·吉安喬瑞歐，與作者訪談，2022 年 3 月 22 日。

174. Claude S. Weiller, "Olive Oil Primer: What is the Koroneiki Olive?," California Olive Ranch, www.californiaoliveranch.com/articles/olive-oil-primer-what-is-the-koroneiki-olive.

175. E. Karkoula, A. Skantzari, E. Melliou, and P. Magiatis, "Direct Measurement of Oleocanthal and Oleacein Levels in Olive Oil by Quantitative 1H NMR. Establishment of a New Index for the Characterization of Extra Virgin Olive Oils," Journal of Agricultural and Food Chemistry 60 (2012): 11696 – 703, https://doi.org/10.1021/jf3032765 .

176. 參見：https://calolive.org/our-story/from-the-farm-to-the-table/；亦見：https://www.statista.com/statistics/215142/california-olive-production-since-1995/ 及 http://www.aoopa.org/assets/uploads/pdfs/Challenges-and-Opportunities.pdf.

177. L. P. Da Silva and V. A. Mata, "Olive Harvest at Night Kills Birds," Nature 569 (2019): 192, https://doi.org/10.1038/d41586-019-01456-4 .

178. Beatriz Gutiérrez-Miranda, Isabel Gallardo, Eleni Melliou, Isabel Cabero, Yolanda Álvarez, Prokopios Magiatis, Marita Hernández, and María Luisa Nieto, "Oleacein Attenuates the Pathogenesis of Experimental Autoimmune Encephalomyelitis through Both Antioxidant and Anti-Inflammatory Effects," Antioxidants 9, no. 11 (2020): 1161.

179. Natalie P. Bonvino, Julia Liang, Elizabeth D. Mccord, Elena Zafiris, Natalia Benetti, Nancy B. Ray, Andrew Hung, Dimitrios Boskou, and Tom C. Karagiannis, "Olivenet ™ : A Comprehensive Library of Compounds from Olea europaea," Database (2018), https://doi.org/10.1093/database/bay016。橄欖網（OliveNet）資料庫網址：https://mccordresearch.com.au/。

180. Marco Moriondo et al., "Olive Trees as Bio-indicators of Climate Evolution in the Mediterranean Basin," Global Ecology and Biogeography 22, no. 7 (2013): 818 – 33; and Helder Fraga et al., "Mediterranean Olive Orchards under Climate Change: A Review of Future Impacts and Adaptation Strategies," Agronomy 11, no. 1 (2021): 56.

181. Elena Brunori et al., "The Hidden Land Conservation Benefits of Olive-Based (Olea europaea L.) Landscapes: An Agroforestry Investigation in the Southern Mediterranean (Calabria Region, Italy)," Land Degradation & Development 31, no. 7 (2020): 801 – 15。本文已將該文獻中的坡度百分比轉換為角度，以便理解。另見 Mauro Agnoletti, ed., Italian Historical Rural Landscapes (Dordrecht, Netherlands: Springer, 2013)，以獲得更廣泛的背景資訊及關於橄欖種植的實用細節。

182. 皮爾斯病以其發現者紐頓．皮爾斯（Newton Pierce）的名字命名，他是一位植物病理學家，住在南加州橙市的橙大道（Orange Avenue）上；我說，正所謂在哪裡生根，就在哪裡成長。

183. PIRSA Fact Sheet on X. fastidiosa, June 2020, https://www.pir.sa.gov.au/data/assets/pdffile/0011/296183/FactSheet-Xylellafastidiosa_-June2020.pdf, retrieved February 8, 2021.

184. Erik Stokstad, "Italy's Olives under Siege," Science 348, no. 6235 (2015): 620, https://doi.org/10.1126/science.348.6235.620.

185. Ricardo Ayerza and Wayne Coates, "Supplemental Pollination: Increasing Olive (Olea europaea) Yields in Hot, Arid Environments," Experimental Agriculture 40, no. 4 (2004): 481 – 91.

186. Kent M. Daane and Marshall W. Johnson, "Olive Fruit Fly: Managing an Ancient Pest in Modern Times," Annual Review of Entomology 55 (2010): 151 – 69.

187. Jean-Michel Leong Pock Tsy et al., "Chloroplast DNA Phylogeography Suggests a West African Centre of Origin for the Baobab, Adansonia digitata L. (Bombacoideae, Malvaceae)," Molecular Ecology 18, no. 8 (2009): 1711.

188. 譯注：羅夏克（Hermann Rorschach）是瑞士精神病學家，在學生時代即喜愛素描，他發明了羅夏克墨跡測驗法，用以檢測病人的知覺能力、智力及情緒等特徵。

189. Richard Mabey, The Cabaret of Plants: Forty Thousand Years of Plant Life and the Human Imagination (New York: W. W. Norton, 2016).

190. Adrian Patrut et al., "Radiocarbon Dating of the Historic Livingstone Tree at Chiramba, Mozambique," Studia Universitatis Babes, -bolyai Chemia 65, no. 3 (2020): 149 - 56, https://doi.org/10.24193/subbchem.2020.3.11.

191. David and Charles Livingstone, Narrative of an Expedition to the Zambesi and Its Tributaries: And of the Discovery of the Lakes Shirwa and Nyassa. 1858 - 1864 (New York: Harper & Brothers, 1866), various pages.

192. Gerald E. Wickens, "The Baobab: Africa's Upside-Down Tree," Kew Bulletin (1982): 173 - 209.

193. Olga L. Kupika et al., "Impact of African Elephants on Baobab (Adansonia digitata L.) Population Structure in Northern Gonarezhou National Park, Zimbabwe," Tropical Ecology 55, no. 2 (2014): 159 - 66；另見 Barthelemy Kassa et al., "Survey of Loxodonta africana (Elephantidae) - caused bark injury on Adansonia digitata (Malavaceae) within Pendjari Biosphere Reserve, Benin," African Journal of Ecology 52, no. 4 (2014): 385 - 94.

194. Gerald E. Wickens, The Baobabs: Pachycauls of Africa, Madagascar and Australia (Berlin: Springer Science & Business Media, 2008), 204ff.；另見 Duane E. Ullrey, Susan D. Crissey, and Harold F. Hintz, Elephants: Nutrition and Dietary Husbandry (East Lansing, MI: Nutrition Advisory Group, 1997).

195. Nicola Jones, "Carbon Dating, the Archaeological Workhorse, Is Getting a Major Reboot," Nature, May 19, 2020, https://www.nature.com/articles/d41586-020-01499-y.

196. A. Patrut, D. H. Mayne, K. F. Von Reden, D. A. Lowy, R. V. Pelt, A. P. McNichol, M. L. Roberts, and D. Margineanu, "Fire History of a Giant African Baobab Evinced by Radiocarbon Dating," Radiocarbon 52, no. 2 (2010): 717 - 26, https://doi.org/10.1017/s0033822200045732.

197. A. Patrut et al., "The Demise of the Largest and Oldest African Baobabs," Nature Plants 4, no. 7 (2018): 423 - 26.

198. W. J. Sydeman, M. García-Reyes, David S. Schoeman, R. R. Rykaczewski, S. A. Thompson, B. A. Black, and S. J. Bograd, "Climate Change and Wind Intensification in Coastal Upwelling Ecosystems," Science 345, no. 6192 (2014): 77 - 80.

199. A. Patrut et al., "Fire History of a Giant African Baobab Evinced by Radiocarbon Dating," https://doi.org/10.1017/s0033822200045732。另見 Aida Cuni Sanchez, Patrick E. Osborne, and Nazmul Haq, "Climate Change and the African Baobab (Adansonia digitata L.): The Need for Better Conservation Strategies," African Journal of Ecology 49, no. 2 (2011): 234 - 45, https://doi.org/10.1016/j.nimb.2012.04.025.

200. M. Fenner, "Some Measurements on the Water Relations of Baobab Trees," Biotropica 12 (1980): 207, https://doi.org/10.2307/2387972; Saharah Moon Chapotin, Juvet H. Razanameharizaka, and N. Michele Holbrook, "A Biomechanical Perspective on the Role of Large Stem Volume and High Water Content in Baobab Trees (Adansonia spp.; Bombacaceae)," American Journal of Botany 93, no. 9 (2006): 1251–64.

201. A. E. Assogbadjo et al., "Patterns of Genetic and Morphometric Diversity in Baobab (Adansonia digitata) Populations across Different Climatic Zones of Benin (West Africa)," Annals of Botany 97, no. 5 (2006): 819–30, https://doi.org/10.1093/aob/mcl043.

202. 花朵開放數量參見：Peter J. Taylor, Catherine Vise, Macy A. Krishnamoorthy, Tigga Kingston, and Sarah Venter, "Citizen Science Confirms the Rarity of Fruit Bat Pollination of Baobab (Adansonia digitata) Flowers in Southern Africa," Diversity 12, no. 3 (2020): 106; and David A. Baum, "The Comparative Pollination and Floral Biology of Baobabs (Adansonia-Bombacaceae)," Annals of the Missouri Botanical Garden (1995): 322–48.

203. Rupert Watson, The African Baobab (Cape Town: Penguin Random House South Africa, 2014).

204. T. A. Vaughan, "Nocturnal Behavior of the African False Vampire Bat (Cardioderma cor)," Journal of Mammalogy 57, no. 2 (1976): 227–48, https://doi.org/10.2307/1379685。另見 M. Sidibe and J. T. Williams, "Pollination," sec. 2.2.2, in Baobab, Adansonia digitata L. (Southampton, UK: International Centre for Underutilised Crops, 2002).

205. Michael Smotherman, Mirjam Knörnschild, Grace Smarsh, and Kirsten Bohn, "The Origins and Diversity of Bat Songs," Journal of Comparative Physiology A 202, no. 8 (2016): 535–54。另見 Michael A. Farries, "The Avian Song System in Comparative Perspective," Annals of the New York Academy of Sciences 1016, no. 1 (2004): 61–76, https://doi.org/10.1196/annals.1298.007.

206. Peter Matthiessen, The Tree Where Man Was Born (New York: E. P. Dutton, 1972), 294.

207. M. Sidibe and J. T. Williams, "Vernacular Names of Baobab," sec. 1.3, in Baobab, Adansonia digitata L., 11–12.

208. Wickens, "The Baobab: Africa's Upside-Down Tree," 188。此文後來被 Wickens 於 2008 年出版的猢猻木專書所取代，該書涵蓋了該屬的其他物種。

209. Jens Gebauer et al., "Africa's Wooden Elephant: The Baobab Tree (Adansonia digitata L.) in Sudan and Kenya: A Review," Genetic Resources and Crop Evolution 63, no. 3 (2016): 377–99.

210. "MICAIA Foundation," https://www.devex.com/organizations/micaia-foundation-67411; and "About MICAIA," https://micaia.org/about-us/.

211. Boris Urban, Stephanie Althea Townsend, and Amanda Bowen, "DEV Mozambique: Food Security through Innovative Social Enterprise Development," Emerald Emerging Markets Case Studies 10, no. 2 (2020), https://doi.org/10.1108/EEMCS-02-2020-0042.

212. Julian Quan, Lora Forsythe, and June Po, "Advancing Women's Position by Recognizing and Strengthening Customary Land Rights: Lessons from Community-Based Land Interventions in Mozambique," Land Governance and Gender: The Tenure-Gender Nexus in Land Management and Land Policy (2022): 65－79; and A. Kingman, "Safeguarding the Livelihoods of Women Baobab Harvesters in Mozambique through Improved Land and Natural Resources Governance," Land Policy Bulletin, LEGEND 10 (2018): 2－3.

213. 二十一世紀以來對 IUCN 的最佳審視，可見以下著作：Martin Holdgate, The Green Web: A Union for World Conservation (New York: Routledge, 2014); Medani P. Bhandari, GREEN WEB-II: Standards and Perspectives from the IUCN (Gistrup, Denmark: River Publishers, 2018); and a number of articles by the Australian writer and ecologist Lucie Bland. 另見 A. Rodrigues 等人的優秀著作："The Value of the IUCN Red List for Conservation," Trends in Ecology & Evolution 21, no. 2 (2006): 71－76, https://doi.org/10.1016/j.tree.2005.10.010.

214. Bruno R. Ribeiro et al., "Issues with Species Occurrence Data and Their Impact on Extinction Risk Assessments," Biological Conservation 273 (2022): 109674.

215. 本段部分討論出自 G. E. Wickens 一篇優秀、具權威且綜整性強的文章（儘管年代有些久遠）："The Baobab: Africa's Upside Down Tree," Kew Bulletin 27, no. 2 (1982): 173－209.。此為首篇對當時已知的猢猻木（Adansonia digitata）資訊加以整理與總結的著作。

216. Lucie M. Bland et al., "Impacts of the IUCN Red List of Ecosystems on Conservation Policy and Practice," Conservation Letters 12, no. 5 (2019): https://doi.org/10.1111/conl.12666.

217. Matthiessen, The Tree Where Man Was Born, 174.

218. Geoffrey C. Denny and Michael A. Arnold, "Taxonomy and Nomenclature of Baldcypress, Pondcypress, and Montezuma Cypress: One, Two, or Three Species?," HortTechnology 17, no. 1 (2007): 125－27.

219. Kristine L. Delong et al., "Late Pleistocene Baldcypress (Taxodium distichum) Forest Deposit on the Continental Shelf of the Northern Gulf of Mexico," Boreas 50, no. 3 (2021): 871－92.

220. Olivia Barfield, "Inoculation of Baldcypress with Salt-Tolerant Endophytes" (Louisiana Sea Grant College Program, Tulane University, 2021), https:// repository .library .noaa .gov /view /noaa /39754; and F. Saadawy, M. Bahnasy, and H. El-Feky, "Improving Tolerability of Taxodium distichum Seedlings to Water Salinity and Irrigation Water Deficiency. II: Effect of Salicylic Acid on Salinity Stress," Scientific Journal of Flowers and Ornamental Plants 6, no. 1 (2019): 69－80, https://doi.org/10.21608/sjfop.2019.48685.

221. Rutherford Pratt, The Great American Forest (Englewood Cliffs, NJ: Prentice-Hall, 1971).

222. 喬治・K・羅傑斯（George K. Rogers）在這個領域取得了新進展，見 "Bald Cypress Knees, Taxodium distichum (Cupressaceae): An Anatomical Study, with Functional Implications," Flora 278 (2021): 151788, https://doi.org/10.1016/j.flora.2021.151788.

223. George Brown Goode, The Fisheries and Fishery Industries of the United States (Washington, DC: Government Printing Office, 1884), 147.

224. Jonathan Rosen, The Life of the Skies (New York: Macmillan, 2008), 25.

225. 編註：吉米・卡特兔子事件（Jimmy Carter rabbit incident）發生於 1979 年，據報導，當時美國總統吉米・卡特在喬治亞州的湖泊中划船時，一隻沼澤兔突然跳上船並向他攻擊。這一事件被媒體戲稱為「殺手兔事件」。當時，卡特被兔子攻擊並在報告中描述了事件的荒誕性，這也成為當時新聞中的一個笑料。

226. 大衛・湯普森，與作者的私人通信，2021 年 10 月 28 日與 2022 年 1 月 9 日。

227. 凱瑞・考斯 - 尼克遜， 與作者的私人通信，2021 年 10 月 28 日與 2022 年 1 月 21 日。

228. "Mitigating Climate Change through Coastal Conservation," Blue Carbon Initiative, https://www.thebluecarboninitiative.org.

229. "NOAA's Largest Wetlands Restoration Project Underway in Louisiana," April 20, 2022, https://www.fisheries.noaa.gov/feature-story/noaas-largest-wetland-restoration-project-underway-louisiana.

230. Kevin D. Kroeger et al., "Restoring Tides to Reduce Methane Emissions in Impounded Wetlands: A New and Potent Blue Carbon Climate Change Intervention," Scientific Reports 7, no. 1 (2017), https://doi.org/10.1038/s41598-017-12138-4.

231. Henry David Thoreau, "Walking," Atlantic Monthly, June 1862, 666.

232. A. Chavez Michaelsen, L. Huamani Briceño, H. Vilchez Baldeon et al., "The Effects of Climate Change Variability on Rural Livelihoods in Madre de Dios, Peru," Regional Environmental Change 20, no. 70 (2020), https://doi.org/10.1007/s10113-020-01649-y.

233. Paulo Brando, "Tree Height Matters," Nature Geoscience 11, no. 6 (June 2018): 390 - 91.

234. Everton B. P. Miranda et al., "Species Distribution Modeling Reveals Strongholds and Potential Reintroduction Areas for the World's Largest Eagle," PLOS ONE 14, no. 5 (2019): e0216323, https://doi.org/10.1371/journal.pone.0216323.

235. Catrin Einhorn, "Alarming Levels of Mercury Are Found in Old Growth Amazon Forest," New York Times, January 28, 2022; and Jacqueline Gerson et al., "Amazon Forests Capture High Levels of Atmospheric Mercury Pollution from Artisanal Gold Mining," Nature Communications 13, no. 559 (2022), https://doi.org/10.1038/s41467-022-27997-3.

236. A. H. Gentry, "Tree Species Richness of Upper Amazonian Forests," Proceedings of the National Academy of Sciences 85, no. 1 (1988): 156 - 59, https://doi.org/10.1073/pnas.85.1.156.

樹說時間的故事：一部跨越千年的生命史詩，述說自然共生、氣候變遷與人類未來的啟示

Twelve Trees: The Deep Roots of Our Future

作　　者　丹尼爾．路易斯（Daniel Lewis）
譯　　者　嚴麗娟
責任編輯　賴妤榛
編輯協力　張沛然

版　　權　吳亭儀、江欣瑜
行銷業務　周佑潔、林詩富、吳淑華、吳藝佳
總 編 輯　徐藍萍
總 經 理　彭之琬
事業群總經理　黃淑貞
發 行 人　何飛鵬
法律顧問　元禾法律事務所　王子文律師
出　　版　商周出版　115 台北市南港區昆陽街 16 號 4 樓
電話：(02) 25007008　傳真：(02)25007579
E-mail：ct-bwp@cite.com.tw　Blog：http://bwp25007008.pixnet.net/blog
發　　行　英屬蓋曼群島商家庭傳媒股份有限公司城邦分公司
115 台北市南港區昆陽街 16 號 8 樓
書虫客服服務專線：02-25007718　02-25007719
24 小時傳真服務：02-25001990　02-25001991
服務時間：週一至週五 9:30-12:00　13:30-17:00
劃撥帳號：19863813　戶名：書虫股份有限公司
讀者服務信箱 E-mail：service@readingclub.com.tw
香港發行所　城邦（香港）出版集團有限公司
香港九龍土瓜灣土瓜灣道 86 號順聯工業大廈 6 樓 A 室
E-mail: hkcite@biznetvigator.com　電話：(852)25086231　傳真：(852)25789337
馬新發行所　城邦（馬新）出版集團 Cite (M) Sdn Bhd
41, Jalan Radin Anum, Bandar Baru Sri Petaling, 57000 Kuala Lumpur, Malaysia.
Tel: (603) 90563833　Fax: (603) 90576622　Email: services@cite.my

線上回函卡

封面設計　李東記
插　　畫　Eric Nyquist
印　　刷　卡樂製版印刷事業有限公司
總 經 銷　聯合發行股份有限公司　新北市 231 新店區寶橋路 235 巷 6 弄 6 號 2 樓
電話：(02) 2917-8022　傳真：(02) 2911-0053

■ 2025 年 5 月 29 日初版

城邦讀書花園
www.cite.com.tw

Printed in Taiwan

定價 480 元

ISBN 978-626-390-541-2

國家圖書館出版品預行編目 (CIP) 資料

樹說時間的故事：一部跨越千年的生命史詩，述說自然共生、氣候變遷與人類未來的啟示 / 丹尼爾．路易斯（Daniel Lewis）著；嚴麗娟譯 . -- 初版 . -- 臺北市：商周出版：英屬蓋曼群島商家庭傳媒股份有限公司城邦分公司發行，2025.6
面；　公分
譯自：Twelve trees: the deep roots of our future
ISBN 978-626-390-541-2（平裝）

1.CST: 樹木 2.CST: 植物學 3.CST: 氣候變遷

436.1111　　114005849